口感科學

透視剖析食物質地，揭開舌尖美味的背後奧祕

特別收錄——50 道無國界全方位料理

Mouthfeel
How Texture Makes Taste

歐雷‧莫西森 Ole G. Mouritsen、克拉夫斯‧史帝貝克 Klavs Styrbæk ── 合著

王翎 ── 譯　區少梅 ── 審訂

近年來，國內食安議題頻傳，且一波三折地引發各種農藥、重金屬、添加物、化學污染物、環境荷爾蒙的集體恐慌，彷彿所有吃進口中的都有可能是致癌毒物。一時間，強調：「要吃原形食物，不要吃加工食品。」形成了一股養生風潮。我個人對此深感憂心，因為這代表了我們目前的整體社會，並沒有以科學為基準，來觀看食品產業。

事實上，不只是民眾有這樣的恐慌，就連食品產業、政府單位對「食物」與「食品」的定義，也莫衷一是。在這樣的亂象之中，我們該如何吃得健康、吃得安全？由本人所創立的「臺灣國際生命科學會」強調食品安全要與國際接軌，而且要在這個食品安全管理體制發展的重要階段，針對食安議題進行客觀且科學之研議。當我們不再有食安的未爆彈，臺灣的飲食文化才能更上一層；時值此刻，以科學為基礎，傳遞正確資訊的實證精神就至為重要。

《口感科學》正是這樣一本言之有物的科普讀物：本書以「神經美食學」和「美食物理學」的架構，結合了學術界對於食物質地的科學實證，以及資深名廚的食物烹調經驗，為讀者提供了一場含金量高且多元豐富的飲食饗宴，頁頁精彩，絕無冷場！即使是沒有學術背景或食品行業經驗的一般讀者，也能在讀完本書之後，藉由其中科學分析的論點，瞭解口感和其他感官印象是如何相互作用的，並藉此培養出更健康的飲食習慣與偏好。

「口感」本來就是一個涵蓋很廣的詞，要能系統化整理出來，相當不容易；但這本書提供了一套相對完整的認知，讓更多人能夠理解食物口感在飲食行為中的重要性。對於自詡美食家或對科普有興趣的讀者，相信能由本書獲得相當大的收獲。

以此為序。

社團法人臺灣國際生命科學會 創會會長

臺灣大學食品科技研究所 名譽教授

孫璐西

審訂序
感官品評並不是單純的「感覺」

感官科學（Sensory Science）自 1980 年代從食品行業開始，就被廣泛地承認為一專門學科：係以人的五種感官，利用品評技術來檢測與評量食物的質地（口感）、色、香、味等的一門科學。

而準此發展出的「感官品評技術」（Sensory Evaluation Technology），則正是以科學方法利用人的五種感官（視覺、嗅覺、味覺、觸覺、聽覺）檢測與評量食物的質地、色、香、味、口感等的特有技術。

本書是兩位作者繼《鮮味的秘密》之後，希望能進一步探索食物另一個重要的感官品質──與口感關係至為密切的質地。在匯整古往今來人類口感歷史的遞嬗，以及各種最終窮盡口感的烹調設想之後，促成了本書的問世。

前言及第一章闡述兩位作者書寫此書目的與願景，並藉著細述我們餐桌上的菜餚食材之種類（第二章）以及與所謂的質地／口感（第一、三、四章）有關的所含成分（第二章）和性質（第三章）在各種烹煮條件下，所呈現質地和口感的奇妙境界（第五、六章），使讀者得以一窺，在作者們眼中「質地與口感」究竟如何奧妙。最令人讚賞的總結（第七章）則是道盡了對食物貪戀與偏好之人性，如何理性地看待日常吃的食物，在此議題上吾人仍有待無止盡的教育。

人們由維生飽肚為主的古代，到了講求美食養生的現代，對食物的要求仍不外乎在衛生安全、營養保健與感官喜好這三大方面的追求，這也就是我們所謂的食品（食物）品質。至於如何判定此間品質高低？其中前兩項都可經由所謂客觀性的科學儀器檢測──如微生物、物理與化學及儀器等方法來驗證（雖然營養保健方面的真正品質，仍需靠人體臨床試驗，確實知曉人吃後的成效才算）。

其中，唯獨「感官品質」是非常主觀的因素，因為人們

對食物的喜好本就是主觀的，自身說了算。而在感官科學裡如何將主觀的數據轉換成客觀的呈現，就得非靠「食品感官品評技術」為之不可。稍微可惜的是，書中對此所提並不夠深入，僅限於「找幾個人填寫問卷」的感官品評。但這部分的限制，並不妨礙本書對「質地與口感」此一主題，做出全面科普性質的分析和評估。

本書所列舉的五十道食譜，基本上全屬於取自丹麥、奧地利、日本加上一些美國的資料。或許從中國人的角度來看，其中熟悉的不多，特別是一般家庭，或多或少會感覺有些陌生；同時也相信有些人會有：「老外沒機會見識到中國各地食譜的博大精深，否則定能更豐富本書內容」的想法！若能由有心人將此書裡的食譜一一找出相對應的中國菜餚，再敘數其異同之處，定是另一本值得期待與嘉許的著作。

以上是我本人純粹以長年從事食品科學（特別是著重食品感官品評技術）工作者及愛好者的角度，在面對以食品感官品質關鍵項目「質地」為主題的本書，於審訂過程中所延伸出來的一些感想與建議。此中譯本相信確實能提供本地從事全球各地餐飲料理的業者，諸多前所未聞的參考資料；當然對於常光顧異國餐廳的美食愛好者來說，這更是一本優質參考書；能讓人們不看熱鬧、吃出門道。

本書雖屬飲食類科普讀物，但難免有不少學術名詞，茲就書中聚焦討論的主角「質地」一詞，略作討論。「質地」是感官科學裡由感覺器官（單指觸覺，包括口與手二方面）感受出來，用作形容食物品質中專有名詞 "texture" 的譯名；而在此領域中，大量出現用來說明生物體器官的組成，也正是同個英文字；為了避免造成常見的混淆，作後者使用時，本書中將之翻成「組織」。由於這兩種用法在書中頻繁出現，因而有必要在此說明。

最後，仍要多讚賞一下譯者王翎小姐翻譯的超強功力：本書譯文流暢通順、可圈可點，實為同領域中的珠玉之作。

美國加州大學戴維斯校區 農業化學博士

臺灣茶協會 創會理事長

區少梅

導讀
口感是：「超越黑暗的味道」

　　《大使閣下的料理人》是西村滿於東京講談社所出版的作品，故事是講述外交官的隨行廚師於各種外交事件當中如何穿針引線；具有十足的啟發性。其中有段情節講的是視障者國會議員露安女士與主角大澤公先生的交鋒：先解開議員女士心中的謎，而使得露安女士能夠再詮釋記憶，藉由漁民夫婦的辛勞得以啟發，進而重啟味覺。最後讓視障者國會議員露安女士重新出發，這種先「解謎」而後「啟發」的敘事手法，在形式和內容上充分呼應了該篇題名：「超越黑暗的味道」。

　　本書之於我也有這樣的感覺。

　　若說兩位作者知名的前作《鮮味的秘密》娓娓道來東方飲食中「第六味」的前世今生，讓東西方飲食文化相互呼應，拜讀之下讓人有著昨非而今是之感；那麼《口感科學》的「野望」（ambition）則是更形遼闊：本書從科學的基礎出發，為看倌們先定位料理檯上的前後左右；接著一步步執子之手，從明星食材下手，一刀一切節奏明快地分析特性和組成；後半提到關於質地與口感時，再回到「人」的本身；篇章再往下走，集中在料理技法上，各式各樣的小食譜讓人大開眼界。結尾更觸及名廚的料理方式與哲學；每一章節的難度越來越高。所幸行文疏密恰到好處，當人們被含金量甚高的知識攻擊得喘不過氣來的時候，透過擺脫「框架思考」的食譜與小故事，能適當地歇一會兒；重新思考我們在廚房裡所熟知的一切。

「非」科班出身料理人該如何使用本書？

　　倘若你是業餘餐飲愛好者，非典型的那種。喜歡電視節目「地獄廚房」勝過「維多利亞的秘密」年度大秀；對於《食戟之靈》中的夏里亞賓牛排蓋飯的關注，勝過迪奧經典不敗藍星 999 唇膏的特價消息，那你肯定會從這本書得到很多樂趣。從我自己說起好了：論過往看水滸，林沖夜奔時風

雪山神廟末路英雄，當時他兩斤荷葉牛肉到底啥味道；到後來讀史看到日治時代裕仁太子訪台，官方設宴在大稻埕民間酒樓江山樓，該席究竟是幾進幾出，菜譜為何、口味如何？到現在臺菜復興方興未艾，布袋雞的去骨留皮怎麼做，換骨通心鰻是用海鰻還是河鰻？東瞧西看，就看吃。但無論你是站在什麼位置在關注吃食，本書都有可觀之處，「文化之外」的硬道理會幫助你在料理檯發揮更加自在。

以下且舉個例子來試說明之。

從魯迅「送火腿給毛澤東」這公案可以看出來兩件事，第一，毛澤東喜歡吃火腿，第二，魯迅更愛吃火腿。當時魯迅托人幫忙，和著魯迅剛編好的書《海上述林》一同送到西安，據說毛主席看見魯迅送的食物，沉思後大笑，幽默地說，可以大嚼一頓了。但是到底為什麼火腿會這麼好吃？我們知道西班牙伊比利火腿，法國拜雍火腿，中國雲南宣威火腿都是食材榜上誘人之物；但不知其所以然。

經由本書你會發現：水與其他物質的互動很有趣，因為鹽的關係，火腿的水分會被悉出，降低水活性的同時可以讓火腿的保存更長久，以撐待變；隨著時間的流變，書中告訴我們，此時自然環境中的真菌會讓肉質軟化，蛋白質分解成氨基酸，飽和脂肪甚至會被轉化成不飽和脂肪；這正是梁實秋所形容的：北京人不懂吃火腿，覺得火腿有一股「陳腐的油膩澀味」，那是因為他們沒把火腿外表與下緣「滴油」的部分去掉就吃下去。也自然在口感上，就像舌頭都快黏住上膛那般，沒有清醬肉爽口。

現在你知道那「滴油」的部分是飽和脂肪甚至會被轉化成不飽和脂肪，然後汩然流出；在書中你知道不飽和脂肪常溫會是液體，然後與空氣接觸的油容易酸敗，脂肪酸會出現不討喜的味道。但在此同時，你會想到為什麼店裡的主廚煮高湯時，要把火腿皮丟去高湯鍋之前做的動作，是將火腿皮燙過一兩次——那是為了把表面酸敗的脂肪處理掉，然後高湯裡煨出來的是滿滿的游離氨基酸，而游離氨基酸就是天然的味精。

寫在「一咬一嘴油」——正式展讀前

在這個時代，讀書的人少，大夥的閱讀都奔向網路；取得片段知識，專有名詞的來龍去脈變得容易。但在紙本閱讀的狀態下，專有名詞的補充脈絡反而是不容易的。因此這本書在閱讀之時，建議各位把手機放旁邊，電腦打

開來，在一邊讀書的過程當中，困惑逐漸積累的同時，把你有興趣的專有名詞打進網路查查，跳出的頁面會有助於解釋書中高密度的知識；這是一個緩緩上昇的氣泡：讓你舒暢心神之餘，更可以好好呼吸休息一下。請試看看邊讀邊查吧。所幸這本書翻譯甚佳，文句十分通順，理解沒問題的話，讀起來像坐滑水道一般，沒多久就釐清觀念、得到新知，腦海裡響起等級提昇的號角聲。另外本書也專業地把專有名詞都附上英文原文；可以用英文再查一次交叉對照，這於網路知識參差不齊的現況很有幫助。

本書在最後有一個名詞釋義的章節，足足快四十頁，很有用，請不要當沒看到；該章節一則可以當小菜，邊讀正文的同時翻到後面配著也可以；二則另外獨立出來，夜深人靜在單人沙發椅坐下，倒杯威士忌抿一口，將名詞釋義當作下酒菜，也是十分美味。比如 X 字首的第一個 Xanthan gum（三仙膠），這是西方現代料理的勾芡明星，但我們不是很常接觸，在「名詞釋義」的章節你知道 0.3% 的使用量就有不錯的勾芡效果了，比起太白粉動不動 10% 的使用量，0.3% 與 10% 大概是三十倍的差別，應該有很大的發揮空間；例如傳統叫賣的叭噗冰淇淋如要做點創新，把太白粉用 Xanthan gum 來取代，水果原物料的風味應該能凸顯不少。

本書的知識營養密度很高，讀著讀著很容易就迷失在其中，讓人不見宗廟之美，百官之富。如果遇到這種時候，不妨暫時停下來，想想你是因為身在此山中，才會雲深不知處。此時去找找，推開那扇讓你放鬆的食譜，比如在書的中後段，到了提到「皮脆骨酥」的那個篇章（p.259），此時我猜想你已經被前面弄得雞毛鴨血的：從醬汁分為油醋醬汁、增稠醬汁、乳化醬汁，後面接著講湯，清湯的做法又到濃湯；接著接著到麵包的孔徑與質地，到了皮脆骨酥的時候，心情應該是有點炸毛了；前面那段塞了太多的歷史與科學，孔隙當中還充滿了廚房的習慣與慣例，怎麼辦？

我是臺南人，對魚皮有著奇妙的執著。

而在上述那段文字的附近，有魚皮的食譜，於是「夫子之牆」就其門而入了，有「香烤脆鱈皮」、「香烤鰻皮乾」、「鱈鰾脆片」三道（p.270～271），二話不說，進到廚房洗手做菜，隨著網路電臺爵士樂的陪伴，你參考了上面三道食譜，拿出大賣場賣的虱目魚皮肉，仔細看，還真的跟書裡說的一樣，魚皮分兩層，外層薄一點，內層厚一點，仔細看內層好像有很多的膠質，應該就是所謂的結締組織，富含膠原蛋白的部分，魚皮含有 10% 以

上的脂肪，遠比魚肉來得高，這樣富含脂肪與膠原蛋白的魚皮，炸過之後表面酥脆，膠原蛋白帶來滑潤口感，特別好吃。

因為家裡沒有夠多的油去炸虱目魚皮肉，就參考食譜的做法，將魚皮儘量乾燥，以廚房紙巾吸乾水分，途中換過兩三次紙巾，再將烤箱轉至低溫，魚皮在熱風下烤兩個小時烘乾，最後以稍多的油用不沾鍋半煎炸，酥脆的結果真的是宵夜良伴，就這樣想起了在東京居酒屋的下酒恩物，以酥炸的魚骨與魚皮為主角，上班族的喧囂聲與行經鐵橋的電車聲為配角，小口飲大口喝，啤酒一杯杯。默默地，毫無自覺的就把「皮脆骨酥」這章節的重點透過炸魚皮的實踐一次掌握住了。

此時，可是名符其實的：「得其門而入，始見宗廟之美、百官之富。」

身影曼妙、人來人往的現場——正在閱讀中

據說舊時上海女子，人前都是大家閨秀，溫良恭儉，但卸妝後放鬆時，不管是雞爪凍還是臭豆腐，配著貼己閨蜜的私密話，與你我沒什麼不同，十分家常。仔細想想，味道與喜好到底是怎麼回事，怎麼鹹莧菜梗與臭冬瓜會讓周作人有種「舊雨之感」，而外地人對這兩物卻是避之唯恐不及，這一切的一切，從口與鼻開始。

「味道與風味的複雜世界」這個篇章（p.23）就從口與鼻開始說起，一開始讀起來是有點辛苦我承認；鋪天蓋地的科學詞彙上下左右無差別攻擊，從十二對腦神經開始說起，味蕾啊嗅球啊到邊緣系統，口感強度是什麼而味覺閾值又是什麼，雖然每個字都中文，湊起來卻很詰屈拗口，乍看之下跟廚房沒什麼關係。不過料理是做給人吃的，客人是怎麼體驗你的料理很重要，所以請換位思考，想想你去名店取經的過程，貴貴的前菜送到時，你是不是聞一聞、轉一轉、舔一舔然後才吃下肚呢，那個小心翼翼的過程就是這章節要說的故事。

本章節中的「洋芋片實驗」（p.30）十分有趣，看起來還好，實作起來體驗很深，至少我是如此感受到作者的用心。還有在該章節的最後有一段「口感與其他感官印象的交互作用」（p.41），裡頭的敘述直白且具體，對於菜單的設計很有幫助，很值得細讀。另外只要記得抓住「口感是整體風味經驗的中心」這個核心去讀這章，就等於握好方向盤掌好舵，閱讀起來會簡單不少，之後就可以花點心神在書中的冷知識，比如人的舌頭是很靈活的，

過去我們知道少數「與神同行」的朋友可以拿舌頭打結櫻桃梗，一般人的舌頭的動作可以分成戳動、轉動、掃動等。

「食物由什麼構成」這章（p.53）讀起來很有規矩，條理分明。可以有兩種讀法，一個是從頭到尾慢慢讀，像張學良和他有名的三張一王轉轉會，輪到誰做東就誰決定菜色，少帥不挑，一家一家輪著吃下去，雙子座少帥口味總是甘之如飴，無論是菜餚還是女人，如果你也有著好胃口，就這樣讀吧。另一個是挑著喜歡的主題先跳進去讀，比如說好奇那一根柴禾燒的著名豬頭是怎麼搞的，當時文本金瓶梅是這麼說的：「宋蕙蓮，單用油醬茴香大料，一個時辰，一根柴禾，豬頭燒的皮脫肉化，香噴噴五味俱全。」搞半天還是不懂的話，不妨先挑裏頭「陸上動物」（p.60）的部分看。

本章一開始講植物裡頭有澱粉果膠半纖維，真菌有幾丁聚醣，藻類有很多屬害可溶於水的碳水化合物，陸上動物有好吃的橫紋肌，能量不是用澱粉的方式來儲存，而是脂肪。因為蛋是很特別很可口的存在，所以也拿出來另外講，海洋動物分成魚類與其他，魚類因為水的浮力讓他們不用太努力就可以維持形狀，所以肌纖維較短，結締組織也比較脆弱，導致口感與陸地動物不同，最特別的是有提到少見的食材：昆蟲。還附上看起來十分可口的昆蟲食譜。

再來是提到可食用分子分成蛋白質、碳水化合物與脂肪，這裡會比較抽象，如果你從頭讀下來，到了這裡會有點不耐，沒關係，可以速速讀過、快快跳過，晚點到後面篇章的時候，記得回來，比如書裡提到米的澱粉與馬鈴薯澱粉在吸水糊化的差異，你要回來看，原來是因為澱粉分成支鏈與直鏈，然後兩種澱粉的不同比例會造成吸水程度與吸水效果的差異。然後「脂肪的熔點」（p.76）圖表很佛心，光看圖表就知道什麼油的不飽和脂肪酸比例比較高了，最後不痛不癢提到一點加工食品，還有很令阿宅如我興奮的科學合成食品。

我自己是建議這章節挑選自己掌握度高的食材，或是有興趣的食材，挑著精讀，比如很想知道肉類料理的奧秘，在陸上動物這裡就知道膠原蛋白在60～70度會開始融化，溫度再高變成明膠就要再花很多倍的時間才會水解了；而大同電鍋的保溫溫度差不多在60～70度；這麼剛好，這是不是燒豬頭專用的傳說中廚具呢。

「食物的物理性質」（p.87）與「質地與口感」（p.109）這兩章難度特

高，不過作為一個理工男+科學宅，這章節讀的是小日子有滋有味，舒心暢快。前者提到了食物的結構與組織特性，這兩個部分大大的影響了食物質地，進而造成進食口感的不同。固態食物可以是晶體與非晶體的狀態，甚至是大名鼎鼎的「玻璃態」，液態食物十分常見，雖然沒有氣態的加工食品，但很多食品都含有大量氣體，如打發的鮮奶油就含有大量的氣體，有趣的冷知識是蘋果裡頭居然含有 25% 的空氣。

還有很多狀態很複雜的食物。

覺得崩潰嗎？好，先把書闔起來，這樣傻呼呼「頭犁犁」頂著幹，看來是行不通的。先閉上眼睛想想點開心的事，比如你吃過最好吃的冰淇淋，有畫面了嗎？美式的義式地都可以，「她」可能是酸甜平衡的，果香十足的，堅果濃郁的，無論是哪一種，口感總是溫和堅定的，一開始是冰冰的，被舌頭逗弄融化後甜味蕩漾，若有似無的香氣竄出，你正要辨識的時候「她」就消失了，沒關係，你還有大半球冰淇淋可以吃，慢慢的被「她」融化。想到這裡情緒應該會好一點。

然後你打開書，翻到剛剛看不下去的「安定劑」、「增稠劑」、「乳化劑」，回想的那一杯包含天空上所有顏色，世上所有的美好於一身的完美冰淇淋，十之八九都有這些東西在裡頭，「她」可以是天然的，也可能是精煉過的，不過請放心，一定有的，要做出這樣複雜微妙的冰淇淋，必須要好好把這些東西搞懂，不要覺得只要把那些堅果、水果、牛奶倒進去冰淇淋機裡面，沒別的，最後你只會做出一杯很奇怪的思樂冰。

知道當下的閱讀是為了什麼，會自然生出一股堅毅的力量幫助你度過枯燥的過程，如果你對於冰淇淋無感，雖然這不可能，身為臺南人無法理解「不嗜甜」是身體出了什麼問題。但你還是可以從書中找到你前進的動力，比如「安定劑」那邊可以做出水乳交融酸香辣甜的油醋醬如何不分層，「增稠劑」裡頭藏著可以把竹筍清湯變成法式醬汁的鑰匙，「乳化劑」可以幫助你用蔬菜做出濃郁的醬汁來面對所有 Vegan（純素主義）患者。

最後，閱讀這章節請搭配大量的試作：「知行合一」方是王道。

後篇「質地與口感」回到了「人」的本身，緩一下，這一下跳得有點遠。人分兩種，生到好胃口則喜氣洋洋，有碗筷的地方便是故鄉，胃口不好則忠貞不變，近郊遠遊碗盤不對都是鄉愁，有的人是前者，有的人是後者，

大部分的人兩者兼著有，文人郁達夫則是前者。在他與王小姐的初見到熱戀，靠的是實打實的飯局喝酒，是喜氣洋洋的美食進攻所達標的。

經過前面幾章周遊列國的尋覓，無論是本章節或是郁達夫，關於「人」的那份主體性都拿回來了，在前面大量的推杯換盞，瞭解客觀的外在事實，到現在與客人也與自己推心置腹，開始瞭解食物進到嘴裡會發生的事情，這裡很生動的描述了各種我們必須知道的質地與口感。先說質地，質地似乎是一種食物在嘴裡抵抗唇舌齒的狀態，再來說口感，口感包含了嗅覺與味覺的部分在裡頭，然後你會在篇章中得到一拖拉庫關於質地與口感的描述詞彙。相較之下，郁達夫戀愛時的日記就顯得十分匱乏，裡頭只寫道「與王女士親了幾次親密的長嘴」，顯然在質地與口感描述詞彙上，他是有精進空間的。

章節的最後開始寫到質地改變的時候，就是為下一章鋪上紅地毯。

「口感大探索」（p.127）與「進一步深入質地的世界」（p.221）兩個篇章，堂堂踏上料理檯，從改變食材的質地開始，洗菜開火下廚，這兩章精彩可期。廚房除了把食材變成可食的狀態之外，也要能夠調製出理想的質地，女王漢堡的香草奶昔與哈根達斯香草冰淇淋的質地就差異很大，江浙獅子頭與臺南肉燥飯都是絞肉所製，吃起來質地完全不同。另外要注意的是，在料理檯上發生的事大部分都是不可逆的，料理前要三思。簡單的例子，荷包蛋發生之後再怎麼不符預期。可是瑞凡，蛋液是回不去了，摸摸鼻子淋上醬油膏，三兩口吃了。

一開始是很重要的熱與溫度，食材的蛋白質遇到熱之後開始氨基酸熱解，條件適合之後還會產生味道很棒的梅納反應，知道熱與溫度的重要性之後，下一步跳到後起之秀：真空低溫調理法。在溫度的精準控制的前提下，我們可以讓特定的蛋白質變性，達到鮮甜軟嫩的反差效果，最後還點出在特定的溫度範圍內，肉類自含的天然酵素會讓肉逐漸變得柔軟，這就是熟成的效果；但此時必須注意微生物的衛生安全問題。接著有一個食物質地變化的成因表，這個表格很重要，對於你不想要的變化，比如失去脆度的洋芋片是因為水分被吸收，知道原因之後，只要控制一下濕度就可以改善了。

接著談到澱粉，以米食為主食的我們，做菜有勾芡的需求，不同植物的澱粉顆粒差異很大，大小會差到十倍之多；澱粉在做為增稠劑的時候，大小的差異對於增稠有著不同的效果，另外澱粉外層連結的蛋白質不同對於吸水率與酵素抵抗力有很大的影響。這段十分精妙，多讀幾次，讀慢一點。後面

的膠類凝膠特性用途表，如果耐得住性子，把果膠、阿拉伯膠、洋菜、褐藻膠、鹿角菜膠，等等來龍去脈讀一讀，這是市面上少見的清晰論述，讀起來也不會太難，而畢竟已經走到料理檯上了，切入的觀點都是從應用面上；光是讀文字提到的案例，就可以直接連結到自己做菜的經驗。

比如根據《東京夢華錄》記載，宋朝有喝「冰雪甘草湯」、「冰雪冷元子」、「生淹水木瓜」、「涼水荔枝膏」等等名稱華麗迷惑人心的飲料，其中涼水荔枝膏就是用烏梅熬成果膠，然後化在冰水裡，倘若使用不同的膠加入，對口感的影響一定很大，君不見同樣的添加物從奶製品換成蛋白，義式吉拉多冰淇淋就搖身一變成為了雪酪冰淇淋。後面用一模一樣的方式繼續討論食物裡的糖與脂肪，所幸難易適中，讀起來輕快有趣。

以我自身的經驗來分享，過去曾試過「手工鮮攪奶油」的方式來做塗麵包的奶油，過程當中很有趣，需要很多的鮮奶油，對於書中提到失敗的乳化物油水分離狀態有很深的體會，同時因為辦過一些市售奶油的雙盲評測活動，也會想到出餐過程中，參加者對於法國品牌的發酵奶油的評價很高，連結到本書有提供發酵奶油的食譜，在寫導讀的當下，正在跟著書中製作中，令人期待。另外「光滑的玻璃態食物」是比較少被討論的，這種固態食物缺乏結晶，對口感有特殊影響，通常玻璃態的食物會比晶體食物受歡迎，但相對來說也比較不穩定，在這個章節有很長的篇幅做出介紹。

第六章「醬汁的秘密」這個小節（p.244）讓我受用很多，醬汁有二個功用。一是濃縮好的風味物質，讓主菜因為醬汁可以讓整體的味道變得更雋永，餘韻再長一點。二是醬汁的質地製作得宜，可以讓主菜軟硬兼具，咀嚼吞嚥更為簡單。醬汁有冷熱之分，熱醬汁如荷蘭醬或肉汁醬，冷醬汁則包括美乃滋和油醋醬。另一種分法可分為油醋醬、增稠醬汁、乳化醬汁；無論是哪種，在篇章的介紹就有其他書籍沒提到的創新之處，讀起來很過癮。

總的來說，這兩章節能說的真的太多，有一點廚房經驗的閱聽眾在這裡一定會很興奮，讓人眼睛一亮的食譜很多，除了發酵奶油的製作，胡椒巧克力焦糖塊也很推薦大家實作看看，材料好買製作簡單，成品的效果很好，可以在很短的時間內理解「質地帶來的口感變化」是怎麼回事。焦糖馬鈴薯也是很好成品，邊菜單吃兩相宜。Q彈杏仁牛奶冰淇淋的食譜很有趣，如書中所言，是迸發絕佳滋味的奇妙質地。到了後面開始講到一些分子料理的技法，用得到的撿去用，用不到的看熱鬧也很有趣。總之，最後這幾章是拿來

挖寶的，有一種作者其實很想講下去，但礙於篇幅或是與主題關係不大，所以只好這裡點個火那裡撩一下的感覺，各位不要太在意連貫性，當作一個個的小單元來讀就是了。

酒溫菜熱雪茄後──讀完的功效

都市悶久了，會想去旅行；廚房待久了，會想去市場。所以如果在都市的廚房悶久了，理所當然會想去外縣市的菜市場走走。我是一個喜歡吃魚的人，臺北的海產市集雖有中央魚市與濱江外市，不過想吃魚的時候，精確一點說，想吃點新鮮「現撈仔」的時候，跑一趟基隆甚至開車晃蕩到東部，是屬於合理出格的行為內。

在寫完這篇導讀之時，剛好是工作忙一個段落的時候，出了趟遠門，那兒空氣微濕，深吸一口氣，生鏽的肩頸有鬆動的態勢，扭扭腰轉轉脖子，輕快的跨過馬路，晃蕩晃蕩十幾分鐘不到，海的味道像蛇竄了進來，再過沒多久，海的味道像霧，罩著全身，漁港到了。如果來對時間，等到漁船進港，你會聽到外籍漁民的吆喝聲，噗嚕噗嚕的引擎聲，岸上交錯雜沓的買家腳步聲，最後是我腦袋裡轟轟轟的旁白聲，有點緊張的問了隔壁大哥，舉手指著地上那堆一個月也吃不完的鮮魚，問說，這怎麼賣？

回神時，已經買單提著海魚北上。

放空兩天，一頭栽入輪轉不休的工作，持續當個稱職的螺絲釘；一日，在某篇論文讀到 1957 年發現核苷酸和麩胺酸鹽之間的協同效應。大概是說當富含麩胺酸鹽的食物與含有核苷酸的成分結合時，所形成的味道強度均高於這些成分的總強度，啊，這在書中有提到。這段的白話文是說一些很鮮美的食材比如昆布，金華火腿，老母雞，乾香菇等等，單項拿來熬湯其實沒那麼好喝，但是一旦你把兩項甚至三項食材拿來搭配熬煮，多種鮮味食材裡頭的核苷酸和麩胺酸鹽之間的「協同效應」，會讓鮮味呈現爆炸性的成長。

總之，這湯會變得非常好喝就對了。

於是想起來在日本買的單向透析的保鮮膜，包起來，想到書中提到關於禽畜魚肉的熟成，稱之為「經過控制的腐敗」，把腐敗的發生原因控制住，熟成就有機會發生。將魚殺完內臟處理之後，將血跡與體液處理乾淨，包上特殊保鮮膜，一方面將多餘的水分讓冰箱的空調排出，二方面透過低溫來控制微生物繁殖，單向膜讓這種件事變得簡單很多。

然後歲月靜好，等兩天。

魚身此時聞起來有淡淡的香味，真好。聽一點小編制的古典樂，在砧板上把昨晚的九層塔鋪好，卷上對切再對切的檸檬角，分幾次塞到魚肚內，快爆炸沒關係，千萬要塞好塞滿。取一條棉繩，這是上次綁春雞小寡婦剩下的，長度不夠，無法再綁一隻雞，但繞過魚身，打個單衍縛還行，平均在胖胖的魚身等距下繩結，確保肚子裡的好料不會掉出來，綁單衍縛千萬不可以心軟，綁緊是一種祝福。

收拾一下檯面拿出沙拉米臘腸。切片的沙拉米臘腸很美，對著天光看，像萬花筒一樣會透出靚麗多變的花紋，切一刀，變成半圓。瞄準好在魚身上繩子與繩子之間斜斜地下刀，一下又一下，把半圓的沙拉米鑲進去，翻過魚身，再來一次。山珍臘腸與現撈海魚，兩種鮮味會有很棒的協同效應才對。

拿出烘焙紙撕出適當大小，魚擱上面，紙覆蓋魚身，在左右兩側扭出糖果紙的扭轉痕，封好，烤箱預熱到 180 度，推進去烤十分鐘，出爐的時候打開烘焙紙，那香氣同魚身嫋嫋的白煙，如有實質，真香。但書上有說，低溫料理少了點靈魂的痕跡，試看看再多一點梅納反應，應該會更好吃，旋開噴槍，避開繩子的部分快速在魚身上炙燒，斑斑的焦痕帶出皮下油脂沸騰的聲響，一縷沙拉米臘腸的香氣藏在後面。擺盤，上桌，不要等。

梁山好漢一個個的從造反到招安、招安不成後，好漢們逐一死於幾場為國除害的大戰。在料理檯戰鬥的我們，不能僅依靠過往的經驗來幫我們搬開石頭，安排道路，在「養生主」與「逍遙遊」之外我們更需要一種覺悟，讓我們與習慣安逸分開；在本書的閱讀與後續的發酵當中，該會有些超脫經驗與想像的得道，藉此締造一個造反自己的理由，如武松沽酒，初入無人；驀地一吼，空缸空甕皆甕甕有聲，遮擋的困惑與不解都被知識所驅散了。

料理檯上的科學人
史達魯（沈祐謙）

目次

第 1 章　味道與風味的複雜世界

第 2 章　食物由什麼構成？

第 3 章　食物的物理性質：形式、結構與組織

第**4**章　質地與口感

第**5**章　口感大探索

第 **6** 章　進一步深入質地的世界

第 **7** 章　**我們為什麼對某些食物情有獨鍾？**

食譜索引

前言
味道的感官知覺
Sensory Perceptions
of Taste

為什麼巧克力在舌頭上融化時，會帶給人無比的愉悅滿足？為什麼剛出爐的新鮮熱狗吃起來，和機器製作好的冷藏熱狗味道就是很不一樣？為什麼大多數人早餐吃蛋喜歡配煎得脆脆的培根？為什麼汽水或啤酒跑氣之後就不再好喝？此外還有五花八門的問題，都是關於味道的感官知覺（sensory perceptions of taste），尤其是食物入口後帶來的感覺。受到這些問題的啟發，身為科學家和資深廚師的兩位筆者發揮好奇心和創意，結合科學的批判思考和料理食材的豐富知識，穿梭於實驗室和廚房中，深入探索食物的**化學組成**（chemical composition）和食物帶來的**物理印象**（physical impression）。

味覺是人類最重要的感官之一。我們依賴味覺的引領，避開可能有害甚至有毒的食材，去尋找可口又營養的食材。大家或許覺得酸、甜、鹹、苦和鮮味這五種基本味道，任誰都能輕易形容，但其實真的要描述一道菜或一頓餐食給人的整體感官印象，卻會難倒不少人，更別說要詳細記憶這個感官印象。部分原因在於，味覺和嗅覺之間的交互作用讓事情變得頗為複雜。另外，食物裡的一些物質其實不是呈味物質，只是與唾液及黏膜發生交互作用，例如紅酒裡的單寧會在口中引起乾澀感，辣椒裡的辣椒素會產生刺激甚至造成疼痛。而且我們還常常忽略一點，就是入口食物的**物理特徵**（physical characteristics）在品嚐經驗中扮演的角色，以及我們是如何反應。我們對食物的好惡往往只存在潛意識裡，但喜歡或討厭一種食物，其實和它入口後的**感覺**更有關係，和它嚐起來或聞起來的味道反而沒有太大關聯。這種感覺稱為**口感**（mouthfeel），與食物的**質地**（texture）息息相關。

毋庸置疑，如果不瞭解味道的運作機制和口感扮演的角色，再加上烹飪技術不佳，用餐時就很容易吃得太多、太油，而且我們會在食物裡加更多的糖、鹽和脂肪來調味，以上三者都與近百年來，與飲食相關疾病的患病人數大幅成長脫不了關係。味道與胃口、消化和飽足感息息相關，以上都是自然形成飲食攝取規律的關鍵。矛盾的是，這也造成兩種對比鮮明的影響：很多方面都

健康的人吃太多而且吃得很不健康，因為食物不可口，無法自然而然帶來飽足感；很多病人或長者吃太少，因為不可口的食物讓他們沒有食欲。這個驚人的結果也提醒我們，美味食物在大眾心目中「美好人生」裡舉足輕重。

耐人尋味的是，超市販售的食品標籤上依照法規要求，詳細列出產地、營養成分、單位熱量等資訊，但包裝上除了辣味之外，卻極少出現其他關於味道或質地的描述。大眾認識的味覺印象，多半來自速食、零食、汽水和糖果等對健康有影響的食品。我們想要改變這種情況，希望能透過撰寫本書向大眾推廣，如何以更精確的字詞描述食物的味道，特別是質地和口感。

在回答了口感為何與健康飲食息息相關，緊接又會引發一連串新提問：平常要如何處理生鮮食材，才能烹調出口感更佳的菜餚？怎麼讓湯或醬汁變濃稠最好？如何將豬肉的表皮烤得脆脆的？自製美乃滋有何祕訣？蔬菜要怎麼處理，才能煮得恰到好處？我們希望能回答諸如此類的問題，因此本書的宗旨如下：檢視口感在味道知覺中扮演的角色；深入淺出介紹味道、口感和質地背後的科學原理，以及有系統地探討不同食材的特性，進一步瞭解其結構和口感；介紹改變口感的諸多方法。或許有些讀者還未準備好接觸太深奧的科學內容，書末也提供了詳盡的名詞釋義和名詞索引，方便隨時查閱。我們也深切期望，經由深入探索所獲得的科普知識，可以做為資深廚師、營養師及其他健康專業人士、食品製造業者和美食愛好者的靈感來源，希望大家能加入我們的行列，一起為改善你我都置身其中的日常飲食文化而努力。

為了滿足對口感的好奇心，我們在廚房和實驗室持續探索，甚至踏出我們的大本營前往世界各地，探訪那些將口感視為重要一環的飲食文化。很高興能藉由本書分享追索味道和口感的多重形貌的冒險經驗，並記錄將食材調理出軟嫩、酥脆、綿密、柔韌、黏稠或其他質地時的奇妙發現。書中囊括最家常以及最富異國風情的食材和食譜，引導讀者熟悉味道的繁複世界，並充分品評欣賞味道的物理層面——口感。

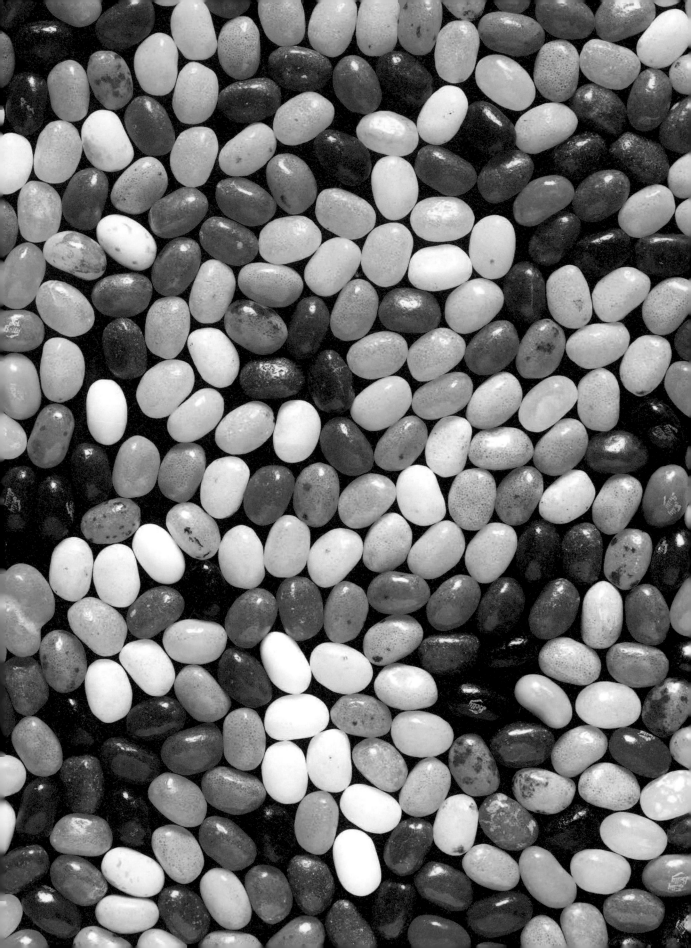

The Complex Universe
of Taste and Flavor
味道與風味的複雜世界

味道與風味的世界複雜奧妙，不只是因為涉及多種感官，也與我們用來描述味道和風味的字詞有關。一般人往往隨興混用「味道」（taste）和「風味」（flavor）兩個詞彙，而且不太在意它們確切的意思。我們可能會說這塊布利乳酪（Brie）的**味道**很綿密，或是橄欖油的**風味**清爽。雖然大家乍聽之下能夠理解這些句子的意思，但這些對於食物所引發的感官印象（sensory impressions）之描述，其實並不精確。因此，在開始探索味道與風味的世界，我們立刻就會發現，勢必要更嚴格地定義味道以及風味的概念。

按照嚴謹的科學定義，味道指的單純是味蕾辨識出的呈味物質（taste substances）。風味則具有多種模態，和「五感」相互關連：味覺、嗅覺和觸覺皆是構成風味印象的主要元素，另外也牽涉到視覺、聽覺和口中的化學反應。所有來源提供的資訊傳到大腦裡匯整統合，讓我們對於某種食物或飲料有了單一的印象。關於詳細的運作過程，在本章稍後將進一步探究。

我們都曾感受過味覺和嗅覺之間相互帶動和增強的驚人成效，但風味還有一個重要層面，它是以**觸感**為基礎的口感，其所扮演的角色卻常常被忽略。本書於是專門探討口感，希望引導大眾更深入瞭解口感如何影響我們品嚐食物，以及可以如何利用口感，製作出更加營養且美味滿分的料理。在進入廚房學以致用之前，讓我們先花點時間瞭解「風味」背後的科學原理。

口與鼻：一切就從這裡開始

基本上所有我們賴以維生的物質，都從嘴巴或鼻子進入體內。口鼻是身體內部與外在世界之間的主要通道：嘴巴吃進食物和飲料，鼻子吸進包含各種懸浮微粒的空氣和氣味物質（odor substances）。口鼻的獨特構造，讓我們能夠一方面吸進最多對身體有益的物質，另一方面儘量避免吞入或吸進疑似有害物質。

我們生活的環境危機四伏，周圍存在大量可能致命的微生物及人工或天然物質，這就是為什麼人體皮膚的最外層，是組織堅密、難以穿透的角質層（stratum corneum）。

身體內部的表面，包括口腔、鼻腔、空氣進出身體的通道，甚至消化系統的內壁表面，就沒有皮膚那麼強壯。這些區域表面覆蓋著一層由上皮細胞組成的黏膜，可以有效阻擋一些物質進入，但仍會讓其他物質通過。例如肺部內壁黏膜的功能，是讓氧和二氧化碳進行交換，而腸管內壁的黏膜則可從食物吸收養分。不妙的是，不管是毒物、有毒氣體或細菌和植物所含毒素，都能通過黏膜，並經由血液送往體內各個器官。

這就是為什麼口鼻做為人體主要門戶，由為數極多的感測器嚴加看守。人類在演化的過程中發展出這些感測器，來幫忙篩選維生所需的物質並讓它們通過，同時防堵那些可能有害或有毒的物質進入體內。這些感測器會發出訊號，將味覺、嗅覺和口感的資訊傳入大腦，與口鼻內化學反應引發的視覺和聽覺資訊相互整合，形成整體的感官印象（sensory impression）。這個印象決定了是否要讓某種東西進入比較脆弱的身體內部，而口感在這個決定中扮演要角。

風味印象牽涉的層面繁多，複雜程度十分驚人。主要的影響因素包括味蕾辨識的呈味物質，鼻子嗅聞到的氣味物質，食物在口中嚐起來的感覺，以及「化學感知」（chemesthesis），亦即黏膜上生成的化學反應。

這些不同的感覺都和神經系統息息相關。感覺系統和運動系統一樣，與大腦或腦幹互相連接。連接兩者的是十二對腦神經，以及由神經細胞集合構成的神經節，其中有感覺神經，負責將感官接收到的訊息傳到大腦，也有運動神經，負責將訊息從大腦傳到肌肉和器官。

十二對腦神經裡，有幾對負責辨識呈味和氣味物質，並且評判食物帶來的感官印象。構成風味的所有成分，在透過腦神經與大腦溝通，屬於大腦裡的高階運作，也表示風味的所有層面對於生存都至關緊要。十二對腦神經中的第一對是嗅神經，第二對是視神經，第五對是三叉神經，以上三對都和風味印象密切相關。嗅覺與中樞神經系統裡最重要的大腦直接相連，而且屬於最高的認知層級。至於味覺與口感，則經由控制心跳、呼吸等其他自主功能的腦幹與大腦間接相連。

‧氣味（Smell）是風味中最重要也最敏銳，具辨識力的層面，事實上嗅覺甚至比味覺更為敏感、更有區分力。嗅覺由懸浮在空氣中的物質刺激形成，而我們接收方式則有兩種途徑。一是食物在放進嘴裡之前，散發的氣味

雷根糖實驗

我們都知道感冒鼻塞時，嚐什麼都覺得味道變了。其實，不是食物的味道變了，而是我們的味覺暫時失靈。

不過想要實驗味覺對感官印象的影響有多大，不用等到真的感冒，只要捏住鼻子，再在嘴裡放一顆糖，雷根糖（jelly bean）、水果軟糖或水果、肉桂或洋茴香口味硬糖都可以，然後閉氣嚼糖果。你只吃得出糖分或

其他甜味劑產生的甜味，其他味道你全都嚐不出來。接著放開鼻子，呼一口氣，準備好迎接令人驚奇的變化。嘴裡糖果的味道似乎變得完全不同，因為糖果裡添加的氣味物質現在從口腔一路向上進入鼻腔，將更多的訊號傳送到大腦。

就由鼻孔直接吸入，這是鼻前通路（orthonasal pathway）。而在我們咬嚼時，食物在口腔裡釋放的氣味經由鼻咽向上進入體內，則是鼻後通路（retronasal pathway）。經由鼻後通路偵測氣味，是人類最重要、發展最成熟的嗅覺；而我們最熟悉的狗，就是利用鼻前通路來偵測大部分的氣味。不管是鼻前或鼻後通路，氣味分子都會抵達鼻腔頂端，接受數百個單獨的氣味受體偵測。氣味受體受到氣味分子活化之後送出電位訊號，電位經由第一對腦神經直接傳到大腦裡的嗅覺中心，即嗅球（olfactory bulb）和眼窩額葉皮質（orbifrontal cortex）。一小部分的電位則傳到邊緣系統（limbic system），這個系統也稱為古哺乳類腦（paleomammalian brain），是大腦中負責處理記憶、感覺和決定獎懲的區域。現在的嗅覺經過了漫長的演化，人類基因體中每五十個基因裡就有一個與嗅覺運作有關。嗅覺好壞決定了生死存亡，也與潛意識關係密切。由於一種氣味可以活化多個氣味受體，因此人類能夠辨認出許多不同氣味之間的差異，甚至可能多達一兆種。最近的研究發現，嗅球處理氣味訊息的方式與視覺皮層（visual cortex）處理視覺訊息的方式很類

"smell"、"odor"和"aroma"三個字，都可以用來指稱嗅覺系統所感知到的訊息。"smell"（氣味、味道）一字最為普遍，最常用來指嗅聞到的氣味，且可當動詞使用；該字原先意思中性，但現今在英文的用法中多少帶有負面意味，可能是因為常和「難聞」或其他負面的形容詞連在一起使用。"odor"純屬中性，而且甚至具有「氣味統稱」之意。"aroma"也是氣味，但常用來描述怡人的氣味，像是剛出爐麵包或是熱騰騰燉菜散發的香氣。

似，會將氣味概念化成為空間圖形（spatial pattern），形成「氣味圖像」（smell image）。儘管如此，人類的嗅覺其實遠不如熊或其他動物敏銳，因為人類的氣味受體神經元沒有其他動物那麼密集。不過人類大腦處理嗅覺訊息的區域比其他動物大很多，也更為複雜，因此人類的嗅覺實際上可能比過去認為的更加發達。特定氣味在大腦中形成的氣味圖像，有點類似熟人面貌在大腦中的視覺圖像，這有助於解釋為何氣味和記憶是相互聯結的。

・**味道**（Taste）是指舌頭和口腔中直接嚐到的滋味，特別是指分布在舌頭上將近九千顆味蕾所接收，牽涉物理、化學及生理層面的整體感覺。呈味物質必須先在唾液中分解之後，才能進入味蕾的孔洞，由無數味覺細胞接收。味覺細胞是一種特化的神經細胞，在味蕾裡緊密聚集，就像整顆大蒜裡個別的蒜瓣。在這些神經細胞的細胞膜裡，不同的味覺受體會對五種基本味道產生反應：酸、甜、鹹、苦和鮮味。當味覺受體辨認出呈味物質並與之結合，會產生一系列生化反應並釋放電位訊號，訊號會先傳到腦幹，再由此傳到大腦。一個味覺細胞主要負責一種基本味道。感應同一種基本味道的不同細胞，會一起送出整合訊號，訊號沿著神經纖維經過三對（第七、九和十對）腦神經，經由視丘到達大腦的味覺中心（腦島前區〔anterior insula〕和額葉島蓋〔frontal operculum〕）。但味覺和嗅覺有一點不同，目前還不知道味覺是否和嗅覺或視覺一樣，也能像在大腦皮質上形成類似氣味圖像的**味道圖像**（taste image）。

・**口感**（Mouthfeel）是本章接下來要詳細探討的重點，是「體感覺系統」（somatosensory system）的一環。這個系統不只存在於口齒唇舌之間，也分布於身體各處，包括骨骼肌、關節、體內器官以及心血管系統。對於物理刺激，如疼痛、溫度變化，以及按壓、碰觸、拉伸和震動等觸覺，體感覺系統皆會有所反應；此外也受到感應身體各部位的位置和運動的動覺（kinesthesia）所影響。在咀嚼食物的過程中，透過舌頭探索和辨認吃進食物的大小、形狀和質地的動作，體感覺系統會和口感產生聯結。牙齒裡的神經末梢提供了更多關於食物結構的資訊：質地是軟或硬、酥脆或柔韌，以及組成顆粒的大小。和味覺形成的感官印象相同，與口感有關的神經訊號，也

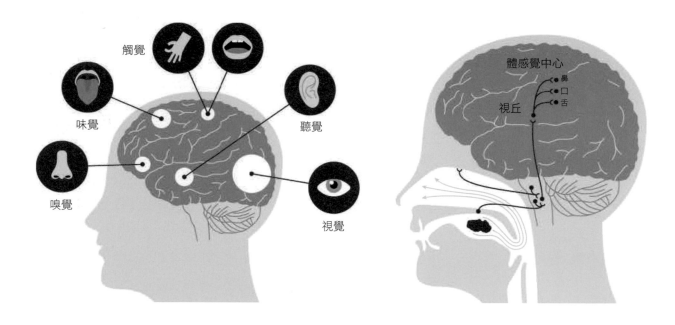

大腦裡負責五感的區域分布（左），以及口鼻中感知食物的訊號送到腦幹和大腦的神經傳導路徑（右）。

是經由腦幹間接傳到大腦，亦即先傳到視丘，再傳到體感覺中心。

　　・化學感知（Chemesthesis）是指皮膚和黏膜對於引起化學反應造成刺激、疼痛，或可能傷害細胞組織的物質的敏感反應。不管是吃含有辣椒素的辣椒，含有胡椒鹼的黑胡椒粒，或是含有異硫氰酸酯的辣根和芥末，口中傳來的辣嗆味道就是一種化學感知。化學感知影響的是三叉神經（第五對腦神經）末梢，因此也稱為三叉神經覺（trigeminal sense）。對冷熱的感覺也與化學感知有關，因為特定化學物質會引起一些與口感有關、感應溫度變化和疼痛的神經之反應，也因此有可能讓這些神經產生混淆，誤以為感覺到冷和熱，但這樣的感覺和食物本身的溫度高低並無直接關聯。辣椒素會引起灼熱感，而薄荷腦、胡椒薄荷和樟腦會讓嘴巴感覺清涼。

刺激物

刺激物（irritant）是指會刺激三叉神經（trigeminal nerve）、產生化學感知的物質，比方說是：辣椒素（capsaicin）、胡椒鹼（piperine）和異硫氰酸酯（isothiocyanate）。許多食材皆含有此類成分，包括洋蔥、辣椒、黑胡椒、芥末、山葵、辣根、薑、獨行菜、芝麻菜和白蘿蔔。

清涼感

在嘴裡放入薄荷醇、薄荷或樟腦，會引發清涼的感覺，但口腔中的溫度其實並未改變，原因是這類物質能夠引發一些對冷熱敏感的神經反應。另外還有一些物質的效果比較不一樣，雖然它們本身在口腔裡的溫度不變，但卻能在化學和物理意義上，真正讓嘴裡的溫度下降。其原理在於將物質溶解需要來自周圍唾液的能量，也就是吸走唾液裡的熱量，於是嘴裡的溫度就下降了。

這類物質包括當成甜味劑的木糖醇（xylitol）和赤藻糖醇（erythritol），兩種糖醇都可以代替一般的糖，但熱量卻分別比糖少了 33% 和 95%。木糖醇和赤藻糖醇結晶會在舌頭上引發異常強烈的清涼感，在製作甜點時就可善加運用。嘴裡溫度下降是因為實際溶解過程所導致，所以如果事先將糖醇溶在液體裡，喝的時候就不會有同樣的清涼感。但是那些讓嘴巴誤以為有清涼感的物質，即使已經溶解，仍然會有同樣的效果。

味覺和其他感覺一樣，對變化和差異特別敏感。人類這個物種生存必備的重要生理功能之一，就是探測變化和差異的高超能力。當人類能更敏銳地感知不同食物和風味，進食就變得更吸引人，對食物的興趣和胃口也大增。此點尤其適用於味覺經驗的三個不同層面：強度（intensity）、相合度（congruency）和味覺適應（taste adaptation）。

在此有一點必須辨清，味道強度（taste intensity）不同於**味覺閾值**（taste threshold）。味道強度是指味道的強弱程度，而味覺閾值指的則是「物質味道」可被偵測到的最低限度，例如該物質的**濃度**。味覺的這兩種層面因人而異，與年齡等其他因素也有關聯。由於不同呈味物質以及它們和嗅覺的交互作用之間，會產生協同效應（synergy），因此我們很難嚴格區分味道強度和味覺閾值。但是，不僅廚師和美食家善加利用兩者之間的關係，製造食品和零食點心的公司更是將其發揮得淋漓盡致。

個別的呈味物質如果味道和諧一致或互補，就能互相提味，也就是所謂的**相合**。這種效果可以降低味覺閾值，雖然與其他呈味物質混合在一起的物質本身濃度較低，但卻比單獨呈現時還來得容易被偵測到。例如在黑巧克力上灑一點海鹽，就能讓巧克力嚐起來甜一些。相合度也適用於味道和氣味的

相互作用，讓兩者任一即使較淡也能被偵測到。所有料理都會利用這些相互作用，藉由融合互補的感官知覺，來造就風味更佳的菜餚。

反過來說，我們也常學著喜歡各種嚐起來不好吃的食物，或覺得不好吃、可能不適合取食，甚至和有毒的東西很相像的食物。而在我們持續接觸一段時間之後，我們會開始適應——只要想想看又苦又燙的義式濃縮咖啡、辣到讓你噴淚的咖哩，或冰得讓你牙痛的甜點。在吃喝這些東西時，我們幾乎不會去注意味覺和口感發出可能有危險的警訊，這種現象稱為味覺適應。氣味也是如此：我們很少會意識到自己家裡有什麼味道，但一走進鄰居家，馬上就會注意到有股陌生的氣味。

再講到每個人體驗的風味印象，情況又更加複雜。構成風味的所有感覺成分並不單純屬於生理層面，也牽涉社會、文化、心理和身心層面，與風俗習慣、家庭教養、生活方式、價值觀和身分認同等都有關聯。「風味」是生理上實際接收到的印象，在大腦裡與先前的經驗、記憶和社會背景交融形成，成因非常複雜。雖然我們每天都在吃喝，但食物的風味卻始終是難以形諸言語與他人交流的概念。

在演化過程中，人類為求每天能餬口，能夠接受的風味裡有很多不同要素，包括口感在內，都因應可用食材的化學和物理特性而變化。為了進一步瞭解這些與嘗味有關的元素如何結合並產生各式各樣的效果，我們將在接下來幾章以食材為研究對象，檢視生鮮狀態下和烹調後的化學和物理特性。

什麼味道「很配」

義大利人描述味道相合的說法很有意思，他們如果嚐到互補而且互相提味的味道會說它們「很配」（Si sposa ben），甚至「真是絕配！」（Si sposa magnificamente!）

口感：整體風味經驗的中心要素

在構成完整風味經驗的所有要素裡，口感很可能是最不引人注意的。我們很少注意進食時如機械化的重複動作，自然就忽略了做為口感基礎的「觸感」。除非吃進食物的感覺和我們預期的大不相同，否則咬嚼、舌頭攪動和感覺食物、呼吸和吞嚥，多多少少都是在不知不覺間自動進行。這個層面很重要，因為口感在很大程度上受到我們預期會接收到的視覺、嗅覺和觸覺感受所驅動。我們會認為蘋果很脆，辣椒醬很辣，冒著熱氣的湯很燙，或粗磨黑麥麵包的質地粗礪。食物一入口，我們就會評估實際的感官印象是否符合預期，而有些時候會得到意想不到的結果。

回到本章一開始描述的狀況，讓我們更仔細地探討感覺系統守護脆弱人體內部的警衛角色。每次要開始吃或喝東西，這個系統就開始運作。首先，視覺和嗅覺啟動，經由鼻前通路評估應否讓食物或飲料更靠近嘴巴。除了視覺和嗅覺，我們也藉由將食物拿在手上，或借助刀叉湯匙來偵測食物的觸感，這些訊息統合在一起傳送到大腦。它們在大腦裡，結合我們的預期、經驗、記憶和其他心理因素，構成是否繼續下一步的初步評估結果。

如果大腦接收到「肯定」的訊號，食物會進入口腔並停留其中，但在入口之前，食物要先接觸嘴唇，由嘴唇來判定冷熱和粗礪程度等其他特質。一切都沒問題的話，我們才會把食物送入嘴裡，而舌頭和嘴巴內部蓄勢待發，一連串與口感有關的感覺即將產生。這些感覺有助於避開不適合入口的食物，例如太燙或太冰、似乎有毒，太硬咬不動或無法消化的東西。接著要評判的是，食物的冷熱、大小和形狀，以及食物表面的感覺；如果是液體，就

洋芋片實驗：當入口的食物不符期望

這個實驗需要用到洋芋片、脆餅乾或一般餅乾，找其他人一起實驗的效果會最好。為每位測試者準備兩份食物，一份脆、一份軟。重點在於兩份食物要看起來幾乎一模一樣，讓準備品嚐的人包括你自己，只看外觀都無法分辨才行。首先，看著食物，試著判斷吃進嘴裡會是什麼味道和感覺。接著，吃下食物，看看是否符合原本的期待，而這個結果對於你知覺到的味道又有什麼影響。

同樣的實驗也可以改用兩顆外觀沒有太大不同的蘋果，只是一顆鮮脆多汁，另一顆乾軟而且綿綿沙沙的。

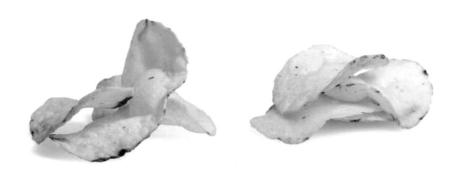

酥脆的洋芋片（左）和變軟的洋芋片（右）——它們看起來一樣，味道也一樣，口感卻截然不同。

會評判冷熱和黏稠度。

　　食物一進入口中，呈味物質就會經由鼻後通路進入鼻腔，形成的嗅覺印象比只經由鼻前通路嗅聞到的更為強烈。如果發現不對勁，在吞下食物或飲料之前都還來得及吐掉，以避免可能的傷害。但有時候這些防護機制失誤，所以很多人會有吃披薩燙到嘴，或吃了太燙的馬鈴薯而嘴巴痛的經驗。

　　食物入口後，就由重複的進食動作接續處理，同時間，唾液也開始分泌。如果入口的是液體，會在嘴裡混攪幾次之後吞下去。如果食物很硬，上下顎和牙齒會將食物咬嚼成小塊，而舌頭則靈活轉扭混合食物和唾液。同時，有更多呈味物質釋放出來並溶解在唾液裡，分布口腔四處並由味蕾接收，而揮發性物質也向上飄進鼻腔，啟動氣味受體（odor receptors），尤其是在吸氣的時候。我們接收到的味道更加濃烈。舌頭和下顎移動時震動產生的聲響，經由下顎骨和顱骨傳入耳中。

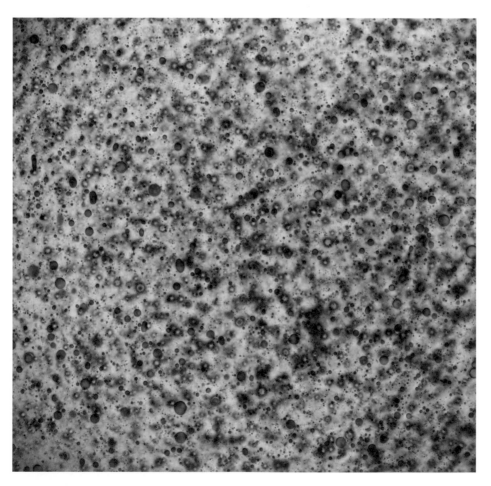

奶油的微結構：黃色固體是脂肪，藍色小點是水。水滴直徑在 0.1 微米到 10 微米之間。

大腦在這些化學和物理過程發生時全神貫注，進行十分複雜的判斷、評估完整的風味印象，以及這個印象如何發出訊號通知食物是否可食、有沒有營養、能否滿足胃口和應該吃下多少，而意識和潛意識的生理和心理機制都參與其中。這些判斷結果有很大一部分，取決於記憶、經驗和對於該種食物的瞭解。

美食學領域最富盛名的著作之一，是於 1825 年在巴黎匿名出版的《味覺生理學》，作者薩瓦蘭（Jean Anthelme Brillat-Savarin，1755～1826）是法國律師和政界人士，在該書出版後幾年便與世長辭。薩瓦蘭根據自己對食物和味道的觀察，將味道的物理層面描述為「品嚐機制」（mechanics of tasting）。

從很多方面來看，這本書既是典型的時代縮影、個人札記，也是薩瓦蘭所謂「關於超凡美食學問的沉思錄」；但這本書也可視為替味道建構基本理論的濫觴之作。有趣的是，薩瓦蘭書中的一些概念可說是預埋伏筆，與現代探討味道及其神經學基礎的理論，像是理察・史蒂文森（Richard Stevenson）所著《風味心理學》（*The Psychology of Flavour*）中的論述遙相呼應。

「口感」是由口腔中上皮細胞裡的受體接收，這些受體和四種不同的體感覺神經末稍有關，分別感應溫度冷熱、疼痛、接觸和壓力。這些受體和體感覺系統位在皮膚、肌肉等身體其他部分裡的受體相似，但是口中受體分布的密度遠遠高出其他部分。這一點充分顯示口感可被極度精細地調整，這個特質之於人類生存尤其重要。

鼻子裡也分布了與風味印象有關的體感覺神經，它們會對可揮發性化學物質有所反應，像是氨（ammonia，中文習稱阿摩尼亞）就會散發刺激黏膜的氣味，氣泡酒或蘇打水氣泡蒸發後逸散的二氧化碳會給人刺刺的感覺，也是同樣的道理。這些物理的感官印象，加上吸氣和呼氣時鼻子裡的壓力改變，就構成對氣味的整體知覺。

聽美食之父怎麼説：五感的功能及味道的運作機制

素有「美食之父」之稱的尚·翁泰姆·布希亞－薩瓦蘭（Jean Anthelme Brillat-Savarin）為後世留下一本不朽鉅作《美味的饗宴》（*The Physiology of Taste*，書名原意「味道生理學」；時報出版），此書自 1825 年問世至今未曾絕版。薩瓦蘭在書中如此評論五感的功能，以及味道的運作機制：

「讓我們很快看看感官系統，將其視為一整體……眼睛察知外物，展露人類周遭的奇觀絕景……耳朵聽聞聲音，包括那些可能是警示將有危險的聲響……觸覺擔任守衛之責，藉由疼痛來警告可能造成的傷害……嗅覺探查食物，但凡惡臭難聞的幾乎必定於人有害。接著味覺接手，準備做出裁決。牙齒開始工作，舌頭和顎部合作品嚐味道，胃很快就開始吸收。

味覺器官究竟由什麼構成，要確切釐清十分困難，因其實際上比看起來更加複雜。舌頭肯定在味道的運作中扮演要角，它具備有力的肌肉，能夠攪拌、翻轉、碾壓和吞嚥食物。此外，舌頭上遍布著或多或少的小孔，在接觸食物時，將填滿發散出的帶有風味、可溶解的細小粒子。但這還不足以構成味道，嘴巴附近其他幾個部分，包括臉頰、顎部，尤其還有生理學者可能不太注意到的鼻腔，都要一同參與，才能形成整體的味道。

人類的舌頭（不同於動物的）和周圍及附近的黏膜組織細緻，與其他身體部分形成對比，昭示它專門負責的功用至為宏大。再者，我發現人類的舌頭能夠做出至少三種動物不會做的動作，我分別稱為「戳動」（spication）、「轉動」（rotation），和「掃動」（verrition；源自拉丁文的動詞 verro，捲掃之意）。第一個動作是舌頭像尖柱一樣，從緊抿

的雙唇之間伸出來；第二個動作是舌頭在臉頰和顎部裡頭的空間繞圈轉動；第三個動作是舌頭向上或向下彎起，聚集可能殘留在雙唇和牙齦間半圓形渠道的食物碎屑。

一旦食物入口，就好比遭到沒收，食物裡的氣體、汁液等等，全都有去無回。嘴唇擋住讓食物沒辦法掉落，牙齒攔阻食物之後碾碎，唾液將食物浸溼，舌頭不停翻攪；吸入的一口氣將它推向喉嚨，舌頭抬起讓食物滑下。嗅覺在這口食物經過時注意到，而它落入胃裡，繼續經歷一連串變化。在整個運作中，沒有一片碎屑、一滴汁液，甚至一粒原子，能夠逃過嚴格的評判過程。」

風味：一項現代理論

薩瓦蘭鉅作英譯本的書名頁題有如下文字：

味道生理學
或
超凡美食學問的沉思錄
一本理論和歷史性的專書
獻給巴黎的眾美食愛好者
出自身兼多個文社及學會成員的一名教授筆下

很明顯薩瓦蘭寫的絕不是食譜書，而是關於食物及進食意義的反思，並特別著重理論層面。在 19 世紀初，從學術角度探討食物和廚藝仍屬離經叛道的大膽舉動。薩瓦蘭侵入了原本專屬饕客（gourmand）和美食家（gourmet）的領域，在那裡沒有美食愛好者（gastronome）立足之地。這本哲學性的學術論述，成為薩瓦蘭身後崇隆聲譽的基礎，「美食之父」的頭銜可說當之無愧。是薩瓦蘭奠定了這個嶄新領域，確立美食學的具體宗旨：客觀地觀察食物和風味，並用量化評語加以描述。

此一時，彼一時，200 多年過去，味道和風味研究如今已成新顯學。有多門傳統學科，包括生理學、心理學、人類學、教育學、食品科學、營養學、感覺科學、化學和物理學，甚至一些較新的跨學科領域，諸如廚藝化學、分子美食學、神經美食學和美食物理學的學者，皆紛紛投入相關研究，期能更瞭解飲食的這些至關緊要的層面。

理察·史蒂文森在《風味心理學》中，詳盡敘述關於這個現在我們才知曉的主題，並摘要整理心理學觀察和實驗得到的結果。他對風味的研究，是以生物學和神經科學為本。如果將史蒂文森理論的多個重要層面，對照早了 200 年前薩瓦蘭的觀察、省思和理論建構，我們會有許多有趣的發現。

史蒂文森建立了一個統合模型，說明風味系統如何運作。以此為基礎，他提出風味具有五種功能的理論，認為這五種功能構成一個循環的事件鏈，始於尋找食物，也終於尋找食物。從理論推演可以清楚看到，口感在這套理論中扮演著重要角色。

功能一：尋找、辨認和挑選食物

第一個功能要成立，是基於尋找食物是出於某個動機，可能是飢餓或口渴，可能是看到、聽到，或是聞到可能的食物來源，而受某種形式的刺激，也可能是憶起先前

吃過某樣特別吸引人的食物,而激起無比渴望。在終於有東西可吃之前,有三個必要步驟:尋找、辨認和挑選食物,而視覺和嗅覺(經由鼻前通道)都牽涉其中。以蘋果為例:我們可以很快瞄到樹上有一顆蘋果,根據過去經驗來判斷它是還很青澀難咬、過熟太爛不吃為妙,或是熟度剛好、可口又能提供能量。不管是現代消費者,或遠古時期以捕獵和採集維生的原始人,都採用同樣的機制。該機制依賴語意記憶(semantic memory,關於物體如蘋果的一般知識)以及與情緒和喜好有關的記憶(emotional and hedonic memory,喜不喜歡吃蘋果)。嗅覺也根據先前經驗,主要是偏屬事件記憶(episodic memory)認知(知覺)記憶(cognitive (perceptual) memory,該物的氣味和以前接觸過的食物是否有連結)。視覺和嗅覺相輔相成,成為判斷要不要咬一口蘋果的基礎。

功能二:在口中偵測可能的傷害

此功能一部分依賴口感(體感覺系統),和用舌頭偵測出很多不同味道的能力,另一部分的依賴在,人們發現嚐到的與熟悉的味道和口感有何不同的能力。這個功能有助於挑選重要的營養素——例如嚐到甜味(代表食物中有熱量)、鹹味(電解質平衡)、脂肪(熱量)和鮮味(通常蛋白質會相伴而生),也幫我們偵測並預防吃下有害或可能有毒的食物或飲料。例如,苦味和酸味是可能含毒素的警訊;口感太燙或太冰,是警告吞下去可能造成疼痛;感覺尖銳或刺刺的,表示可能傷害口腔;而太硬、太黏和太韌嚼不爛,都是可能噎到的警訊。能否解讀味道和口感知覺,很大程度上要看能否與先前的經驗相互比較,而符合預期的程度高低,在這時就扮演重要角色。我們都很熟悉,從馬克杯啜一口咖啡,卻發現杯裡裝的不是咖啡,或喝一大口檸檬水,卻發現沒有加任何甜味劑時的感覺。

功能三:編寫和累積風味經驗

史蒂文森認為這個功能有兩個層面。第一是有意識的過程,特徵是根據經驗產生的聯想,例如:看到「蘋果」兩個字和蘋果的外觀,就想到特定的味道。經驗可以直接累積,也可以經由聽別人敘述間接累積。第二個層面是比較下意識的編碼,或者說學習過程,其中實際物體不一定會和味道連結。另外也受到情緒因素影響,例如當下是否偏好特定味道(或不想吃到特定味道)。

功能四：調節攝食份量

　　機制與功能一大致相同，不同的是食物已經入口，所以味覺、嗅覺（再加上鼻後通道）和口感全都參與其中。當然，胃口、飢餓和口渴都會影響，但其他因素也很重要。一方面有意識地結合味覺和口感，另一方面，認知到食物所含熱量（糖、脂肪）和紮實程度（沉重、堅實），以及預期會有飽足感。有些味覺印象也會連結到延遲的滿足感，例如胃偵測到麩胺酸鹽才會感覺到的鮮味。在這個階段，除了味道，還有食物的複雜程度，以及變化和對比的元素，都與專屬特定味道的飽足訊號有關。大家一定都有經驗，忽然胃口大開很想吃重口味的油膩食物，但一下又沒了胃口。最後，關於吃哪些食物會很飽的記憶，會影響攝食份量，連生理上的飽足感訊號都比這些記憶稍慢一步；大腦在收到訊號之前就會受影響。

功能五：前四種功能學習和受惠

　　前四種功能顯示，學習和記憶是味覺的重要層面。只有從經驗中學習並記憶，經驗才有用處。無論是單一個體的生活，或人類這個物種整體的生存和繁殖能力，都依賴這個至關重要的功能。關於某一餐和食物味道的整體記憶，通常不會留存很久。比起意識到的風味印象，其實不管是正面感覺，如吃飽喝足、填滿肚腹和吃得心滿意足；或因為身體不適、噁心想吐，和食物裡含有特定生物活性物質（如酒精或可能引起過敏的物質），可能造成不舒服的感覺，影響其實都更加顯著。除非關於某一餐的風味印象特別強烈，否則在吃下一餐之前，這一餐的短期記憶就會被消除，我們又回到起點的功能一，從頭開始。

澀味和濃郁味：不全是口感，但是很相像

過去一度認為澀味（astringency）是一種基本的味道，現今則傾向將澀味視為與口感相似，是吃了含高濃度單寧的物質引起的機械性感覺（mechanical sensation）。最常見的澀味體驗，就是喝了濃茶或年輕的紅酒，或吃了未熟的柿子，又或皮還很綠的香蕉之後，嘴巴裡乾乾的好像黏在一起的感覺。

澀味感的成因，是含單寧的食物或液體，與舌頭表面和唾液發生化學反應。單寧與唾液裡的蛋白質結合，讓它們黏結成塊。聚在一起的蛋白質感覺像是小分子，讓唾液變得更黏稠，就比較難以帶送食物滑過舌頭和口腔內側。也有研究指出，**澀味是一種觸覺**，由於上皮細胞裡的蛋白質黏結在一起，造成黏膜收縮，產生一股張力，進而啟動感應觸覺的通道。

最後介紹但同樣重要的，是「濃郁味」（kokumi）的概念。濃郁味是目前熱門的研究主題，它究竟算不算是一種獨立的基本味道，並由完全不同的受體細胞接收，至今已引起廣泛爭辯且未有定論。不過從目前的討論看來，可以確定一般皆採用與口感有關的詞語來描述。

「濃郁味」原為日文，很難翻譯成其他語言。其概念結合三種截然不同的元素：濃厚（thickness）——所有味覺印象之間豐富複雜的互動；持續（continuity）——時間過去仍縈繞不散，許久之後才消褪的感覺效果；圓潤飽滿（mouthfulness）——整個嘴裡增強的和諧感覺。所以說，濃郁味或許不是單獨一種味道，但是和味道增強及食物的美好滋味有所關聯，某種程度上也和鮮味的特徵有部分重疊。

近來的研究發現，「濃郁味」是由舌頭上對鈣敏感的特定通道，受到如麩胱甘肽（glutathione）等微小的三肽（tripeptide）刺激而產生，像動物肝臟、貝類、魚露、大蒜、洋蔥、酵母萃出物等都含有三肽。麩胱甘肽本身無味，但可以抑制苦味，增強鹹味、甜味和鮮味，至於對酸味的影響，目前尚不清楚。即使是很少量、甚至低到百萬分之二至二十的麩胱甘肽，也能有效引出無與倫比的濃郁味。

大蒜、黑蒜和「濃郁味」

　　新鮮大蒜會散發獨特的香氣和味道，是因為蒜頭遭碰撞後受傷，裡頭的酵素催化大量含硫物質所形成。將大蒜長時間加熱之後，大部分的味道和氣味都會散去。

　　黑蒜是將大蒜置於容器中，在溫度 60～80℃、溼度 70～80％的環境中擺放數星期製成。大蒜會變成全黑，原本刺鼻的味道變成溫和微酸的飽滿甘甜，帶有類似紅酒醋和羅望子的香氣。雖然一般常說黑蒜是經過發酵而成，但這種說法並不正確。變成黑蒜的過程不是發酵。而是低溫下的梅納反應，最後顏色一定會變褐或變黑。此外，製成黑蒜後的結構也會改變，變得柔軟綿密、微帶蠟感，生成強烈的「濃郁味」。

感覺混淆

　　不同來源所感受到的味覺印象，並非各自獨立且同時並存；相反地，它們會相互作用、以累積的方式結合，而且很大程度上具有加乘的協同效應，亦即統合形成的印象更勝個別印象的加總。常見的味覺結合鼻後嗅覺就是很好的例子：我們往往誤以為自己吃到了什麼味道，其實是來自鼻後嗅覺。另一例是將聞到的誤以為是嚐到的，甚至有時候將某個感官印象錯認成完全不同的感覺。

　　我們會混淆味覺和鼻後嗅覺，不單單是因為兩者之間難以區辨，在大腦耍的唬人花招背後，還有更深層的神經學因素，誤導我們將完全不相關的感官印象合在一起，形成統合的印象或單一記憶。

　　大腦連結不同的感官印象，並牽涉先前經驗和記憶的連結機制，在感覺生理學中稱為**結合**（binding）。例如曾經在某個場合，同時嚐到一種味道和聞到一種氣味，大腦就會在不同感官印象之間建立關聯。當我們在另一個完全不同的場合，再聞到同一種氣味，大腦就會將氣味連結到最初發生的情境，並判定聞到同樣的氣味，因此也會連結到原本有關聯的那種味道。大家常說某樣東西聞起來很甜、很鹹或很油膩，但這些感官印象其實是由舌頭來嚐出的味道。所以我們會說紅蘋果聞起來有股甜香，嗅覺越強，就越能增強甜味的感官印象。這也是為什麼甜香的氣味，和甜味一樣可以抑制酸味。

　　氣味和味道之間，也有類似的結合過程，可以召喚出以為已遺忘許久的記憶。很多廚師深諳箇中道理，便烹調出具有「古早」氣味和味道的菜餚，

喚醒用餐者對於童年或其他歡樂時光的深刻記憶。母親或祖母親手烹調的家常菜滋味，是很多人一輩子都不會忘記的味道。

結合機制造成感覺混淆的另一個例子是**聯覺**（synesthesia），這種神經現象是指刺激一種感官通道時，會不由自主引發另一種完全不同的感覺。在一些極少見的案例中，顏色可以激發味覺印象，例如看到熟透的紅蘋果，會引發吃到甜味的感覺。話雖如此，但還是不易分辨是聯覺作用，或是預期會嚐到味道使然；目前也還不清楚對這種狀況的瞭解，是否有助於協調兩種感官印象的結合，以及會造成什麼程度的影響。

口感不僅具備結合機制的特徵，和其他感官也有明顯的交互作用。例如：刺激性可以抑制氣味，結合食物的黏稠度可以影響感官印象；氣味則會影響感受到的食物冷熱和綿密度。

體感覺系統：口感的生理學基礎

美國神經學家戈登・薛佛德（Gordon M. Shepherd）在《神經美食學：大腦如何創造風味及其重要性》（*Neurogastromony: How the Brain Creates Flavor and Why It Matters*）一書中，詳細介紹感應溫度變化、疼痛、碰觸和壓力的神經末梢以及相關的受體，摘要整理如下：

感應溫度變化

這些神經末梢與神經纖維相連，而神經纖維會在稱為 TRP 離子通道（transient receptor potential channel）的特殊受體幫助下，緩慢地傳遞訊號，這種受體一般會讓鈉、鉀和鎂離子通過。它們協調多種不同的感官印象，例如溫度高低以及疼痛。這個系統告訴我們茶是否燙口，或冰淇淋會不會冰。

感應疼痛

這些神經末梢上的一些 TRP 離子通道稱為痛覺受體（nociceptor），受到機械性、化學性和與溫度變化有關的刺激會有所反應，這些刺激都在警告可能對細胞和組織有害。神經末梢會區分不同的痛覺：是嗆痛（如芥末或辣根裡的異硫氰酸酯造成），灼痛（如辣椒素和黑胡椒裡的胡椒鹼造成），或刺痛（如被魚刺或麵包脆皮刮到）。溫度低於 15℃ 或高於 52℃，就會帶來疼痛感。但感覺溫度和感覺疼痛的通道

關係密切，所以我們有時候會被矇騙，明明溫度並未改變（化學感知），但卻誤以為某物很冷冽（薄荷醇、薄荷和樟腦）或熱辣（胡椒鹼和辣椒素）。負責感覺疼痛的神經末梢，也會對電刺激和酸鹼值變化有反應。喝了冒氣泡的碳酸飲料，會有酸味和覺得刺刺的，一般認為是給合了感應酸鹼值變化的受體，和體感覺神經末梢而形成的感覺。

感應觸覺

　　這些神經末梢位於神經細胞的細胞膜內，由一種屬於機械力感受式的（mechanosensitive）鈉離子通道的特殊受體（稱為觸覺受體〔tactile receptor〕）控制，受刺激後的反應速度，比感應溫度變化和疼痛的神經還要快。它們會對細胞膜的機械式變形有反應，所以能在黏膜出現較小的變形、拉伸和擠壓時，發出訊號通知碰觸到的物體的大小、形狀和表面粗細。觸覺神經不只會在咀嚼食物時啟動，也會在舌頭由本體感覺系統（proprioceptic system）幫助檢查食物時有所反應；本體感覺系統裡的本體感受體（proprioceptor）能夠感覺出舌頭的位置和運動模式（動覺）。

感應壓覺

　　感覺壓力的神經反應很快，對於舌頭和上下顎快速運動造成的震動特別敏銳。指尖分布大量神經末梢，能察覺單位只相差 0.2 毫米的細微結構差異，及每秒周期數高達兩百五十次的震動。

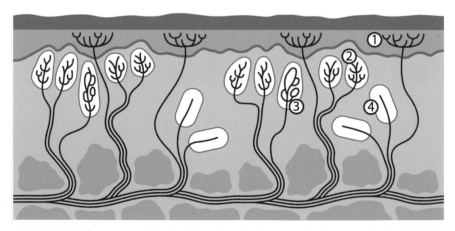

皮膚裡感覺冷熱、觸壓和疼痛的系統分布：（1）疼痛，（2）溫度，（3）碰觸或輕壓，和（4）壓力。

口感與其他感官印象的交互作用

不同的感官印象在大腦裡交融，而且如稍後將討論到的，不只是像氣味和味道的例子一樣配對就好，而是將多種感覺真正融合為一。但在深入探索之後，先來看看口感如何和其他感覺互相影響，這種交互作用是所有飲食知識和美味料理的基礎。

目前人們對於視覺、聽覺和觸覺統合的研究，已有相當進展，但是對化學的感官印象和口感之間的交互作用，我們所知卻相對有限，而且大部分著重在現象學，仍未發現背後的神經學原理。不過我們還是可以實際運用這樣的交互作用，來加強或抑制特定味道或口感。所以哪天不小心在鍋裡加太多辣椒，或是在菜裡放太多鹽，就能派上用場了。

咬起來「脆」才好吃

想要快速瞭解口感，仔細分析熱狗漢堡就能學到一課。首先，夾在裡面的肉腸不管是水煮或煎烤，都應該有一層酥脆外皮。肉腸的品質就看一口咬下去是否嘎吱作響──真的聽到嘎吱聲才表示好吃。理想的熱狗漢堡麵包應該要外面薄脆、裡面柔軟。配料可能會有烤得脆脆的洋蔥、一片清脆的蒔蘿醃黃瓜或德式酸菜，淋上濃稠的番茄醬或黃芥末醬。搭配的開胃小菜裡一定要拌入爽脆的小黃瓜丁；美乃滋絕對要柔軟綿密，絕不能稀薄似水。

要在實驗中激發五種基本味道的味覺印象，一般會使用以下幾種加味用的典型添加物：糖（蔗糖）帶來甜味，食鹽（氯化鈉）帶來鹹味，奎寧或咖啡因帶來苦味，檸檬酸帶來酸味，味精（麩胺酸鈉）帶來鮮味。辣椒素或胡椒鹼通常用來引發刺激性和疼痛感。至於口感，可以藉由改變食物黏稠度、直接接觸食物，或者舌頭在口中的反覆動作來引發。

以下提到「味道」（taste）時，指的是化學上定義的味道，也就是味蕾察覺的味道。「觸感」是指一種機械性刺激和體感覺，而「刺激性」是化學感知的結果。關於不同感官印象間的相互關係，已有廣泛討論和研究，下述內容整理自賈士德·費爾黑根（Justus V. Verhagen）和莉娜·安格倫（Lina

Engelen）的一系列研究結果，但並非定論，亦有其他研究者提出與下述不同的看法。

味道→觸感。味道會影響人們感受到食物的黏稠度。越甜的食物感覺越黏稠，越酸的食物則相反，苦味不影響，目前尚不清楚鹹味是否會造成影響。

觸感→味道。很黏稠食物的味覺閾值較高，因此酸、甜、鹹和苦味都會變弱；感受到的味道強弱，也受到承載呈味物質的媒介黏稠度影響，例如油會遏阻呈味物質擴散。鮮味則和其他味道都相反，會因為舌頭攪動而變強烈，但這種效果並不是因為呈味物質分散到舌頭後方對鮮味更敏感的區域而產生。

溫度→味道。溫度在 22～37℃時，蔗糖和其他呈味分子的味覺閾值較低，所以這也是食物最適合品嚐的溫度範圍。而這個範圍似乎取決於舌頭的溫度，而非食物的溫度。再者，有實驗發現只要改變舌頭上一小塊區域的溫度，就能引發不同的味覺感受。例如幫舌頭本來涼掉的區域加溫，會帶來甜味，而幫舌頭降溫至 10～15℃，會帶來酸味和鹹味，但效果因人而異。加溫舌尖，會對蔗糖的甜味更加敏感，但對其他味道的敏感度不變；因為甜味來自分布在舌尖的受體，所以其他味覺如酸味、鹹味，相較之下就不受影響。

味道→刺激性。甜（蔗糖）可以減緩胡椒鹼和辣椒素引起的灼燒感，而酸（檸檬酸）和水只能稍微減緩，至於鹹（食鹽）和苦（奎寧）沒有任何效果。注意，如食鹽和奎寧等物質濃度高時，本身就帶有刺激性。

刺激性→味道。辣椒素造成的刺激性和疼痛，會讓甜、苦和鮮味變淡，但是幾乎或完全不影響酸和鹹味。如果是胡椒鹼造成的刺激性，會讓酸、甜、鹹和苦味都變淡，而對鮮味是否有影響則尚待探究。碳酸飲料引起的特殊刺激性和刺刺麻麻的感覺，可以減弱苦味、增強酸味。研究得到的結果很複雜，因為有些受試者覺得辣椒素嚐起來有頗強烈的苦味，而在水裡加入二氧化碳形成的碳酸是酸的。

氣味→觸感。根據現有極少的研究結果，氣味會影響接收到質地上的感官印象，例如食物的綿軟程度、密實與否和融化狀態。例如香草的香氣濃烈，會讓人聯想到綿軟，加在布丁裡就會讓人覺得更加綿軟。

觸感→氣味。增加食物的黏稠度，會讓感受到的氣味變弱。在這個實驗中，食物中實際釋放出的呈味物質受到控制，不因黏稠度變化而改變。

氣味→溫度。由於結合造成交互作用，有些氣味帶來的感受和溫度有關。例如很多香料散發的芳香，都會讓人覺得溫暖。

溫度→氣味。一般來說，溫度越高，氣味會越強烈。這很可能只是單純的物理化學效應，因為溫度較高時，會有更多氣味物質揮發，讓食物變得比較不黏稠，有助於釋放更多氣味物質。

　　氣味→刺激性。氣味通常會抑制刺激性，但另一方面，很多氣味本身就具有刺激性。

　　刺激性→氣味。刺激性會抑制味道，例如辣椒素會讓橙橘和香草的味道變弱。另外也有研究結果顯示，鼻子受刺激時會影響接收到的氣味。

　　觸感→溫度。研究發現嘴唇受到震動之後，比較不容易感覺冷熱，或者說對溫度的敏感度下降了。即使溫度維持不變，增加黏稠度（例如提高脂肪含量），也會讓冷的物質感覺熱些；原因之一是脂肪具有隔絕溫度的效果。另一項探究同樣效應的研究發現，脂肪含量高、溫度低的食物，感覺起來和溫度相同、但脂肪含量相對較低的食物比起來就沒那麼冷。反之，脂肪含量高、溫度高的食物，感覺就沒有脂肪含量低的食物那麼「熱」。

　　溫度→觸感。溫度冷熱對黏膜和舌頭，以及對食物的物理性質如粗礪程度和質地，都會造成顯著影響。因此，溫度對於口感的影響，主要可能是物理化學作用，而非神經作用。

　　觸感→澀味感。將葡萄籽裡的單寧溶解於媒介物中，媒介物越黏稠，單寧造成的澀味感就越弱。這與其他科學家發現潤滑劑如炒菜用油，可減緩澀味感的結果一致，原因很可能在於潤滑劑能減少伴隨澀味感的摩擦和阻力。

　　溫度→刺激性。熱會增強辣椒素、胡椒鹼、酸和酒精等造成的刺激性和疼痛感，而冷的效果則相反。

　　刺激性→溫度。刺激性的效果有時候會用「熱燙」、「燒灼」和「很烈」等詞語來形容。辣椒素造成的刺激性讓人感覺暖熱，因此有助於抑制冰冷的感覺。

　　以上所有結果都顯示，**味道絕不只是一種化學印象，而體感所接收到的訊號在味道知覺中扮演重要且複雜的角色**。再者，上述結果也呈現出，應將對味道的整體評估視為動態的過程，其中牽涉包括觸碰（touch）、觸覺動作（tactile movements）和其他物理和物理化學因素，如黏稠度和溫度冷熱。從五感如何相互作用可知，我們對味道的直覺理解，很大程度上會因口感而改變。只要改變食物的質地，就有可能刺激其他感官，進而回過頭來改變其他能影響口感的感官印象。

　　大多數情況下，我們只能觀察到口感和其他味道模式之間的關係，卻無

脂肪越多，入口越暖

實驗發現主觀感受到的食物冷熱，會因為脂肪含量而改變。給受試者同一種食品的高脂肪版本和低脂肪版本：雖然兩種版本的食品溫度相同，但受試者覺得食品溫度都一樣高時，高脂版感覺比較不暖熱，而溫度一樣低時，高脂版感覺沒有低脂版那麼冰涼；原因可能在於，高含量的脂肪具有隔絕效果。另一個簡單的例子也基於同樣的原理：從冷凍庫拿出的冰沙飲料和奶味濃重的冰淇淋，兩種都降到同樣的低溫，但冰淇淋吃起來比較不冰。

法得知背後的運作機制。對於其中一些效應，已有神經學家、心理物理學家或生化學家提出相關解釋。其中一例是關於辣椒素造成的刺激性，會影響甜味、苦味和鮮味的強度，但不會影響酸味和鹹味。這可能表示，背後機制與辣椒素和特定味覺受體之間的結合有關，例如偵測甜味、苦味和鮮味的是 G 蛋白耦合受體（G-protein-coupled receptor），而偵測酸味和鹹味的則是離子通道（ion channel）。

如果我們能深入瞭解口感和其他感官印象的相互作用，就能以不同的方式烹調日常三餐和老饕級料理，挑戰色、香、味甚至音效、口感俱全的趣味新創菜色。這時候科學新知，尤其神經美食學（neurogastronomy）和美食物理學（gastrophysics）領域的最新發現，就能大大派上用場。

神經美食學：所有風味，盡在大腦

所有感官都是神經系統的一部分，而神經系統的設計，基本上是以感官為通訊系統，將感官印象連結到大腦裡的一個或多個區域。在通訊系統的一端是神經末梢，也就是神經細胞末端，這種神經細胞在特定分子偵測器（受體）幫忙下，受到刺激就會有反應。

以下便以視覺和嗅覺為例，說明這個通訊系統如何運作。視覺以眼睛的視網膜為起點，這裡的神經末梢包含感光受體；嗅覺以鼻腔頂端的上皮膜（epithelial membrane）為起點，這裡的神經末梢也有受體，會感應空氣裡的氣味物質。這些神經經由神經纖維，與位在腦幹或大腦的中央神經系統連結在一起。科學家現在已經相當瞭解視覺、聽覺、味覺、嗅覺和觸覺五感的運

作，以及與神經系統的互動。而神經生理學家和行為心理學家也已揭露，大腦如何處理感官印象，以及大腦的這些運作如何與認知、意識、記憶、情緒和行為相互連結。

如今在這個領域做研究很驚奇刺激，但也更加困難，因為個別的感官印象，已經統合成為一種綜合的感覺經驗。但這方面的知識相當有限，即使是研究得比較透徹的如味覺和嗅覺，我們仍不清楚兩者之間究竟如何互相作用。我們已經看到口感如何和其他感覺一起合作，在品嚐和享受食物時知覺到的風味，其實是統合不同感覺所生成的。現代神經科學將這個過程稱為對食物的**多重感官統合**（multisensory integration）或**多重感官知覺**（multimodal perception）。經過結合的知覺，其實不是來自食物本身，而是神經系統和大腦的產物。結論是——所有風味，盡在大腦！

科學界認知到風味本身其實存在大腦中，新興的一派跨領域研究便以「神經美食學」為名。此詞最初由戈登·薛佛德所創，他在以此詞為名的專書中闡明，風味不僅影響對於特定食物的渴求和偏好，甚至對於我們的情緒和意識也很重要。薛佛德也指出這個神經學的最新發現，顯示我們的行為與特定神經處理過程，甚至神經系統的分布都有關聯。他認為風味在大腦中的多重感官統合，也會成為牽涉情緒、記憶、決策、學習、語言和意識的問題。當我們認識風味所扮演的角色，所有與飲食習慣和偏好有關的行為都會受到影響。如此一來，神經美食學不只是理解為何喜歡某些食物的關鍵，也可以成為有益的工具，幫助我們培養健康的飲食習慣，以及對抗肥胖和其他與飲食有關的疾病。

如公元一世紀的傳奇羅馬美食家阿皮修斯（Marcus Gavius Apicius）曾言：「食物入口前，眼先嚐其味。」

在過去有一段時期，和嗅覺有關的神經系統和大腦研究，是以嗅覺意外遭受損傷的病患為主要對象。較近期的研究則找來更多健康的受試者，掃瞄他們的腦部來瞭解感官接收刺激時的處理過程，其實驗結果為神經科學帶來革命性的進展。此外，在囓齒動物、狗和猴子等實驗動物腦內特定區域植入電極，可以直接測量刺激造成的電效應，藉此探究大腦中細微的神經迴路。進行這類實驗，除了要面對動物實驗倫理的難題，還要考慮實驗結果未必適用於人類感覺系統的運作。首先，就中央神經系統中與知覺風味有關的部分而言，非靈長類如囓齒動物與靈長類如人類的配置並不相同。再者，每種動物的味覺受體都不同，例如老鼠嚐不出阿斯巴甜這種人工甜味劑的甜味，貓則完全嚐不出甜味。

神經美食學結合對食物的物理化學描述，和食物在廚房中的變化，就成

薯條品嚐指南

薛佛德在《神經美食學》中說明人類在判斷一口食物時，大腦中認知風味的系統所扮演的角色。他以薯條這種最熱門的馬鈴薯製品為例，解說吃薯條時如何有意識地感受這個系統的運作。美國約有四分之一的蔬菜，都是以類似炸薯條的方式去料理。

從手指拿著薯條開始。視覺注意到它的形狀、大小、顏色和觸感，這些訊息給你一個薯條是否偏軟或可能很油的印象。如果薯條還熱騰騰的，飄散的氣味分子鑽入鼻孔從鼻前通路進入，這時也會形成模糊的嗅覺印象。根據過去的經驗，你開始預期薯條會是什麼味道。

現在你準備好將薯條放進嘴裡。首先，薯條碰到嘴唇，如果不會太燙，它會接著接觸你舌頭上的味蕾。舌頭根據薯條表層（例如是否沾了鹽粒），評估初始的味覺印象，強烈的氣味物質則由鼻後通路處理。如果這些印象是正面的，你很可能會繼續吃，你的大腦可能會做出結論：只吃一根薯條還不夠。會讓你聯想到在吃鹽味花生米嗎？

接著，你咬嚼薯條，你很快就會發現，薯條的外皮是否符合預期的脆度。更多氣味物質被釋放後飄入鼻腔，經由鼻後通路進入，不過大腦會認為味道是來自嘴巴。現在啟動更挑剔的口感層面評估。嘴巴裡的溫度受體判斷薯條夠不夠熱。在牙齒咬穿薯條酥脆的外層之後，就是探索質地的時候。外層很韌或是一咬就斷？這根薯條是否如你期待，是裡頭柔軟有彈性的完美狀態？你意識到更多的味覺印象：馬鈴薯裡的澱粉經烹煮後的甜味，鹹淡程度，游離胺基酸帶來的鮮味，以及油和薯條表層褐色的梅納反應產物的味道。

在從嘴唇開始，經過嘴巴，最後進入喉嚨裡的旅程中，薯條帶來的這些風味印象，常會因為番茄醬或醋等佐料的風味印象而更加強烈，或是伴隨著來自飲料的風味印象。

大腦裡的「體感小人」

大腦皮質區的「體感小人」（homunculus）：依據大腦皮質中負責處理各個體感覺區域訊號的數量比例畫出人形，以呈現身體不同體感覺區域的大小。

經由掃瞄腦部，和定位體感覺中樞在腦裡的確切位置，共同催生出大腦裡的「體感小人」的經典圖像，一方面以人形來呈現身體的感覺部位，另一方面呈現大腦裡分別處理不同感官印象的區域分布和範圍。小人圖像最初由加拿大神經外科醫師潘菲德（Wilder Graves Penfield，1891～1976）提出，原文即拉丁文的「小人」。用現代的術語來說，即上圖中不同感官的大小，反映了特定感官上的受體密度，可以看到手指、嘴唇、舌頭、鼻子和眼睛都遍布受體。體感小人充分說明了，感知包括口感在內的風味，是大腦的一種重要功能。

了美食學的科學基礎。當然，不瞭解任何科學原理，照樣可以烹煮出令人垂涎三尺的可口料理。但是對於感官的生理運作，以及感覺如何形塑我們知覺到的風味有所瞭解，可說是一石二鳥的好事。美食學知識不但能為美食家帶來靈感，也能讓備菜煮飯、享受美食變成更豐富有趣的體驗。或者可以說，就和瞭解藝術史和各家畫派之後再欣賞畫作就能體會更多那般，有著異曲同工之效。

烹飪與大腦進化

　　近年有兩位傑出科學家的著作，一是英國靈長類動物學家理查·藍翰（Richard Wrangham）的《生火：烹調如何使我們成為人》（*Catching Fire: How Cooking Made Us Human*），一是美國生物學家丹尼爾·李伯曼（Daniel Lieberman）的《人類大腦的演化》（*The Evolution of the Human Head*），皆探討攝取的飲食和學會烹煮如何在人類演化，尤其腦部演化上扮演要角，開拓了對於食物和烹飪的全新視野。兩位作者論述的角度相輔相成，探究人腦的大小，動物與原始人之間可觀察到的身體特徵，以及從只吃生食到也吃熟食造成的影響。以下摘要整理兩本專書中的幾個重點。

　　除了海豚之外，一般動物的腦通常很小，而人類的腦約佔體重的 2%，相較於其他動物可說大得不成比例。和人類身體差不多大的動物，腦的重量大約只有人的十分之一。人體吸收的熱量有 20% 供應腦部運作所需，因此先前已有學者做出結論，認為人類得以演化出這麼大的腦部，先決條件是要能取得營養且高熱量的食物。

　　從人類的飲食，可以窺知人腦的演化可能得力於什麼因素。人類的獨特之處，在於人是唯一會烹煮食物的物種。即使較高等的靈長類動物也只吃生食，所以為了攝取足夠熱量，一天 24 小時裡，必須花約三分之一的時間採集食物，再花差不多長的時間咬嚼進食。考古遺跡中骨頭的屠宰痕跡顯示，久遠之前的祖先「人族」（hominin）大約從 260 萬年前開始吃生肉，但生肉可能不易食用和消化。想來人族應該會先切剁、搥搗、壓碾或撕剝一番，將生的食材分成小塊之後進食。肉類含有營養素和熱量，一般認為可能是人族進一步演化的重要推手，但「智人」（Homo sapiens）的牙齒其實不太適合嚼生肉。如果是一塊晒乾的生肉，需要嚼五十到七十下才能嚼碎。大家或許都有過牛肉乾嚼太久，嚼得下巴酸疼的經驗。

　　藍翰認為人類能夠演化出很大的腦部，要件在於遠古祖先學會了怎麼從一塊肉裡攝取更多養分和熱量。於是也必然的發明了「烹飪」：先是直接在熊熊燃燒的火堆或餘燼上，進入新石器時代之後，開始利用鍋碗盆皿。藍翰相信人類最早用火烹煮的時間，遠早於之前考古學家推定的時間，他提出最早用火煮食應是在大約 190 萬年前。簡言之，**演化成「人」的同時，就學會煮食。**

　　加熱能讓生的食材變軟，改變其結構和營養價值。生肉、植物、堅硬果實和種籽都很堅韌難咬。但肉和植物煮過之後，肉裡的蛋白質會分解，植物裡的碳水化合物會糊化，同時釋放出呈味物質，可供攝取的熱量也增加。於是進食過程就變得更有效

率，因為食物更容易咬嚼消化，營養價值也更高。為了佐證其論述，藍翰指出人類和其他靈長類之間一些明顯的身體構造差異，例如人類的牙齒較小、下巴較無力，嘴巴也較小。此外，人類的胃較小，消化道也較短，表示人類已經適應了消化經過處理並分成小塊的食物，所以即使進食時間較短，卻能吃進更多食物，並獲得更多能量。

另有其他科學證據，也間接支持人類演化成會烹煮食物。例如在大約 200 萬年前，人類的肌凝蛋白（myosin）發生突變，上下顎會咬緊就是這種肌肉裡的蛋白質的分子機制造成。這種突變可能和下顎咬嚼的食物變軟，以致要施的力氣變小有所關聯。另一個可能是，突變反映了咬嚼動作變得更加敏銳，口感也變得更加重要。

取自植物的食物加熱後的熱量含量，主要來自澱粉。但澱粉必須先借助澱粉酶這種酵素分解成醣類，除了唾液裡，小腸裡也有由胰臟分泌的澱粉酶。在人類演化的某個時間點，基因發生突變，嘴裡澱粉酶分泌量變成原本的三倍，小腸裡的分泌量卻不變。受到咬嚼熱食的刺激，澱粉酶變得更加活躍。

那麼接下來就要問，為什麼基因突變沒有讓小腸裡的澱粉酶更活躍。有些學者認為，嘴裡的澱粉酶明顯變得活躍，不只為了釋放更多儲存在醣類裡的熱量，也是為了保持牙齒潔淨。溶解在唾液裡的澱粉就像漿糊，會黏在齒縫間引起蛀牙。澱粉酶能夠分解澱粉，所以有益於牙齒保健。雖然理論上我們不攝食澱粉也能存活，但現代飲食攝取的熱量中約有一半，其實都來自不同形式的澱粉。

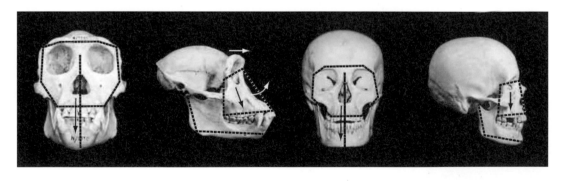

黑猩猩頭骨（左）正面及側面，以及人類頭骨（右）正面及側面。圖中可看到黑猩猩的臉向後上傾斜，下巴特別突出；而人的臉較小、較平，且額頭以下內收。這樣的差異反映出兩個物種發展出的不同飲食習慣。黑猩猩需要費力嚼很久，因為吃的食物未經處理，還很硬實且堅韌；而人不用嚼很久，也不會很費力，因為吃的食物都切成小塊，而且多半經過烹煮，比較軟且容易取食。

李伯曼則改編薩瓦蘭流傳後世的名句「你吃**什麼**，就是什麼」（You are *what* you eat），大膽地提出「你**怎麼**吃，就是什麼」（You are *how* you eat）作為其著作的核心假說。根據李伯曼的分析，大腦的進化與食物及其質地有關。人類祖先由於開始烹煮而吃起較軟的食物，改變了頭骨的進化方向，讓頭部演化成位在雙肩正上方。他的結論是根據考古學研究遠古人類的頭骨和身體骨骼的結果，以及針對現代人類和幾種飲食模式各異的動物頭形研究。李伯曼指出頭部演化與兩個重要條件密切相關：人類需要高能量飲食，以供應特別大的腦部運作所需，以及人類直立起來以兩腳行走，所以能長時間奔跑。這個概念基本上建立在對於消耗能量的考量，以及與大腦建構相關的機械式運作狀況，在咀嚼功能的發展上尤其適用。而食物就在這裡躍上舞台——飲食改變，直接影響了頭形發展和各部分構造的功能。

李伯曼檢視頭部演化的具體證據。動物的頭部演化最早始於約 5 億年前，遠古的哺乳類很可能因此發展出更好的狩獵技巧。人類的步行姿態和擺動四肢的方式，在演化過程中都是具決定性的因素，但吃的食物也是其中一環。頭部，特別是口腔、牙齒、舌頭和咽喉，是嚐味、咀嚼和吞嚥時的要角。因此，食物的質地影響了頭部的生長和發展。

人類頭部的特色是臉很扁平、在額頭以下向內收，牙齒相對較小顆，而猿類的臉較長且下巴突出，反映咀嚼時頭骨所受壓力的分布。李伯曼認為人類學會烹煮將食物變軟，熟食不需嚼那麼多下，上下顎也不需那麼用力，造成飲食方式改變，而頭形也跟著改變。根據他的估算，現代人咀嚼食物的時間大約只有石器時代人類的一半，而且上下顎肌肉要用的力氣也少了約 30～50%。

只有較大的下顎，和牙根更深、齒冠更大的牙齒，才嚼得動硬實堅韌的食物。因此咀嚼次數逐漸減少，影響了人類頭部和頭骨的發展，造成臉部和牙齒表面積都越來越小。比較由狩獵採集轉而從事農耕的原始人類，以及生活方式具有工業化社會特徵的人類的頭骨形狀資料，會發現兩者臉都比黑猩猩更小，特別是牙弓周圍，即受咀嚼動作影響最大的區域。有趣的是，從冰河時代以來，人類的恆齒大小已經縮減到比乳齒還要小。這或許表示乳齒不會和恆齒一樣受到演化的擇汰壓力（selection pressure），理由很簡單，因為恆齒齒冠是孩童嚼起固體食物之後才開始發展。

由於移動時需要將頭部保持在穩定位置，所以人類直立步行的姿態和跑步能力，也會影響頭骨形狀的發展。例如，人類的臉不像其他靈長類下巴部位向前突出，人類

的臉比較小，而且自額頭以下內收。我們也不像四腳的動物朋友一樣有鼻吻，只有小巧前突、有鼻孔的外鼻，而體內的鼻腔則相對較短，所以咽喉也發展成相對較短。這個特定構形與呼吸的方式密切相關，關係到我們如何加溼吸進的氣體、乾燥呼出的氣體，這些都有助於長跑時調節體溫並確保能量轉換效率。進食的時候，由於咽喉很短，舌頭的功能就更顯重要。

　　時至今日，除非食物的質地出乎意料，需要多少咬嚼一番，我們極少想到自己咬嚼食物的次數是太多或太少。咬嚼幾乎已成為進食經驗中下意識的一部分。李伯曼在最新著作《從叢林到文明，人類身體的演化和疾病的產生》（*The Story of the Human Body: Evolution, Health, and Disease*，商周出版）中提出疑問：攝食越來越多的加工食品，長期下來會對頭部和身體造成什麼影響。加工食品通常高熱量且好咬，食用起來輕鬆省力，但沒有什麼質地可言。

　　李伯曼直陳，我們迫不及待採納新的飲食習慣和生活方式，卻和人類的遺傳組成脫節，並指出這就是第二型糖尿病和肥胖發生率大幅增長的原因之一。其結論發人深省──如果人類從前這樣演化是因為學會烹煮食物，而且這樣的發展也幫忙形塑了人的外貌和運作，那我們是否該多留意：吃進嘴裡的食物究竟是什麼質地，而且具有什麼營養價值？

What Makes Up Our Food？
食物由什麼構成？

我們吃的、喝的基本上都取自生物，屬於生命之樹的一部分。食物的來源包括植物、動物、真菌和藻類，可能在它們還活著的時候生食，也可能從失去生命的生物體取下部分來食用。就連細菌也對我們的營養攝取貢獻良多，不過在吃優格等含有乳酸菌活菌的乳製品時，我們並不會特別注意這點。更神奇的是，這些微生物會在消化系統定居，而消化系統裡就像有個活躍的細菌社群。這些單細胞微生物的數量約一百兆，是人類細胞總數的十倍；約等於總重量 2 公斤的細菌，且其種類可能高達一千種。

當來源各異的生物體成為食物，我們可以把它們想成生鮮食材，而且是由類似組成生物體的建材構成，即蛋白質、碳水化合物、脂肪和核酸。此外還要加上礦物質、維生素和微量元素，以及最重要的：佔最大比例的水。

從物理學家的眼光來看，生物材料是所謂的軟凝聚態物質（soft condensed matter）——有彈性、可彎折且可塑形。生物也具備支撐和保護柔軟部位用的剛性材料，例如內骨骼，以及由鈣和幾丁質（俗稱甲殼素）構成的背甲。儘管如此，生物材料最顯著的主要特徵仍是柔軟，既是生存的必要條件，也是進行關係生命存續的種種功能所需的特質。在人類的演化過程中，包含口感在內的感覺系統，在經過特別設計和微調，能夠探索並判定「柔軟」這項特質，來決定生物材料是否有可能做為食物。

如果是直接用生鮮食材做成的食物，沒有經過實質改變，也不含食品添加物，一般稱為**天然食品**（natural foods）。其他則是**加工食品**（processed foods），是將食材處理後製成，但所用生鮮食材的改變程度，通常大到用簡單檢測已經無法判斷來源。後者包括各式各樣的產品，有些的成分大部分是天然的，如奶油、乳酪、麵包和番茄醬，也有些經過高度加工處理，含有不少防腐劑，添加物、香味劑和著色劑。最後登場的，是完全由化合物組成的**合成食品**（synthetic foods），這種好像只存在於未來的食品，近年也已成真。不論是加工食品或合成食品，都必須大費周章處理，才能製造出帶來好口感的適合質地，而且基本上只能在製造過程中塑造。而天然食品的質地，通常也反映了食材來源生物的結構。

來自生命之樹的食物

　　所有生物身上無毒的部分，幾乎都曾在世上某處成為人類的食物。儘管如此，各地文化對於什麼可食、什麼不可食的認知仍有極大的差異。為數不少的地方飲食文化以動物的腦、雞爪、豬耳、水母、昆蟲或藻類為特色菜餚，但也有其他地方完全不吃這些東西。有些人偏好陸上動物的肉，也有人愛吃稱為「動物雜碎」的內臟。在特定文化群體對某些食材的偏好，以及該群體偏愛的質地和口感程度之間，有時可以找到關聯。例如藻類在日本是主食之一，也因其特殊質地倍受推崇。

　　即使同樣是藻類，但取自不同物種的食材，在口感上也可能差異極大，很大程度上取決於來自生物的哪個部分，來源生物的年齡，以及其分布或生長環境。當然，料理生鮮食材的方式也會造成很大的影響。不過，不同種類的生鮮食材各有其口感形成的主要條件，而且是根據來源生物和生理功能來決定。例如魚、海鮮和海藻等海味食物的質地，和取自陸地生物的食材質地，在很多方面都非常不同。因為陸上的動植物必須支撐自己的重量，但海洋生物不用。另一個例子是植物，它們只能待在原地，不像動物可以移動，兩者質地也就截然不同。

植物

　　植物是最多元的食物來源，我們食用的植物種類遠多於動物。維管束植物，或稱高等植物，具有根、軸根、塊莖、根狀莖、莖、枝、樹幹、葉、花、種子和果實，每個部位的結構都不同。果實如成熟莓果，大多柔軟多汁，而種子的質地則可能堅實、硬脆、油膩或綿密。軸根和塊莖多半硬實爽脆，可能富含纖維，煮過之後會變較軟且粉粉的。蔬菜的莖和葉可能有很多堅韌纖維，但可以煮成硬實、爽脆或軟爛。

　　植物會成為人類的食物來源，主因是它們無法行動，落地生根之後就必須在原地生長。植物細胞為了支撐自身，具有堅實的細胞壁，其中的纖維素有助於撐持形狀和結構。所有植物都需要陽光進行光合作用，但有些植物在地面就能欣欣向榮生長，有些植物為吸收充足的陽光，卻必須長得硬直挺拔。這就是為什麼植物細胞具有以纖維素強化的細胞壁，但不是每個部位都同樣硬挺。為了保護自己不被吃掉，植物也會長出硬實或有毒的組織，或具有苦味。但反過來說，它們也會需要依賴人類和動物採集和吃下果實，將種子四處傳播，物種才能廣為繁衍。因此成熟的果實多半柔軟可口，而未成熟

來源生物很好辨認的天然食品（上排）；所用食材改變程度很大、來源已無法辨認的加工食品（中排）；構成食物的個別物質：碳水化合物、蛋白質、脂肪（下排）。

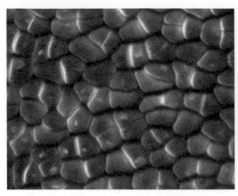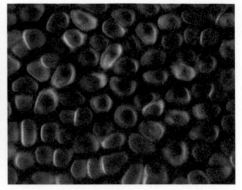

生掌藻和煮熟後的細胞結構。細胞直徑約 20 微米。掌藻的細胞結構因加熱烹煮而鬆弛，變得柔軟好嚼。

的果實可能酸苦或硬得咬不動。植物細胞含有油和澱粉，其功能是為植物儲存能量。

　　要取食整株或部分植物並獲得足夠的營養，必須先把大量植物食材搬進廚房裡料理，改變其質地和口感。機械化的反覆加工如切剁、壓榨、搗泥和研磨都很有效，多少能夠破壞細胞壁，釋出細胞裡的成分。不過最有效的還是**加熱**。加熱烹煮會讓澱粉糊化（gelatinize），讓細胞壁變軟，於是植物組織變得更柔軟好嚼。人類無法消化的纖維素不會被分解，而煮熟的蔬菜裡還是含有不少不溶於水的纖維。有些植物含有有毒物質，如腰豆含有血球凝集素（hemagglutinin），木薯含有氰化物（cyanide），務必煮熟再吃以免造成傷害。其他處理植物的方式包括鹽醃、晾乾、浸漬和發酵，皆能改變食材的營養成分、味道以及口感。

　　植物細胞會聚合在一起，是因為含有兩種多醣：果膠（pectin）和半纖維素（hemicellulose）。這兩種物質不像纖維素，不僅都溶於水，還能結合很多水分子，甚至可以當成膠凝劑（gelling agent）。放入水裡加熱時，它們會吸收水分，細胞壁因此變軟，所以蔬菜煮過之後很容易分成小塊，而且變得柔軟好嚼。只要適度加熱到 80～92℃的溫度範圍，這個過程就會發生。加熱處理植物食材比烹煮肉類要容易一些，因為肉類所含肌蛋白和膠原蛋白加熱後的變化不同，必須費心拿捏其中平衡。而且動物細胞不具堅實的細胞壁，裡頭的汁液一旦在加熱過程中滲出，肉也就變得乾柴無味。有些蔬菜的細胞壁經過加熱，仍然保留了部分特性，而水分則滲出細胞，例如甘藍菜和菠菜；也有些例子是細胞會吸收水分，如煮熟的米飯。雖然比起煮肉，烹煮蔬菜更容易保持食材的質地，但更有可能藉由破壞來讓菜可口的呈味物質和香氣。

真菌（蕈菇）

　　真菌在生物界中佔了很大一部分，它們和植物一樣具有細胞壁，不同的是以幾丁質來支撐強化。微小的單細胞真菌，包括酵母菌在內，本身對於口感影響不大，因為我們通常不會直接取食。但它們是發酵過程中的樑柱，能夠改變動物與植物食材的質地。我們平常食用的蕈菇，則是體積大很多的多細胞真菌長在地面上的子實體（sporocarp），例如香菇、洋菇和秀珍菇（蠔菇）。松露就比較特別，其可食的子實體生長在樹根附近的泥土裡。子實體的成分約有 80～90% 是水，可能很脆弱、多汁或堅實。蕈菇加熱之後會失去水分並皺縮，但它們的細胞壁不溶於水，所以會維持原本的形狀，只是比較軟，但不會黏稠稀爛。將乾燥的蕈菇泡在水裡，可以多少恢復原本形狀。有些蕈菇如黑木耳，含有可溶於水的碳水化合物，所以加熱後質地會變得黏黏的。

　　在乾燥土壤培養的洋菇，味道特殊，質地堅實。乾洋菇料理後的風味和口感絕佳，卻未受到足夠的重視。

從培養的菌絲體長出的洋菇。

藻類

海藻：闊葉巨藻和翅藻（winged kelp）。

　　藻類這個大家族的成員種類繁多且性質各異，有極微小的單細胞藻類，也有大型的多細胞藻類。最小的藻類是單細胞的藍綠藻（cyanobacteria），是特性與植物較相近的浮游生物*。食用的小型藻類大多是冷凍乾燥後製成粉末，例如最常見的綠藻和螺旋藻，主要功用是補充蛋白質，或讓食品呈深綠色，並不影響口感。最大的藻類是俗稱海藻的多細胞水生藻類，約有一萬種，大多數皆可食用。

　　海藻的細胞壁和植物一樣，含有能強化結構的纖維素，或類似纖維素但不溶於水的碳水化合物。但是海藻裡也含有可溶於水的碳水化合物，其中又以鹿角菜膠（carrageenan）、褐藻膠（alginate）和洋菜（agar）和口感的關係特別密切。這些碳水化合物能提供可溶性膳食纖維，可以結合大量水分，適合做為膠凝劑。因此海藻萃取物可加在食品裡改變質地，也常加在優格和甜點之中。還有些海藻如闊葉巨藻（sugar kelp），含有的碳水化合物會帶來黏稠的口感。不同種類的海藻在自然狀態下的口感各異，可能堅韌、爽脆、薄脆、柔軟或硬實。海藻在亞洲許多地區，都因口感特殊而倍受青睞。

　　大型海藻與陸上植物不同，不需要發展根部和循環系統來運輸水分和養分。它們所需的一切都由周遭環境無限供應，每個細胞都能自給自足，很適合做為食物來源。大葉囊藻（Macrocystis pyrifera）就是很好的例子，這種巨大的褐藻可以長到 60 公尺長，形成大片海藻森林，儘管體積龐大，但可食而且口感細緻。但像世界上最大型的植物，例如可以長到超過 80 公尺高的巨杉（Sequoiadendron giganteum），就完全無法當成食物。

---

* 譯注：傳統上歸為藻類，但後來發現與細菌相近，現亦稱藍綠菌並歸入細菌域。

乾洋菇和菊苣佐特製「鮮味醬」 （洛克福藍紋乳酪與凍煙燻蛋黃碎粒）

前一天備料

· 準備四個小烤皿，分別倒入 100 毫升的食用油。

· 分開蛋黃和蛋白。在每個小烤皿裡分別打入一個蛋黃，蛋白留作他用。

· 啟動小型煙燻烤箱。或改成在鍋內放入煙燻木屑，並於下方加熱來代替。

· 將烤皿放入煙燻烤箱或煙燻鍋裡，停止加熱，蓋住烤皿靜置 5 分鐘。嚐嚐看烤皿裡的食用油是否已有煙燻味，還沒有則重複上述步驟。將油燻出煙燻味後，再把烤皿放入冷凍庫冷凍。

· 取下菊苣葉片，最後剩下的長莖可留作他用。

· 在蘋果酒醋裡加入少許糖和鹽調味。將菊苣葉片放入拉鍊袋，倒入調味好的蘋果酒醋後置於冰箱冷藏，上菜前再取出。

· 輕刷洋菇表面除去塵土。將洋菇削成薄片後冷藏。

· 將藍紋乳酪壓碎後冷藏；或將整塊乳酪冷凍，上菜前直接刨成粉屑灑上。

· 將美乃滋、優格、蘋果酒醋、芥末醬和伍斯特醬加在一起攪打，再拌入巴西利和細香蔥，即成鮮味醬。

擺盤上菜

· 在菜盤盤底淋上一層鮮味醬。

· 將醃過的菊苣葉片鋪在盤上，再疊上洋菇片。

· 取出冷藏的碎藍紋乳酪或現刨一些灑在盤中。

· 從冷凍庫取出烤皿，自食用油中撈出結凍的蛋黃，刨成粉屑灑在盤中。

· 在最上面灑一些馬爾頓海鹽即可上菜。可額外放幾顆脆麵包丁點綴，並灑些細香蔥的花來裝飾。

4人份

· 味道不明顯的食用油 400 毫升（1⅓杯）

· 有機雞蛋 4 顆

· 比利時苦苣 2 顆

· 蘋果酒醋 15 毫升（1 大匙）

· 糖少許

· 鹽少許

· 乾洋菇 200 克（7 盎司）

· 洛克福藍紋乳酪或丹麥藍乳酪（Danablu）50 克（1¾盎司）

· 馬爾頓（Maldon）天然海鹽少許

鮮味醬

· 美乃滋 50 毫升（3½大匙）

· 濃稠的低脂優格 100 毫升（3½盎司）

· 第戎芥末醬 5 毫升（1 小匙）

· 伍斯特醬 15 毫升（1 大匙）

· 切碎的新鮮巴西利和細香蔥少許

乾洋菇和菊苣佐特製「鮮味醬」（洛克福藍紋乳酪與凍煙燻蛋黃碎粒）。

陸上動物：取自肌肉和器官的肉類

　　動物行動自如的特性，也反映在身體構造上，牠們需要心臟、肌肉，和儲存在體內可供隨時運用的能量。肌肉由成束肌纖維、結締組織和脂肪構成。肌纖維讓肌肉能夠伸縮，而結締組織將肌肉連結在一起。動物有三種不同的肌肉，但主要食用的是橫紋肌（striated muscle），即連接骨頭和肌腱的骨骼肌，而心肌（cardiac muscle）則較少食用。橫紋肌的纖維呈平行，心肌則呈枝狀分岔而非線性，兩者在口感上就有極大差異。

　　肉類的重要特徵是含有脂肪和蛋白質。動物不像植物以澱粉的形式儲存能量，而是儲存成脂肪。肌纖維含有蛋白質（肌凝蛋白和肌動蛋白），陸上動物肌肉的特別之處就在於肌纖維很長，延伸至整塊肌肉。結締組織裡含有的膠原蛋白相對較硬韌，加熱到 60～70℃ 才會融化，溫度再高就會變性成為明膠。

　　肌纖維經由結締組織與骨頭牢牢相連，所以陸動物的生肉通常很韌且有彈性。生肉加熱之後，其中的蛋白質變性，結締組織軟化，肉的質地也完全改變，變得更柔軟好嚼。

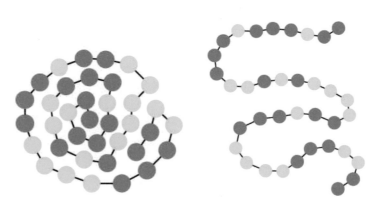

蛋白質變性（denaturing）和展開（unfolding）。

　　肉類的柔軟程度與加熱後可能呈現的狀態，和肌肉裡脂肪多少其實關係較小，反而是膠原蛋白和肌肉實際結構的影響會比較大。

　　肌肉結構是層級式的，十到一百條的肌纖維裹在結締組織裡，組合成為肌束（fascicle），多捆肌束集合在一起，由一層較堅韌的結締組織包裹住，再組合成肌肉，而肌肉經由肌腱連接在骨骼上。取自肌肉的肉類柔軟度取決於三個因素：肌束裡肌纖維的粗細，結締組織的多寡，和肌肉的強弱。一般來說，取自虛弱無力肌肉的肉較軟，而取自強壯有力肌肉的肉較硬。

兩種橫紋肌

　　橫紋肌基本上可分為兩種，主要差異在於運作的方式。慢縮肌（slow-twitch muscle）必須具備肌耐力，才能持續運作很長的時間，例如不停移動的動物身上的肌肉，或是大部分時間直立的動物的大腿肌肉。這種肌肉獲得能量的方式是氧化分解葡萄糖。分解所需的氧氧，是由肌肉中的肌紅素（myoglobin）幫忙運送，這種蛋白質分子與血液裡的血紅素（hemoglobin）有關。肌紅素呈紅或褐色，所以慢縮肌顏色深且偏紅。

　　相對於慢縮肌的是快縮肌（fast-twitch muscle），只能爆發式地短時間運作，但施展出的力量很大。這種肌肉等不及肌紅素運送氧氣，所以會在無氧狀態下分解肝醣（glycogen），這種特殊的碳水化合物由肝臟製造出來後，就儲存在肌肉裡備用。肝醣是無色的多醣，所以快縮肌的顏色淺而偏白。

　　從禽類的肉，就可以清楚分辨慢縮肌和快縮肌。以飼養的雞和野生的雉雞為例：兩者的大腿肌肉都是慢縮肌，顏色較深；飼養的雞幾乎不會飛，就算飛起來也飛不了多遠，胸肉是偏白的快縮肌，而野生雉雞的胸肉就是深紅色的慢縮肌。

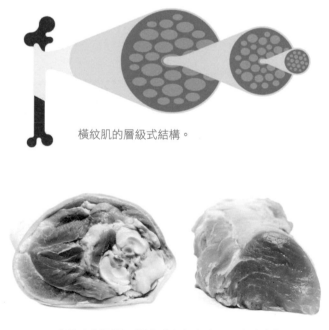

橫紋肌的層級式結構。

生豬肉剖面圖：腿肉（左）和小里肌肉（右）。

生牛心

「韃靼」生牛肉的祕密

　　取自強韌肌肉的肉裡含有大量結締組織，但是藉由搥打和切剁，就能將肉變軟，也能有效縮短烹煮時間，如此就不會流失大部分的肉味。有些部位的牛肉或小牛肉甚至可以剁碎之後生吃，也就是所謂的韃靼生牛肉（steak tartare）。坊間流傳這道菜的名稱由來，是在馬背上討生活的蒙古（韃靼）人會把生肉放在馬鞍下面，騎馬時就能順便將肉壓軟。可惜這只是以訛傳訛，真相其實相當無趣：大家熟知的這道菜，原本吃的時候會配上塔塔醬（à la tartare）──後來不再加醬，名字卻保留了下來。

　　結締組織是由膠原纖維構成的網絡，而且和肌束一樣具有層級式結構。三股稱為原膠原（tropocollagen）的長鏈蛋白質分子，以螺旋狀纏絞在一起組成原纖維（fibril），多條原纖維再組合成膠原纖維。個別的蛋白質分子之間多少會形成化學交聯（cross-link）。所以原纖維的強度，以及結締組織的

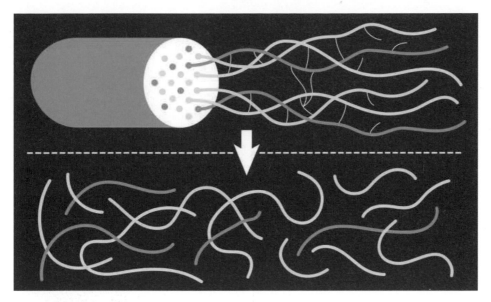

結締組織中的膠原纖維結構圖。膠原纖維由原纖維組成，原纖維又由三股細長的蛋白質分子（原膠原）以螺旋狀相互纏繞構成。一條完整的原纖維裡，個別的蛋白質分子在化學上形成交互連結。如圖中下半所示，將肉加熱會破壞蛋白質的交聯，纖維就會斷裂成小段，也就是可溶於水的明膠。

整體強度，取決於形成交聯的多寡。這是料理方式之外，決定肉類柔軟程度的關鍵。較強壯的肌肉，和年齡較大的動物之肌肉，其結締組織裡都會形成較多交聯。

　　將肉在短時間內快速加熱，原纖維會收縮，肉就變得硬韌。反之，如果是用低溫將肉慢慢加熱，就能破壞交聯，將溶於水的膠原蛋白分解成小段，並變性成為溶於水的明膠，肉也就變得更軟。這就是為什麼取自強壯肌肉和較老動物的肉，都需要燉煮比較久才能煮軟。

　　嚴格說來，明膠就是經過水解的膠原蛋白，而後續會提到明膠可用來製作膠凍類食品。結締組織也含有一些脂肪，雖然對肉的口感影響不大，但是對肉吃起來的味道特別重要。

　　取自陸上動物的肉類中，約只有一半屬於骨骼肌，其他都是器官，包括舌、心、肝、胸腺、腎（俗稱腰子）和胃（即牛肚、豬肚），含有的結締組織多於骨骼肌。有些部位相當硬韌，要煮很久才會變美味且具有絕佳口感；其他如心和羊腰子，就只需短時間煎炒。肝則不同於其他器官，其中的細胞結構鬆散，因此質地相當細緻。至於食用的鴨肝和鵝肝更含有高脂肪，因此加熱時會微微捲起且呈半融化狀。

烙烤牛心

在很多歐美國家的料理中，禽畜的心臟和其他臟器肉類都已不受青睞。其實有些可惜，因為禽畜的心臟部分其實特別營養，或許可以想想中國古代所謂的食補「以形補形」，也就是吃什麼，補什麼。

- 將牛心洗淨，除去多餘的脂肪、硬塊組織和上方周圍的血管。
- 切成四或五大塊，放入冷凍庫一小段時間，冰到表面略微變硬。
- 將牛心切成厚約 1.3cm 薄片。如果用切肉機更方便，也可讓機器代勞。
- 用紙巾將肉片擦乾，在一面刷上橄欖油。將肉片刷了油的一面向下放在烤架上烙烤後即可盛盤上菜。注意：烤至一分熟（rare）時就要盛盤。
- 以鹽和胡椒充分調味。擺盤時讓烤出烙痕的一面朝上。

6 人份

- 牛心 1 顆（重約 1.5 公斤）
- 橄欖油
- 鹽
- 胡椒

烙烤牛心。

蛋

雞蛋主要含蛋白和蛋黃。蛋白裡有 11～13% 是蛋白質，其他則是水；蛋黃裡有 50% 是水，16% 是蛋白質，33% 是讓蛋具有乳化性質的脂質（卵磷酯、三酸甘油酯和膽固醇）。

蛋黃的結構可分為多個層級，外層的成分複雜，主要是水和蛋白質，裡頭包覆著合稱脂蛋白（lipoprotein）的脂質和蛋白質。就口感來說，最重要的是結構中最高的層級。在這個結構層級，整個蛋黃是由大量的微小球體組成，每個小球直徑約 0.1 微米，外面包覆一層薄膜。蛋黃煮熟時，這些小球裡的蛋白質凝塊後會變得硬韌，所以全熟水煮蛋裡的蛋黃會有些微的顆粒感。蛋黃周圍有一層外壁，由生物膜（biological membrane）和一層特別強壯的醣蛋白（glycoprotein）構成。

蛋白和蛋黃不同，加熱後會硬韌得很均勻，因為所含的蛋白質凝塊後形成整塊均質的白色固體。

牛乳

牛乳看似單純，結構卻相當複雜，因此不管是當成飲料，或製成鮮奶油、乳酪、優格甚至酸化或發酵產品，都具有獨特的口感。後續會再討論上述乳製品的質地和口感。

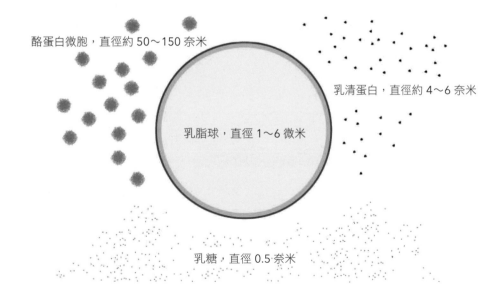

酪蛋白微胞，直徑約 50～150 奈米

乳清蛋白，直徑約 4～6 奈米

乳脂球，直徑 1～6 微米

乳糖，直徑 0.5 奈米

牛乳裡包含大小各異的結構。

全脂乳的成分中 87.8% 是水，3.5% 是脂肪，3.4% 是蛋白質，還有 4.8% 是屬於碳水化合物的乳糖（lactose），另外還有礦物質和維生素。牛乳能夠提供營養，主要依靠成分裡的兩種蛋白質：酪蛋白（casein protein）和乳清蛋白（whey protein）。

　　酪蛋白共有四種，它們會聚在一起形成結構複雜的微胞（micelle）。每個微胞直徑約 0.01～0.3 微米，含有一萬到十萬個蛋白質。微胞裡的酪蛋白分子形成很多個小群，是因疏水交互作用和鈣離子而結合在一起，後者就是牛乳中鈣質的來源。從外面看來，酪蛋白分子有點像長在微胞上的毛，它們帶負電荷，讓微胞之間互相排斥，而且不會聚集成團。如果牛乳酸化，負電相斥的情況加劇，微胞形成圍捕脂肪的網絡，牛乳就凝塊形成乳酪。微胞也可以在凝乳酶劑（rennet）的催化下聚結形成網絡，因為裡頭的酵素會將像是毛髮的酪蛋白分子剪短。

　　溶於牛乳裡的乳清蛋白是個別的含硫分子，所以牛乳煮過之後，聞起來和喝起來都有一股特別的味道。乳清蛋白經加熱後不會凝塊，而是與酪蛋白微胞結合。但即使牛乳裡只剩一點酪蛋白，只要其中有酸類物質，乳清蛋白還是能聚結成塊，形成製作瑞可塔乳酪（ricotta）用的那種凝乳。

　　乳脂（milk fat）是以大型球體的形式出現，直徑通常介於 0.1 到 10 微米。每個球體都有一層雙層脂膜（lipid membrane）保護，確保球體間不相溶。新鮮的全脂乳放涼數小時之後，裡頭的乳脂會浮到最上層，即天然的鮮奶油（cream）。在均質化處理的過程中，這些球體會被打碎成大小一致、直徑約 1 微米的顆粒，這些非常小的顆粒會懸浮在液體中，於是牛乳就成了膠體（colloid）。此外，酪蛋白微胞會吸附在乳脂球體表面，扮演乳化劑的角色。如果將浮起的那層鮮奶油刮除，留下的就是脫脂牛乳（skim milk），乳脂含量較少，但是含有豐富的蛋白質。如果從凝乳狀態的脫脂乳奶除去部分酪蛋白微胞，就成了乳清，乳脂含量也很低，而且只含乳清蛋白。

　　乳脂球體在加熱時雖然很穩定，但在放涼過程中會形成結晶，並破壞聚結在一起的雙層脂膜和球體。攪動（churn）鮮奶油即是機械式破壞雙層脂膜，讓乳脂積聚形成奶油（butter）。製作奶油剩下的液體稱為白脫奶或酪奶（buttermilk），乳脂含量低，但是保留了蛋白質。

魚類

　　海洋生物與陸上動植物的生活環境大不相同，比較不需要發展支撐自己

魚（鮭魚）的橫紋肌結構呈現之字形紋路。

體重的能力。由於水的浮力抵銷了大部分的重力，海洋裡的動物、植物和藻類受到的重力和周圍的水幾乎相同。與陸上動物相比，水生動物不需要費力保持身體直立，肌肉產生的力氣就能用於行動和維持身形。簡單的說，水生動物不需要非常強而有力的骨架來支撐身體。儘管如此，還是可能需要實用的外層構造，如甲殼和鱗片。魚類的骨骼和骨頭結構，就取決於生活的水域環境和水深。鹹水的浮力大於淡水和半鹹水，所以深海魚類的骨架通常比較粗重，這樣的身體構造也有助於承受深海中的龐大壓力。反之，住在淡水或半鹹水裡的魚類，骨頭通常多且細小。

硬骨魚（bony fish）的橫紋肌系裡的肌纖維，比陸上動物的更短，通常只有約 2 公釐～1 公分長。這些短纖維層層交疊，由幾層從骨頭延伸到皮層內側的脆弱結締組織裹住，讓魚可以輕鬆游動。在鮭魚肉上可以清楚看到肌纖維形成的之字形紋路，或者煮熟的鱈魚肉分離成薄片上也依稀可見。這種結構不是很堅實，因此魚的肌肉會比陸上動物的肌肉柔軟許多，但並不表示魚的肌肉虛軟無力。正好相反，魚的肌肉可能非常強壯，因為魚在水中快速移動時的阻力，遠大於陸上動物在空氣中移動時的阻力。

水生動物肌肉中的膠原蛋白和其他蛋白質，和陸上動物的有諸多差異，連帶也造成兩者的口感不同。第一，取自陸上動物的肉類的結締組織明顯較多；第二，魚肉的膠原蛋白較脆弱，因為個別蛋白質分子之間的交聯相對較少。所以魚在宰殺之後，肌肉會比肉類更快變軟鬆散，不像肉類通常需要一

魚卵：（左起）飛魚卵、圓鰭魚卵和鮭魚卵。

段時間熟成至適合食用的軟度。此外，魚類的膠原蛋白較易融化，不用加熱到很高的溫度；也因此，魚肉比較軟嫩，而且有很多種魚的肉都能生吃。魚類肌肉裡的蛋白質變性所需達到的溫度相對較低，但也可能帶來另一個問題：如何避免將魚肉煮到太乾柴以至吃起來粉粉的。

　　不同種魚卵的口感依據其結構會有不同，主要取決於卵的顆粒大小。魚卵不像陸上動物的卵由鈣化形成的卵殼包覆，魚卵外層只有一層薄膜。小顆的卵如飛魚卵和香魚卵外面的薄膜感覺比較硬脆，而較大顆的如鮭魚卵和鱘魚卵的薄膜感覺就比較柔軟有彈性。以加鹽或其他方法改變滲透壓，就能改變魚卵的硬脆程度。單顆魚卵其實是由蛋白質溶液包在卵鞘（egg sac）裡，必須以機械方式除去蛋白質溶液，才能分離出單顆魚卵。如果將整個卵鞘加熱烹煮，蛋白質會凝塊，魚卵就成了整塊固體。

軟體動物和甲殼動物

　　軟體動物是無脊椎動物，有些如蝸牛具有一個外殼，例如蝸牛，有些如雙殼貝（bivalve）則生有成對的兩片甲殼。其他如章魚、魷魚和墨魚（又稱烏賊、花枝）等，具有極不明顯的外殼或內殼，或完全沒有外殼。

　　雙殼貝有一或兩塊閉殼肌。一種閉殼肌非常強壯有力，可以將殼長時間緊閉，包含大量結締組織，硬韌到無法取食。另一種可以將殼快速開合，所含結締組織較少，所以也較軟。閉殼肌可食的貝類中，最常見的是扇貝。可食的閉殼肌屬於顏色淺白的快縮肌，質地特別軟嫩。扇貝也是唯一一種可以藉由將殼一張一合來短距離游動的雙殼貝。

　　有些海洋軟體動物，如鮑魚、大海螺和太平洋潛泥蛤（Panopea generosa），生有類似肉足的水管（syphon），用來移動和攝食養分。這個

墨魚、竹蟶和鯷魚。

部位的肌肉非常強韌,加熱後會變得更硬韌。為了讓肌肉更柔軟好入口,在烹煮之前可以先搥搗,或者直接削得很薄製成壽司或生魚片食用,生食的口感相當鮮脆彈牙。

　　有些雙殼貝如紫殼菜蛤、蛤蜊(蚌)和牡蠣(蠔),其閉殼肌較小且硬,基本上無法食用,但其他部位皆可食,當做食物的主要是胃部和腮部。所以吃一口牡蠣的感覺,和扇貝就會很不一樣。牡蠣體內只含有少量肌肉,因此生蠔吃起來軟且黏稠,但其中含有的游離胺基酸,會讓生蠔有股特殊的甜味和鮮味。如果將牡蠣加熱,蛋白質成分會變性並與游離胺基酸結合,吃起來也就不再軟嫩。

　　與鯷魚等硬骨魚相比,章魚和墨魚等軟體動物的肌纖維較長,結締組織也較多。牠們的個別肌纖維比魚類肌肉的細很多,因此肉比較柔韌滑順。這類軟體動物的質地特殊,是因為含有大量膠原蛋白。膠原蛋白形成交聯,讓肌肉格外強壯堅韌有彈性。得力於這種特別的肌肉結構,章魚和墨魚的柔軟度一流,變圓變扁伸縮自如。

　　章魚料理的難度可是惡名遠播:烹煮的時間必須非常短,或者非常久。加熱很短一段時間的章魚肉吃起來柔軟多汁,因為蛋白質尚未完全變性,而膠原蛋白也稍微軟化。但如果判斷錯誤,再煮了一下子,章魚肉就會變硬,因為膠原蛋白全都縮在一起,肌肉裡的汁液也流失了。要將肉再煮軟就只能

挪威海螯蝦（Nephros norvegicus）。

以小滾方式慢慢熬煮，將結締組織分解變成明膠。用刀在章魚肉表面劃幾個十字，多少有助於加速煮軟的過程。

常吃的甲殼動物包括蝦、龍蝦、挪威海螯蝦（scampi）和螃蟹，牠們的外殼堅硬，頭部多半和身體連在一起。蝦、龍蝦和挪威海螯蝦的尾部，是獨特的節狀橫紋肌系，包含的結締組織比硬骨魚的魚肉還多，因此肉質較硬韌，也比魚肉更容易變乾老掉。生蝦肉柔軟且有一點滑溜，煮熟後就變得硬實。龍蝦和其他幾種甲殼動物的肉含有大量活性很強的酵素，會讓肉質很快變鬆散，所以必須現宰現吃，或者立刻煮熟才能保存稍微久一點。

昆蟲

在世界上很多地方，自數千年前就開始以昆蟲為食，在墨西哥、泰國和剛果民主共和國等國家，更將一些種類的昆蟲視為珍饈佳餚。粗估全球人口中 70% 都吃昆蟲料理，不過在大多數西方國家，大眾還是認為吃蟲很陌生怪異。昆蟲的蛋白質、脂肪和維生素含量都相當高，其實可以做為重要的營養來源。昆蟲也是永續性的食材來源，比畜養牲畜更能有效利用地球資源。

昆蟲的外骨骼硬脆而內臟軟，很輕易就能料理成口感絕佳的食物。要享受蟲蛹、蚱蜢、螞蟻或其他蟲蟲大餐之前唯一的關卡，是要克服源自文化的心理障礙。

蚱蜢乾。

蜂「蛹」而上豌豆冷湯

在哥本哈根的北歐食物實驗室（Nordic Food Lab），科學家和廚師攜手探索具有潛力的北歐食材，試圖發掘它們的獨特味道，其中科學家喬許‧伊凡斯（Josh Evans）和廚師羅貝托‧弗洛雷（Roberto Flore）全心投入昆蟲料理的研究。他們發現了以前不曾利用的新資源──養蜂人為了預防蟎蟲感染，每年春天固定從養蜂框架上取出丟棄的蜂蛹。這些蜂蛹富含蛋白質和不飽和脂肪，何不大快朵頤一番？

蜂「蛹」而上豌豆冷湯：以新鮮豌豆製成的綿密冷湯，灑上圓葉當歸和烤蜂蛹

這裡就遇到了食物質地的問題。大部分的人都不願意吃蟲，沒得商量。如果端出來的是肥嫩軟綿的蜂蛹，敢吃的人又更少了。所以訣竅就是把它們料理得脆脆的，並混入其他食材。其中一種解決方法是混合蜂蛹、蜂蜜和其他穀片及種子，製作成烤綜合穀片。

另一個可能的方法是拿去油炸，炸蜂蛹會讓人想到爆米花。於是伊凡斯和弗洛雷想到一個好主意，他們把烤過的蜂蛹灑在濃稠綿密的豌豆冷湯上。這道菜取名為「蜂『蛹』而上豌豆冷湯」（"Peas 'n' Bees"），於 2014 年在哥本哈根舉行的一場以味道的科學為主題的國際研討會上首次亮相。

可食用的分子

「食物和地球上其他東西一樣，都是不同化學物質組成的。」美國烹飪權威及飲食作家哈洛德‧馬基（Harold McGee）的這句話剛好可以提醒我們，人們吃的喝的全是由分子組成，主要是蛋白質、碳水化合物、脂肪和核酸分子，或是分子分解形成的產物。上述前三種分子是營養、味道和口感的重要來源，而核酸則以游離胺基酸的分解形式對味道造成影響，尤其是賦予食物鮮味。

蛋白質和碳水化合物是相當大的分子，由較小的部分組成，通常會形成

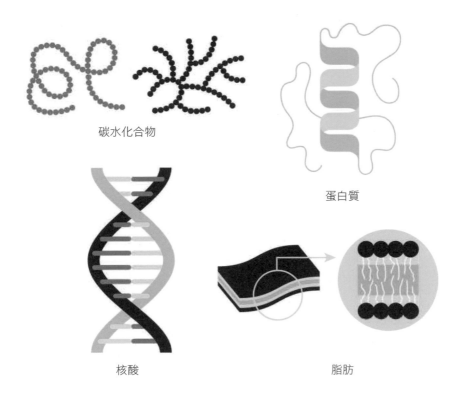

碳水化合物

蛋白質

核酸

脂肪

構成食物的主要分子：碳水化合物、蛋白質、核酸和脂肪。

長鏈或交聯的網絡。這樣的分子稱為高分子聚合物（polymer）。蛋白質和碳水化合物因其聚合物的特質而具有內部結構，也是食物口感的來源。水的角色也很重要，因為一種食物的結構如何，完全由聚合物在水中的溶解度高低決定。碳水化合物通常可溶於水，而蛋白質則有些可溶，有些不溶。脂肪對於食物質地的影響，很大部分和其相對不溶於水的程度有關。但脂肪真的溶解時，會形成非常特殊的結構，造成質地劇烈改變。

有生命的物質（living matters）之所以是軟物質（soft matter），是因為所含的蛋白質、碳水化合物和脂肪具備兩種特質。第一，這些分子對水的反應大不相同，可能親水（hydrophilic）、疏水（hydrophobic）或油水兩親（amphiphilic），相關概念留待後續說明。第二，這種分子通常很大，也就是所謂巨分子（macromolecule），其結構可能很複雜，並與其他分子和水形成精巧的連結。

口感的祕密，就在於這些因素如何結合及互動。記住這點，就能將烹煮食物視為一連串改變食材原有特性的過程，製作出營養美味且最好又安全無虞的食物。這些過程不僅改變食物結構，也改變我們感受到的質地。要瞭解

運作原理和如何造成改變，首先必須進一步瞭解構成生物食材的不同分子。

蛋白質

蛋白質是由胺基酸長鏈組成，長鏈之間以化學方式形成穩固的連結。不同的酵素* 發揮作用，就能破壞這樣的化學連結，將蛋白質分解成較小的分子，其中的游離胺基酸和胜肽（peptide）都是食物營養和味道的重要來源。所以說，酵素能夠影響食材和食物的分子結構。例如有鳳梨的甜點會稀稀水水的，因為鳳梨裡的酵素分解了其中的果膠。同理，在乳奶中加入取自小牛胃部的凝乳酶劑，就能分解乳奶微胞裡的蛋白質，讓乳奶凝塊變成乳酪；唾液裡的澱粉酶則將澱粉分解成單醣。

蛋白質分子可能含有親水的胺基酸和疏水的胺基酸，在水中會摺疊（fold up）形成複雜的結構。這個結構與蛋白質的生物功能息息相關。蛋白質也能帶電荷，因此摺疊的方式取決於水中有哪些鹽類和酸類。此外，摺疊過程受溫度影響；大部分蛋白質在低溫和高溫環境下會改變結構，也就是所謂的變性。例如將生蛋煮熟，就可以看到蛋白裡稱為白蛋白（albumin）的蛋白質變硬；或祕魯名菜檸檬醃生魚（ceviche）也運用同樣原理：用檸檬汁醃製讓生魚肉裡的蛋白質變性，原本摺疊起來的結構展開固定；生肉就會變得像煮過那樣，比較硬實。

有些種類的蛋白質可溶於水，例如結締組織裡的明膠能結合大量的水，所以可用來改變流態，讓液體變得更黏稠。在一些情況下，加了明膠的液體會形成堅實有彈性的凝膠（gel），含有大量水分的凝膠則稱為水膠（hydrogel）。

碳水化合物

碳水化合物由幾種不同的單醣組成，單醣包括葡萄糖（glucose）、果糖（fructose）和半乳糖（galactose）。單醣配對後形成其他不同的醣類，最常見的幾種雙醣（disaccharide）如蔗糖（果糖+葡萄糖，常見的白砂糖）、麥芽糖（果糖+果糖）和乳糖（葡萄糖+半乳糖）。大部分醣類在加熱和釋出水分時，結構會變得不穩定，可溶性受影響導致焦糖化（caramelize）。大部

---

* 審訂注：我們將能夠「分解生物」的一些成分通稱為酵素；但若是各別稱呼這些酵素，例如分解蛋白質的酵素，就直接稱為「蛋白質分解酶」。另如，脂肪分解酶、澱粉分解酶、H2O2 分解酶等。酵素是一種有活性的蛋白質，能夠藉由它降低分解某化學成分如維生素 C，分解維生素 C 所需的能量能輕易地被酵素分解掉。

分醣類分子也可以相互結合，形成稱為多醣（polysaccharide）的高分子聚合物，其形式可能是像澱粉裡的直鏈澱粉（amylose，亦稱澱粉糖）形成長鏈，或像纖維素形成網絡。網絡形式比長鏈更牢固，這就是為什麼植物細胞和組織的支撐結構以纖維素為主要成分。後續討論中會以澱粉這個有趣的例子，來說明長鏈和網絡之間的交互作用。

澱粉是由直鏈澱粉這種線性結構的多醣，和支鏈澱粉（amylopectin）這種樹枝形分支結構的多醣組合而成。實務上要瞭解這兩種澱粉如何合作，可以看看在烹煮不同種類的米飯時，它們如何影響所需的水量和煮熟時間長短。長粒米需要加較多水並煮較長的時間，才能分解其中的澱粉結晶；而包壽司和製作米布丁用的短粒米，所含支鏈澱粉比例較高，因此口感會比長粒米更軟。烹飪中常用來勾芡肉汁醬等濃稠液體的，就是各種粉末形式的澱粉，通常取自玉米、小麥、米或馬鈴薯。

除了澱粉之外，還有其他多種多醣在操作得當下皆可溶於水，與水結合形成具有固態物質特性的水膠。例如果膠和萃取自海藻的幾種多醣類，皆可用來改變流態，將液體變得更黏稠，甚至形成凝膠。

有一些酵素能夠加速破壞碳水化合物的連結。例如澱粉酶會在口中和胃裡分解澱粉，又如蘋果過熟時會變軟，即是果膠酶分解果膠所造成。

脂肪

脂肪和蛋白質或碳水化合物不同，雖然分子本身可能很大，但並非高分子聚合物。生鮮食材裡的脂肪會以各種形式出現，可能是建構細胞的成分，也可能是積聚貯存的脂肪。在動物體內，是以脂肪組織的形式出現，而在植物體內，則以油脂形式儲存在種子、堅果和果實之中。

食材裡的部分脂肪，多半可以用煮、蒸、燉或炒的方式來分解脂肪組織。比較溫和的料理方法如水煮或蒸，可以保留脂肪的部分特質，其他加熱方式就多半會分解脂肪並改變其味道。烹煮肉類釋出的脂肪，可用來烹煮其他食材，有助於增添味道和質地。

「脂肪」和「油脂」只是同一類物質的不同名稱。室溫下是液體的通常稱為油脂，而室溫下是固體的如奶油，則稱為脂肪。不同狀態只是因為熔點不同，而熔點則主要取決於脂肪的飽和程度——不飽和程度越高，熔點就越低。植物和魚類體內的脂肪多半是不飽和脂肪，熔點通常較低，而陸上動物體內的脂肪飽和程度較高，熔點通常也較高。不飽和脂肪由於熔點較低，

脂肪和油脂	熔點（℉ / ℃）
無水奶油 （牛乳提煉而成）	206～210 / 96～99
牛油	129 / 54
鴨油、雞油	129 / 54
棒狀人造奶油	113 / 45
棕櫚油	99 / 37
可可脂	93～100 / 34～38
膏狀人造奶油	91～109 / 33～43
豬油	91 / 33
奶油	82～100 / 28～38
椰子油	77 / 25
液態軟質棕櫚油	50 / 10
芝麻油	23 / -5
橄欖油	21 / -6
葡萄籽油	14 / -10
油菜籽油	14 / -10
玉米油	12 / -11
大豆油	3 / -16
乳薊油	1 / -17
葵花油	1 / -17

出處：納森‧米佛德（N. Myhrvold）著，《現代主義烹調：烹飪的藝術與科學》（*Modernist Cuisine: The Art and Science of Cooking*），華盛頓州貝爾優市：烹飪實驗室（Cooking Lab），2010 年，第二冊第 126 頁。

在烹煮過程中流失的量也會大於飽和脂肪，因此煮熟之後口感會比較乾柴，魚肉就是如此。

脂肪的另一種變化，也可能影響食物的味道。含脂肪的食物如果存放太久未食用，或放置的環境太暖熱，不飽和脂肪會氧化分解，食物就會散發出油耗味。

食物裡的脂肪，一般是兩個或三個脂肪酸分子與其他分子如甘油（glycerol）結合形成，而甘油也可以和碳水化合物結合。油脂和脂肪主要由三酸甘油酯構成，其中往往有很多不同種類，所以沒有單一熔點，而是在某個溫度範圍內熔化。三酸甘油酯疏水，與水不互溶，但是脂肪類也可以是一端親水、一端親油，例如屬於脂質的卵磷脂，而不同種類脂肪可溶於水的程度，可能相差極大。稍後會討論到，這個特質與乳化狀態的形成息息相關。

脂肪的溶解特性，是決定食物口感的關鍵。想想巧克力 —— 如果不是在舌尖融化，吃起來感覺截然不同，會形成另一種風味印象。這也是製作巧克力要使用可可脂的主因，可可脂的熔點約 35℃，剛好比平均室溫高出一截，但又比體溫略低，所以才會「只融你口、不融你手」。

熔點高的脂肪會在食物裡形成細小結晶。小結晶能夠組織形成網絡，帶來類似凝膠或固體的口感。例如室溫下的豬油、奶油和人造奶油，三者會熔化的溫度範圍都相當大。除非以低溫保存，不然這些物質的延展性頗高，可以在其他食物表面輕鬆抹開。

食物裡含有的脂肪通常由很多不同種類混合，意味著其狀態變化也會很複雜，固態和結晶狀態熔化的溫度範圍會很大。常見的情況是脂肪的結構並不穩定，隨著時間過去而變化，而穩定程度也取決於食物先前的處理方式。所以說，平常呈液態的脂肪加熱後有可能變成固態晶體，和我們期待的剛好相反。再次以巧克力為例：將巧克力熔化後放涼，其中的可可脂不會回復原本的晶體結構，反而會形成另一種吃起來有結塊感的結構。

生物性軟物質

　　所有取自生物的材料都有一個共通的特色，它們的結構大小各異，從最小的原子和分子層級，一直到最大的完整生物個體。另一個特色是所有生物性軟物質（biological soft material）的設計原則，都以自組裝（self-organization）為基礎，即所謂「由小做大」（bottom-up approach）。也就是說，蛋白質、脂肪、碳水化合物和核酸等不同的分子，和先前介紹的肌肉和膠原蛋白一樣，就像積木可以組合成較大的結構，這些結構再做為構件組成更大的結構。如此由小而大，最後形成一種層級式的構造，既賦予生物物質各自的特性，本身也是生物物質能支撐生命和生物功能運作的先決條件。這樣的構造也決定了物質做為食物的質地，特別是在烹飪過程中，以及放入嘴裡之後會產生什麼樣的變化。

　　舉例來說，細胞的內部結構十分複雜，由小分子和大分子結合組成層級更高的構件，諸如細胞核、胞器、纖維和傳輸系統。這些構件就像被放在細胞這個容器裡，周圍環繞的一堵圍牆是細胞膜，這層膜非常薄且結構嚴明，由脂質、蛋白質和碳水化合物組成。幾個細胞可以組合在一起，形成大很多的單元如肌肉、器官、神經系統和循環系統，最終組合成一個結構更加複雜的完整生物體。

　　生物性軟物質介於流體和固體之間，兼具兩者的特性，也稱為結構化流

生物性軟物質——天然食材和加工食品皆屬之。

體（structured fluid）、複雜流體（complex fluid）或巨分子材料。生物性軟物質和流體相似之處在於，它們屬軟質，容易改變形狀，能夠因應環境改變；和固體相似之處則在於，強壯有彈性、柔韌可彎、通常保持原本的形狀。所有特質都與它們在生物體內的功能息息相關，而具備這些特質，是因為它們是高分子聚合物，是由蛋白質、脂肪和碳水化合物等多半較大的分子，聚集組合成的長鏈或分枝形巨分子。

軟物質具備一種特殊性質，源自依據「由小做大」的設計原則自行組裝的結構。它在有限程度內，可以自行修復或療癒，這種生物的獨特能力，在其他物質上都不曾出現。想想看，假如電腦摔在地上之後，可以自行修復故障的硬體，或是大樓可以自行清潔外牆，或修補暴風雨造成的損壞，那簡直太神奇了！自行組織形成的軟物質，無論還活著或已死去，如果結構損毀（可能是遭外力破壞），往往能自動修復。在廚房裡就會看到食材成分的這種功能持續運作，例如混合不同食材時，加入糖、鹽和酸類時，還有攪打、加熱和放涼食材時，所有修復過程都可能造成神奇的口感變化。

要真正瞭解生物性軟物質的特殊性質究竟從何而來，以及對於食物質地造成的確切影響，接下來需要探索其中最常遭到忽略的成分——水。

水：穩定又變化多端

所有生物體內都含有大量的液態水，也依靠水來維持生命。事實上，水也是食材中最普遍的成分，新鮮蔬果裡的水分所佔總重量可能高達 90%。

水的特性

水很獨特，因為它的穩定性極高，遠勝其他物質。這是因為水分子具有形成氫鍵的特殊能力，也就是說水的熔點和沸點都很高。液態形式的水分子結合得很穩固，甚至比冰還穩定。我們可以說，水的個別分子很滿意相互結合的狀態，甚至不願和其他不具氫鍵的分子，如油脂和脂肪結合。所以將水和油混合後，除非採用特別手法強迫水和油結合，否則只會看到油水分離。

純水在 0℃時結凍，形成堅硬的冰晶。就所有含水的食物而言，這一點至關緊要。物質裡的所有水分不會在某個溫度下同時結冰，因為大部分的氫鍵網絡遭到破壞，只剩下大約 0.5% 的水結合非常緊密，不會結冰，也不會融化。而且生物物質裡包含許多具有阻凍功能的成分，阻凍效果背後的原理

水分佔多少？

　　水即生命，生命即水。已知所有的生命形式都必須有水才能存活，而且是液態的水。人體其實絕大部分都是水：在子宮裡的胎兒體重有 95% 是水，小嬰兒體重有 75% 是水，成人體重有 60% 是水，甚至當我們年老壽終，留下的這副皮囊還有 50% 是水。

　　我們吃下的所有東西，都含有比例不等的水分，清楚反映了食物其實源自曾經存活的生物體。生鮮食材裡含有大量水分，生肉裡的水分約佔 70%，蔬菜、水果和菇菌裡的水分佔 70～95%。烹煮過的食物裡也含有不少水分，例如煮熟的米飯和蛋約有 73% 是水，麵包有 35% 是水，奶油有 16% 是水，而乾燥的脆餅乾或硬餅乾裡只有約 5% 是水。

　　流質食物裡的水分比例差異極為懸殊，可能幾乎全是水分，也可能是完全不含水分的液體如橄欖油。

　　由於食物的結構使然，有時候可能很難判斷一種食物裡含有多少水分。誰想得到硬脆的新鮮胡蘿蔔，竟然和全脂鮮奶一樣有 88% 是水，而一顆鮮脆多汁的蘋果裡竟然有 25% 的體積是空氣？

食物	水（佔總重量百分比）
番茄、萵苣	95
草莓、四季豆、甘藍菜	90～95
胡蘿蔔	88
蛋：蛋白（蛋黃）	88（51）
蘋果、橙橘、葡萄柚	85～90
甜菜、花椰菜、馬鈴薯	80～90
新鮮雞肉	72
魚肉	65～81
瘦牛肉	60
新鮮豬肉	55～60
乳酪	37
白麵包	35
果醬	28
蜂蜜	20
水果乾	18
奶油、人造奶油	16
澱粉	13
中筋麵粉	12
乾燥義大利麵	12
奶粉	4
啤酒	90
全脂奶	88
果汁	87
威士忌	60
橄欖油	～0

出處：庫爾塔特（T. P. Coultate）著，《食品化學：解析食物中所有主要與微量的成份》（Food: The Chemistry of Its Components；中文版由合記出版）；J. W. Brady, Introductory Food Chemistry (Ithaca, N.Y.: Cornell University Press, 2013)。

是稱為凝固點下降（freezing point depression）的物理化學定律。液態水裡如果溶有小量物質，例如鹽、糖、碳水化合物和蛋白質，凝固點就會降到低於0℃；例如飽和食鹽水溶液裡的水要到 -21℃才會結冰。在發明冷凍庫之前，製作冰淇淋的方法是將放了材料的壺罐，浸泡在這種特別冰冷的溶液裡，就是利用這個原理。生物物質的細胞裡溶有許多不同物質，因此具有抗寒的效果，讓生物物質內部的水在低溫時不會形成冰晶並破壞細胞。

在廚房裡，利用凝固點下降的定律，就能製作出所含液態水溫度較低，因此冰晶相對較少、口感也就較佳的冰淇淋或雪酪（sorbet）。料理中最常用的兩種「阻凍劑」是糖和酒精。製作冰淇淋時採用急速冷凍，也可以讓結起的冰晶顆粒不會太大。不幸的是，在冷凍庫放了一段時間之後，這些小冰晶又會再結晶成其他形式，而在過程中會聚結形成較大的冰晶，影響冰品的口感。

純水的沸點在標準大氣壓力下是 100℃，但水裡如果加了其他物質，例如糖或鹽，沸點就會上昇。例如製作果凍時要將果汁和糖一起煮沸，這時沸點就會比水的沸點還高。

其他物質和水「相處」得如何？

能夠形成氫鍵或具有極性部分的物質都能溶於水，這種特質稱為「親水性」，也就是說這些物質都「愛」水。碳水化合物和一些蛋白質及碳水化合物，能夠結合大量的水，水果中的果膠和麵粉裡的澱粉都是很好的例子。與親水性完全相反的是「疏水性」，也可以說是「恨」水，這樣的物質無法形成氫鍵，不具有極性部分，因此幾乎完全不溶於水，例如橄欖油和牛奶裡的酪蛋白。最後還有一些物質，是由一端親水、一端疏水的分子組成，這種對水「又愛又恨」的特質，稱為「油水兩親」。

油水兩親的物質可以同時結合油和水，形成所謂的乳化物（emulsion），因此這種物質也稱為乳化劑（emulsifier）。從美乃滋（mayonnaise）就可以清楚看到，蛋黃裡的卵磷脂同時結合了食用油脂和醋。我們可以將美乃滋視為油脂、醋和卵磷脂自行組裝而成的結構（水包油乳化物），而結構決定了它的口感。另一例是芥末籽外殼裡油水兩親的醣蛋白，在油醋醬（vinaigrette）中就扮演黏合劑的角色。

生物物質裡有許多油水兩親的分子，包括脂質和一些蛋白質及碳水化合物。有這些分子和一些離子和鹽類合作，就能幫助疏水性物質如脂肪和一些

蛋白質，與物質內部通常極大量的水結合。因此物質的結構和穩定性，就取決於水是傾向形成氫鍵，或是傾向與其他物質保持連結之間的平衡。如此一來，水的獨特性質雖然只是間接影響食物口感，但在口感塑造上其實扮演至關緊要的角色。

水和其他物質的互動關係？

俗話說：水能載舟，亦能覆舟，食物裡的水分含量也可能造成問題，例如生存在有水環境中的微生物會造成食物腐敗。此時重要的是水活性，而非水分含量。

水活性是由游離水分子的多寡來決定，如果水分子都形成緊密連結，那麼水活性就低。魚乾等食品的水分含量可達 20%，但由於其中的水分連結得很緊密，因此魚乾可以長期保存，不易孳生細菌。同理，一些能分解食物裡的脂肪等成分的酵素，活躍程度也取決於水活性。

還有其他方法能讓食物裡的水形成緊密連結，例如利用特殊物質來結合大量的水，也就是搶佔食物裡的水分。最常見的就是利用鹽，以及碳水化合物如糖和多醣類。

多醣裡的一個單醣如葡萄糖，就能結合超過五百個水分子，這也是為什麼能形成水分含量超過99% 的水膠。我們可以把這種水膠想像成一種海綿，其中的多醣形成障壁，將水分鎖困在管子和空隙形成的網絡。水溶性蛋白質的狀態變化有點像是多醣，它們的表面遍布胺基酸，胺基酸裡的化學基團（chemical groups）可以和水結合，結合的程度則主要取決於離子含量和水的酸度。此外，當蛋

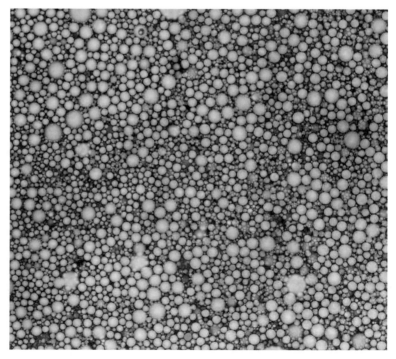

美乃滋（水包油乳化物）顯微圖：球體是直徑約 2～5 微米的油滴，其間的藍色區域是水。

白質變性並展開原本摺疊的結構，只要沒有聚結在一起，通常也會結合更多的水。這種狀況在炒蛋或肉時就能看到，蛋液會凝塊成炒蛋，而肉會釋出一些汁液。鹽類裡小的離子有助於促進蛋白質與水結合，但效果有限。如果鹽的濃度太高，蛋白質反而會沉澱，因為鹽離子會和水結合並溶於水中。一般不會在食物裡加這麼大量的鹽，所以不易看到這種現象。以火腿為例，一般是將適量的鹽加在火腿裡，讓肌蛋白質結合更多水，肉就會更加溼潤。而拜雍生火腿（Bayonne ham）的製法不同，反而是將鹽灑在或抹在表面，如此就能吸出水分，有助於長久保存食物。

脫水：除去水分

有許多不同的方法可以改變食物的水分含量和水活性，而且往往會連帶影響質地，最常見的方法是脫水。與脫水相反的過程包括沾溼、浸泡、水合（hydration）和復水（rehydration），都是煮菜時加入乾燥食物之前，先用來增加食物水分含量的方法。復水作用也可能自動發生，例如將洋芋片或果乾放進嘴裡的時候。

將食材乾燥就是抽出其中的水分。抽出的水分多寡，取決於乾燥過程的時間長短、周圍空氣的溼度，以及食材本身的特性。現今除去水分的方法繁多，包括風乾、真空包裝、過濾、微波乾燥、烤箱烘乾、噴霧乾燥（spray drying）、冷凍乾燥（freeze drying）和壓擠法（extrusion）。

以噴霧乾燥法製造乳化劑。

噴霧乾燥是將液體噴入暖熱的空氣團裡（可能會降低氣壓），讓液體內的水分蒸發，而變乾的粒子就像粉雪一樣落下。粉末粒子的直徑通常為100～300微米。此法常用來製造工業用乳化劑。

冷凍乾燥的運作原理，是將已結凍物質周圍的氣壓降低，讓其中的水分昇華，也就是由固態的冰直接轉化成水蒸氣，乾燥後的物質就能搗碎或研磨成粉末。最具代表性的冷凍乾燥食品就是即溶咖啡。

壓擠通常用於含有水和澱粉的混合物，是把做為擠出物（extrudate）的混合物推送通過有孔洞的模板或類似的塑模，同時加熱讓水分蒸發，將混合物變成柔軟可塑的一大團物質。接著讓混合物乾燥至硬化，呈現所謂的玻璃態（glass），就能大大延長保存期限。進行此乾燥法的成敗，就看轉換成玻璃態過程是否控制得宜。我們稍後還會回到這個主題，因為這種狀態就是一般食品的正常狀態；麵包脆皮、硬糖果和冷凍食品，嚴格來說都呈玻璃態。

還有其他方法可以抽出食材裡的水分，例如將食材放進鹽水溶液，或含有高分子聚合物和碳水化合物等能結合大量水分之物質的溶液裡。此法是利用經控制的滲透作用（osmosis）來達成：藉由只讓水分子通過的半透膜（semipermeable membrane），來將食物和會與水結合的物質分開。

上述這些方法都能降低食物的水活性。但水是所有生物物質的重要成分，因此降低水活性可能會造成食物結構改變，以致影響到口感。

不同的脫水方法雖然都能降低水活性，但產生的乾燥食物內部結構未必相同。如果是乾燥之後又復水的複雜過程，加水不一定能讓食材回復原本的結構，因為食材已經發生不可逆的改變。同理，如果是牽涉多個步驟的一連串脫水過程，改變步驟的次序也可能會有不同的結果。用鹽、糖或酒精醃料醃漬蔬菜時，如果想達到剛剛好的爽脆口感，這個因素就非常重要。

脫水過程本身和施行的方式，都會對食材結構造成重大影響。這是因為除去水分會讓碳水化合物和脂肪成分的濃度變高，造成結晶狀或玻璃態的結構更加堅固，而結構的細部如何變化，則是由除去水分的方法來決定。

加工食品

利用魚肉蔬果和菌菇等生鮮食材來製作料理時，我們通常可以辨認來自不同生物的獨特組織結構。但飲食中還有很多其他產品，屬於所謂的加工食品，是由天然食材直接混合製成，或是利用取自生物物質的材料製成。加工

的目的可能是改變食材，製作出美味可口、具備悅人口感的食物，也可能是在一道菜裡加入新的元素，而附加的好處是讓食物比較不易腐壞。

大部分的飲料和流質食物，包括果汁、糖漿、湯底（broth）等等，都經過最低程度的加工處理。其他像是啤酒、葡萄酒、魚露和醬油，則經過高度加工處理，光看成品已經完全辨識不出成分來源的結構。很多黏稠或固態食物，例如乳酪、麵包和番茄醬等等，雖然是用天然食材製作，但從成品同樣看不出食材來源的結構。

還有些食品的結構，與所用食材相比更是天差地遠。想想看水加油形成的乳化物狀美乃滋，或冰淇淋，或是用果膠和果汁製成的果凍。生命之樹曾是首要的食物來源，我們未來有可能和它漸行漸遠嗎？如我們將看到的，答案是有可能。

合成食品：「最小單位」料理

一想到食物，我們下意識會認為全都源自生物——可能是未經處理的生鮮食材，或以某種方式加工過的食品或萃取物。但為什麼不以純人造的方式，只利用完全仿造天然食材中分子的化學物質，製造或合成出一道菜甚至一整餐呢？

法國物理化學家艾維・提斯（Hervé This）是開創分子廚藝（molecular gastronomy）的先驅之一，人稱「分子廚藝之父」。提斯提倡的料理方法稱為「最小單位」料理（note-by-note cuisine），認為將在烹飪界帶起最新一波潮流。他的料理方法完全不用任何魚肉、蔬果、菌菇或藻類，甚至不用任何取自天然食材的複雜萃取物，只利用可在實驗室或工廠裡以化學方式合成，或者萃取自生物物質的化學物質。這個概念乍看很怪異，但是歸根究柢，當探討的是形式最單純的分子層級，也就毋需討論分子的來源——無論來源為何，**分子都是一樣的**。飲食可以全部是化學物質合成的製品，只要專心留意其營養成分和有益健康的特性，人是完全有可能只依靠「最小單位」料理來維生。

提斯將用這種方式製作的食物比擬為電子音樂：電子音樂也不是樂器演奏出來的，而是將個別的合成樂聲放在一起，創造出樂曲。同理，廚師也可以利用化學成分設計出菜餚，其具備的特定形狀、口味、香氣、顏色和質地能夠刺激三叉神經，這些元素就像合奏出一首交響樂的音符，交融混合形成

涵括風味所有層面的一餐。

　　提斯認為將物質混合在一起，去激發想要的顏色、口味、氣味和其他三叉神經反應，難度應該不會特別高。他也認為利用凝塊、膠凝、乳化等技術，應該很容易製造出簡單的質地，如豆腐、蟹肉棒和麵筋這類產品都已經證明了這點。要挑戰重製出形成質地和口感所必備、更複雜的結構元素，難度就比較高。但提斯相信隨著科技進步，問題或許就會迎刃而解。他也強調分子廚藝要做的，不應只是創造出既有生物來源食材的人造複製品，而是更有趣的目標：發現「風味的新大陸」。所以正如分子廚藝的註冊商標，是用虹吸瓶製造出泡沫狀食物，以及利用液態氮的急速冷凍法，而「最小單位」料理最獨樹一格的特色，就是發明新方法來製造出口味和質地新奇、令人驚豔的菜餚。

　　「最小單位」料理的支持者一致認同，在美食經驗和進食的整體愉悅感中，口感是不可或缺的重要環節。因此一定要辨清，分子廚藝也關注風味印象和口感的營造，絕不只是為了滿足人體的營養需求，就發展出的混合養分、維生素和礦物質等的料理方法。

科幻食物：營養滿滿、口感全無

　　在 1966 年的科幻小說《讓讓，讓讓！讓出地方！》（*Make Room! Make Room!*）中，哈里・哈利遜（Harry Harrison）描寫了一種稱為「豆崙」（Soylent）的產品，其名稱是結合「大豆」（soy）和「扁豆」（lentil）兩字而成。發明豆崙，是希望能解決未來因人口過剩、缺乏原料，以及公共基礎設施崩潰而造成的食物短缺。雖然小說裡的豆崙多少只是唬人的噱頭，但當豆崙以大豆和扁豆製成的漢堡排形式出現，其實呈現了滿足人類所有營養需求的人造食物，而這個中心概念現在也已經實現。受到科幻小說的啟發，廠商於 2014 年推出名為「舒益能」（即 Soylent 的音譯）的代餐粉末。這種粉末加在水裡會乳化成為流質食物，其中包含所有人體必須的蛋白質、胺基酸、碳水化合物、脂肪、礦物質、維生素、微量元素和膳食纖維，份量和形式都完全符合人體的營養需求。但是只吃「舒益能」過活的人生會是多麼無聊乏味啊──質地單調，毫無變化可言。

The Physical Properties of Food
FORM, STRUCTURE, AND TEXTURE
食物的物理性質：
形式、結構與組織

所有的食物，可說都是由不同種類的分子與水分子，以各種方式結合組成柔韌且具層級式結構的軟物質。人們判別一種食物的質地，是由它當下的物理狀態，以及與該狀態有關的物理性質來決定。

生鮮食材不管經過什麼方式處理，其物理形式和結構都會受影響，連帶也會造成口感上的變化。從最簡單的層面來看，利用刀具、調理機、攪拌器、打蛋器、磨削器具和成形模具等廚房用品進行機械操作，以重複動作進行處理，造成的實質影響主要在於食物的形式和大小。除此之外，食材外觀上最容易察覺的變化，就是利用烘乾、加糖或鹽或酸類液體醃漬造成水活性改變。食材的質地主要取決於它的物理結構，而不管採用什麼樣的烹調方式，舉凡烹煮、烘焙、鹽醃、泡漬、燉煮、翻炒、煙燻、晾乾、熟成、醃製、發酵、凝成膠凍、乳化、攪打、冷凍等等，都會讓物理結構產生變化。

食材和經過烹調的食物如果產生劇烈變化，表示狀態產生變換，例如從結晶變成玻璃態、固體變液體，或液體變氣體。至於更細微的變化，則會形成狀態複雜的液體、膠凍、半固態物質和泡沫，其中不同的相態同時存在，而食品不僅性質與原本的食材完全不同，口感更有天壤之別。多數情況下，這樣的變化需要借助添加劑才能達成，例如乳化劑、膠凝劑、膠類等，它們全都和水有著特別的關係，在本章稍後會更詳細地說明。

這些變化都可以統稱為「烹飪變化」（culinary transformations），但這個花俏的用詞說白了，就是指烹製食物。要改變食物的狀態，有非常多方法可以運用，因此透過烹飪的藝術，就能探索嘗試許多先前從未運用來改變味道和口感的方法。從這個角度來看，烹調食物的難度或許比其他處理各種材料的工藝更加艱鉅，因為牽涉到的不只是食物結構與烹調方法之間的互動，還有食物結構、處理方式和感官知覺的相互關係。

結構與組織

食物的物理狀態和**結構**，可以定義為和其物理組成（physical composition）有關的一切，也就是食物的不同部分和分子，從最小到最大各個層級是怎麼組合在一起。理論上，我們多少可以用量化的方式去觀察、測量和描述食物的結構。食物結構的一些層面是肉眼可以看到的，有些可以用顯微鏡觀察，還有些必須利用特殊儀器才能看到。無論物質是固體、液體、氣體、混合物或乳化物，都具有特定的重力、熱能和黏稠度等性質。食物的「形狀」和「形態」這兩種物理性質，對於風味經驗中的視覺層面而言也極為重要。舉例來說，一顆又大又圓的蘋果、一粒小巧多瘤的核桃、一塊透明的果凍和一些可可粉的外觀，都會讓人心中產生不同的期待。

不管是物理狀態或結構，都是食物這個物質本身具備的性質，但**質地**卻是**我們**體驗食物之後的感覺，其中又以口感最為重要。雖然「質地」和「口感」兩詞一般使用時往往可以替換，但實際上，質地成了我們形容食物口感時最重要的概念。質地其實就是入口後**感受**和**辨認**出的食物結構。

我們通常是在將食物放入口中的時候，才會認知到它的結構，所以我們很容易搞混一些食物的結構和組織。吃義式冰淇淋的時候，要等咬嚼到小冰晶咔滋作響，我們才知道冰淇淋不是均質的。同理，吃果凍時要等果凍接觸上顎，並因為口中的溫度加熱而融化，我們才知道果凍柔軟易融；用餐時舌頭接觸到肉汁醬（gravy），我們才知道是濃稠有團塊或稀薄滑順。

質地的定義從前並不清楚一致，不同的科學家和食品產業界的專家各說各話。有些食品業界人士的用意，是希望使用的詞語，要有助於減少產品質地可能的缺陷或不一致。直到最近幾十年，科學界才逐漸發展出一套理性、精準的詞彙來描述食物的質地，包括「綿密」、「柔韌」、「硬脆」、「耐嚼」等描述用的詞語都有明確的定義，對於定量感官實驗的執行和食品工業的應用都有莫大助益。所達到的成效中，一方面在於描述質地時依據的不同參數的定義更加清晰，而在改良特定食物帶來的感官經驗方面，質地的運用也更形重要。

在第四章中，我們將會更仔細檢視描述質地的參數，並將它們和口感直接連結。有些參數只是機械式的性質，可以在實驗室裡以量化方式測量。有些參數則定義較不明確，最理想的是透過個人的感官印象以質性方式檢測。其中以口感最為重要，但視覺和聽覺也牽涉其中。由於食物入口之後會和唾液接觸，受到口腔中的溫度影響，並經過舌頭翻攪和牙齒咬嚼，其質地就會

改變，一切就更形複雜。再者，進食時的機械式動作因人而異：嚼很快的人覺得硬脆的食物，由一個嚼很慢的人來吃，卻會覺得柔軟有彈性。

很多種食物都處在不平衡的狀態，隨時會自動產生變化，而且變化速度時快時慢，這一點的重要性與食物本身可保存的特質有關。餐廳裡的菜餚都是現煮現吃，適用於現煮食物的，就不會適用於食用前可長久保存的量產加工食品。麵包等食物在質地上的變化，往往決定了該項加工食品的保存期限。

固態、液態和氣態食物

不管是生鮮食材或加工食品，是固體、液體或氣體，所有物質的結構都是與其物理狀態相關的一種靜態性質。但結構不會一直保持平衡，隨著時間過去，可能會從一種相態轉變成另一種相態，也可能因為受到外力而產生劇烈改變。舉例來說，糖的結晶原本是硬實的固體，可以放入嘴裡嚼碎；奶油是較軟的固體，含入嘴裡或放在長柄平底鍋裡加熱就會融化變形；果汁之類的液體會流動；食物散發出的氣體分子等氣味物質，被鼻子吸進之後會在鼻腔中盤旋向上。

純物質平衡時的狀態判定起來相對容易，最典型的例子大概就是水了：凝結成固體時是冰，是液體時會流動，蒸發時是氣體。

固體多半呈結晶形式，例如食鹽的分子結構很有秩序，所有分子之間維持很穩定的關係。相對的，固體在分子層次的結構也可能混亂無序，可能是缺乏結晶體結構的非晶質（amorphous）物質，或是像焦糖這樣屬於玻璃態物質。非晶質物質的分子彼此之間的關係還算穩定，但經過長時間之後可能產生位移，會像極濃稠的液體一樣緩緩流動。玻璃態這樣的狀態看似怪異少見，但卻是影響多種食物的性質和口感的重要元素，舉凡巧克力、硬糖果、麵包脆皮、乾燥義大利麵、粉末和冷凍食品，都是玻璃態的食物。

液體的結構在分子層次很混亂。雖然分子彼此之間有部分相互結合，但多少可以自由移動。液體會流動，而像濃稠糖漿這樣的液體，流動的速度可能慢到不可思議。

氣體的分子彼此之間並未接觸，可以很自由地流動，甚至可以移動到很遠的地方，這就是為什麼有時候隔很遠也能聞到食物的味道。雖然沒有製成氣體狀態的加工食品，但食品本身卻可能含有大量氣體，包括打發鮮奶油

（whipped cream）、蛋白霜（meringue）和烘焙食品。很多生鮮食材裡也含有大量空氣，例如蘋果全部體積裡有 25% 是空氣。

還有一種純物質稱為液態晶體（liquid crystal），它的結構屬於中間相（mesophase），也就是介於傳統的固體和液體之間的相態。很多種脂肪都可以形成液態晶體，常見的包括細胞壁裡的脂肪和巧克力裡的可可脂。

狀態更複雜的食物

食物裡只有一些是成分全都處於相同狀態，其中以液體居多，例如油、葡萄酒和啤酒，也有一些固體如純脂肪和焦糖形式的糖。但一般的食物飲料多半是由處於不同狀態的成分混合構成，狀態也就更為複雜。以沙拉醬、醬汁和啤酒泡沫為例，是由兩種不同狀態的成分構成，而奶油和黑巧克力的成分則分別處於三種不同狀態，聖代和牛奶巧克力含有四種不同狀態的成分，至於白脫奶的成分則分屬五種不同狀態。

要知道不同的狀態如何在食物裡共存，可以舉幾個簡單的例子：魚肉裡有一滴一滴的魚油，固態的果凍裡會有水珠，還有乳化物裡混合了兩種液體。有一些食物的泡沫，是由氣體和液體混合組成的結構，狀態變化和固體相似。有些如優格和卡士達醬，則處於所謂的半固體狀態（semisolid state）。還有一些如膠凍等物質，雖然看起來不太像，但卻是貨真價實的固體。

從「物理－化學」的觀點來看，食物的狀態和物理結構，基本上取決於本身成分以及融於或混合其他物質時接觸到的成分之間，發生的各種物理作用和分子間的作用力。這些作用力往往會互相競爭，而且在很大程度上受到其他因素左右。影響因素可能包括：可溶鹽類具有的帶電粒子，酸類和鹼基之間平衡決定的酸鹼度，或醣類和大的碳水化合物分子等高分子聚合物，與水和油裡對應之乳化劑的互溶性。有時候只要輕微的變動，就能造成一種成分結構的實質改變。例如，在煮菜的水裡加一點氯化鈣，就能讓蔬菜變得硬韌，在牛奶或奶油醬汁裡加檸檬汁會讓乳蛋白凝結成塊，在美乃滋裡加一點卵磷脂會讓油和醋的結合更穩定，而加入果膠有助於讓水果點心或果凍定形。

為了讓一些液體、溶液或混合物的口感更好，我們會想將它們變得質地更均勻、更黏稠或更硬實。傳統上有很多方法都可以運用，包括加入增稠

未煮過的乾燥義大利麵（硬韌有彈性）和煮過變軟的義大利麵（可塑形）。

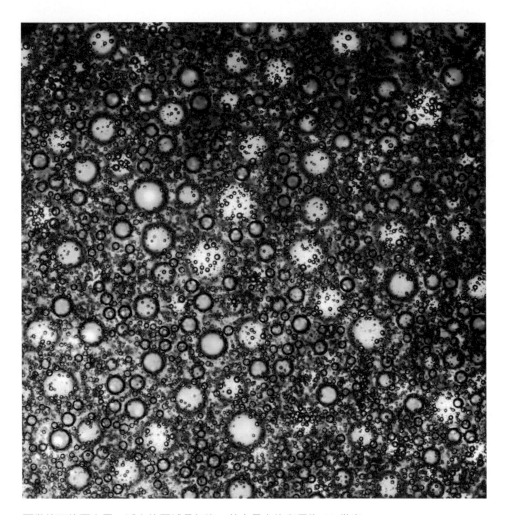

顯微鏡下的蛋白霜。泛白的區域是氣泡，其中最大的直徑約 80 微米。

劑、安定劑、乳化劑或膠凝劑，這些添加物可以改變食物或飲料的狀態、黏
稠度以及與其他物質的互溶性。

溶液和混合物

　　最簡單的混合物，就是各種物質溶於水、油或酒精裡形成的溶液。正常
情況下，溶解的物質會以獨立分子的形式分布在溶劑裡。一種物質能否溶解
在某種液體裡，是由該物質的分子和溶劑裡的分子之間的交互作用來決定。
如果交互作用進行順利，該物質通常會溶解；反之，就會沉澱或分離。如第
二章中所說明，溶於水中的物質可能造成溶液的凝固點下降。

食鹽是氯化鈉的離子結晶，而白糖是由蔗糖結晶所組成，兩者都很容易溶於水，因為它們分別含有容易和水分子結合的離子和極性分子。而脂肪剛好相反，固體脂肪無法和水結合，所以不溶於水；液體脂肪如各種油類也是如此，因此含有油和水的混合物裡油水會分離。雖然不溶於水，不過有些脂肪很容易溶於酒精裡。

其他液體如水和酒精，則很容易互溶。即使在水裡加一點醋等酸類，也不會影響互溶性。

即使一種物質可溶於某種液體裡，能溶解的量仍有極限，也就是會達到飽和（saturation）。溶解度與溫度息息相關，例如 1 公升（1 夸脫）的水在室溫下，頂多只能溶解 200 克（1 杯）的砂糖或 360 克（1½杯）的食鹽。氣體也可以溶於液體，而溶解度則由溫度和壓力來決定。例如 1 公升（1 夸脫）的水在室溫和正常大氣壓下，最多可以溶解 1.7 克（0.06 盎司）的二氧化碳（約等同 900 毫升或 30 液盎司〔fluid ounces〕的容量）。為什麼剛倒出的一杯香檳酒或氣泡水會帶來有點刺刺的口感，重大關鍵就在於上述條件。

在某些情況下，只要其中一種物質可以維持在微小懸浮粒子的形式，可能是包含在氣體裡的細小液滴或固體，或嵌埋於固體裡的液體或微小粒子，即使是在溶液裡彼此不互溶的物質，還是可以混合在一起。這種混合物具備的特殊性質與口感有很密切的關聯，稍後將會進一步探究。在此之前，我們需要先來描述這些粒子。

粒子、粉末和壓擠製品

利用一些方法可將物質製備成細小粒子，例如氣泡、液滴，或微粒和粉末的形式。這些粒子可能獨立存在，或是分布於其他物質之中。以下會先探討粉末，再接著討論液滴之於乳化物，以及氣體粒子之於氣泡。

將奶粉、香草植物和香料等食品和添加物乾燥脫水，是為了延長保存期限，以及為了特定用途提昇其功效。食品的水分含量（moisture content），在定義上是指除去幾乎所有水分之後剩餘的量。由於水是所有源自生物的材料的重要成分，因此通常不可能將水分完全除去。即使是魚乾和水果乾仍含有 15～20％的水分，而奶粉也有約 5％是水分。

乾燥的固體食物，特別是用植物做成的，可以磨成微粒或粉末。流質食物的固體成分則如前一章所述，可以用噴霧乾燥、冷凍乾燥和壓擠法加以分離。

雖然食物可以製成粉末形式，但我們很少直接食用，因為粉末的口感很

乾，而且粒子較大的話可能會有顆粒感。但像是含有橄欖油的膨鬆粉末等、成分是麥芽糊精（maltodextrin）和油或脂肪的粉末例外，因為這種成分會在舌頭上溶解，並釋放出脂肪的味道。人的口感可以察覺小至直徑 7～10 微米的粒子，如果吃進更大的粒子，會感覺和舌頭產生磨擦，咀嚼時齒間會有顆粒感。如果常吃義式冰沙（granita），或吃到裡頭有小冰晶的冰淇淋，就會很熟悉這種感覺。無法溶解或懸浮在口中唾液裡的粒子，可能會聚結成塊，讓舌頭有沙沙的或磨擦的感覺。這就是為什麼大部分粉末不是直接食用，而是加在其他相態不同的液體或固體裡一起食用。這種混合物做為食物的功用完全由它的特性來決定，口感當然也受到混合物特性的極大影響。

分散液：溶有微粒的溶液

分散液（dispersion）是某種相態的微粒，例如液體或固體粒子，分布於另一種質地均勻、相態連續的物質形成的混合物，另一種物質可以是氣體、液體或固體。很多食品如鮮奶油、果汁和巧克力牛奶，屬於固體粒子分布在連續相的水裡的分散液。至於奶油、人造奶油和一些其他食物，則是水滴分散在固體裡。固體微粒分布於固體裡的常見例子是黑巧克力，在連續相的可可脂裡，分散著糖或可可粉等固體粒子。

分散液的微結構大小，大約介於構成分子和肉眼可見大小之間。雖然這些結構極其微小，但分散液絕不至於毫無質地可言。剛好相反，我們在進食時甚至可以感受到很有意思的口感，例如綿密感。

懸浮液（suspension）是指有固體粒子分散其中的液體。如果粒子非常小（直徑通常不超過 1 微米），即使密度和液體不同，粒子也會懸浮在液體中，這種懸浮液也稱為膠體溶液（collodial solution）。膠體溶液很穩定，只要粒子不聚結成塊（稱為聚集〔aggregate〕、絮凝〔flocculate〕），並按照不同密度而沉到液體底層或浮到表面。我們通常會在生乳裡看到這種現象，生乳裡的脂肪粒子會浮起形成鮮奶油，或者巧克力牛奶裡的可可粒子也會沉到最底層。其他懸浮液的例子還包括融化的巧克力（脂肪結晶和可可粉懸浮在融化的可可脂裡）和鮮奶油（固體的脂肪粒子浮在牛奶裡）。懸浮液的口感取決於溶解粒子的大小：粒子越小，口感就越柔軟濃稠且質地均勻。除非粒子非常小，否則懸浮液一般皆呈不透明。懸浮液裡的粒子通常會隨著時間過去沉澱，有幾種方法可以防止沉澱，包括降溫減少液體的量，或是加入脂肪、澱粒或膠凝劑讓連續相更加濃稠。

乳化物（emulsion）這種特別的懸浮液，是指有另一種液滴懸浮其中的液體，由於經過特別處理，所以液滴可以保持長時間懸浮。液滴越小，乳化物的穩定度就越高。很多醬汁、奶醬和沙拉醬都屬於乳化物，由於乳化物在食物烹調和口感體驗上扮演非常特別的角色，因此將另闢章節討論。

　　凝膠（gel）則是一種特別的分散液，是包含大量的水或其他液體的固體相。凝膠基本上是長形分子相互結合構成網絡組成的一種固體。含水凝膠的製作方法包括添加明膠、果凍或由海藻（褐藻膠、鹿角菜膠、洋菜）萃取的特定多醣類。凝膠如果只含有相互結合的溶質分子，就會是透明的；如果含有其他粒子，就會呈不透明。

安定劑

　　我們常講到利用安定劑讓懸浮物和凝膠保持穩定，而安定劑其實是增稠劑、乳化劑和膠凝劑等多種物質的合稱。這些名稱的用法無法確切區分，部

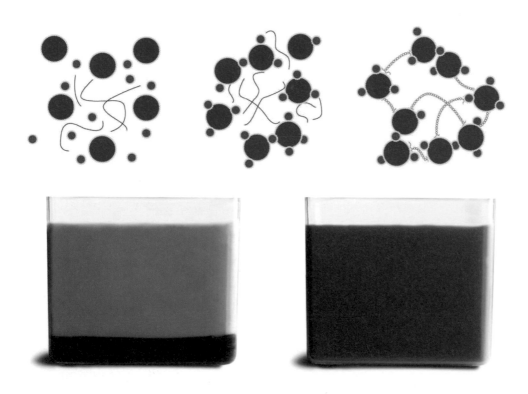

巧克力牛奶裡的可可粒子（上排），從左到右的圖示呈現安定劑如何結合粒子形成鬆散的網絡，防止粒子沉到底層。未加入安定劑的巧克力牛奶（左下），和加入安定劑的巧克力牛奶（右下）——此例中是加入鹿角菜膠。

分原因在於，同樣物質在不同狀況下，可能具有不只一種功能。它們的功效例如：防止懸浮在巧克力牛奶裡的可可粉粒子沉澱，或防止沙拉醬裡的油和醋分成兩層。加工食品裡可能會結合不同的安定劑一起使用，來製造想要的質地。例如刺槐豆膠（locust bean gum）常搭配三仙膠（xanthan gum）使用，兩者本身主要做為增稠劑使用，但一起使用就具有膠凝劑的功能。刺槐豆膠粉也常和鹿角菜膠一起添加在冰淇淋裡，有助於減緩融化和解凍。

增稠劑、凝結劑和酵素

增稠劑是能讓液體變濃稠以致於流動較緩慢的物質，但增稠的液體和具有固體性質的真正凝膠之間並沒有明確的界線。利用增稠劑來改變食物的質地，是廚房裡最常用到的技巧之一。

如不使用增稠劑，通常可以用加熱收汁或放涼等方式讓醬汁等液體變濃稠，但多半會造成氣味物質流失，或難以預期的味道變化。然而只要考量溫度、酸鹼度等相關條件後謹慎選擇增稠劑，就能調製出想要的質地。最常用的增稠劑首推吸水後會膨脹的澱粉，果膠和明膠與水結合的效果也很好，能夠增加液體的黏稠度。液體濃度高的話，增稠劑也可能搭配其他膠凝劑，一起讓凝膠保持穩定。麵包粉或麵包屑（bread crumbs）、蛋黃和牛奶則屬於比較複雜的增稠劑。

凝結劑（coagulant）是讓溶液裡的物質聚集，或讓液體凝結形成凝膠的添加物，在烹調食物的過程中常用來將食物製成固體。液體會凝結，通常是因為離子或酸改變了溶解的分子或粒子之間的吸引力，讓它們聚結成塊。舉例來說，像是在鮮奶油或牛奶裡加入乳酸菌製造出發酵奶油或凝乳，或是在豆漿裡加入氯化鎂（鹽滷）製作出固體的豆腐皆屬之。

不同酵素的作用可能完全相反，有些可以促進凝結或形成凝膠，也有一些會讓凝膠溶解或防止凝結。

乳化物與乳化劑

乳化物是指兩種液體的混合物，最常見的是由油和水混合而成。油和水本身不互溶，即使搖晃混合，它們也會很快分離，較輕的油會浮到水上自成一層。但在特定條件下，油和水還是可以混合在一起。一種方法是將細小水滴嵌入連續相的油裡（即油包水乳化物，例如奶油和人造奶油），另一種方法是將細小油滴嵌入連續相的水裡（即水包油乳化物，例如美乃滋），還有

其他方法可以製作結構更複雜的乳化物，例如油包水包油乳化物。兩種液體能否混合形成乳化物，是由幾個因素來決定，包括兩種液體的比例、結合兩種液體的方法，和使用何種添加物來達到乳化效果。

加入乳化劑的油水混合物（左）與未加入乳化劑的油和水（右）。

無論如何，形成相對穩定的乳化物的要件，是能將油和水連結在一起的添加物。如第二章所說明，這樣的物質可能是兩親分子，一端可溶於水與水結合，另一端可溶於油與油結合。嚴格說來，這些分子的作用是降低水和油之間的界面張力。脂肪和蛋裡的蛋白質都常做為乳化劑。

我們可以把水包油乳化物看成是水裡分布了很多油滴，而油滴表面布滿乳化分子，它們疏水的一端朝內與油結合，親水的一端朝外與水結合。和乳化物的總體積相比，表面積小到幾乎看不見，所以只要極少量的乳化劑就能讓乳化物保持穩定。

乳化物裡的液滴大小和形狀取決於許多因素，最重要的是乳化劑種類以及油水之間的關係，另外**溫度**也是佔決定性的因素。乳化物裡的兩顆液滴靠近彼此的時候，它們會形成更大的液滴，於是破壞乳化物的穩定性。

一般的乳化物通常並不穩定，也不是自然而然形成，而是以機械方式混合、攪拌或搖晃相混才形成的。不過有些乳化物形成之後可以維持很長一段時間，甚至長到可視為穩定並用於製作食品。例如大家熟悉的均質牛乳（homogenized milk），基本上是乳清和透明乳脂的混合物，兩種成分只有在極少數狀況下才會分離開來。

乳化物很特殊的地方在於，其流動的特性和個別成分的流動特性可能大不相同。例如兩種液體混合形成的乳化物可能具備固體的性質，口感上就會有很大的差異。

在很多原料和生鮮食材裡，可以找到大量天然的乳化劑和活躍於油水界面的物質，包括單酸甘油酯（monoglyceride）、二酸甘油酯（diglyceride）、有

油水結合

　　要成功結合油和水，只需依循以兩親分子做為乳化劑的運作原理。所有細胞的細胞膜都是由一種**雙層式**的兩親分子構成，這種分子稱為**脂質**，它們會將可溶於水的一端朝向細胞外面或內部，而可溶於油的一端則朝向彼此。脂質就這樣和細胞內外的水都分離開來，並在內部和外部環境之間建造一道堅固的「牆壁」。大家最熟悉且烹飪時最常利用的脂質，包括蛋黃裡含量豐富的卵磷脂，和在植物油、魚油和堅果種子含有的幾種飽和或不飽和脂肪酸。

　　乳化物裡只有油和水之間的介面需要由乳化劑覆蓋，所以通常只需極小量的乳化劑就足以混合大量的油和水，而其份量視情況而定，所需的量一般不到乳化物的 1%。乳化物從微觀來看是異質的，因為通常是一種相態裡包含另一種相態的液滴。事實上這些液滴可能極其微小，直徑通常在 0.01～100 微米之間。液滴越小顆，乳化物就越穩定。包含大顆液滴的乳化物常會分離甚至形成分層，因為液滴會相互融合，而密度較高的水會被重力向下拉，油則留在上層。如果是由清澈液體構成且液滴非常小，乳化物會是透明的，但液滴很大的話，就會造成透過的光線散射而呈不透明。

　　近年來已經開發出能夠結合油和很大量的水的特殊乳化劑，可以製造出成分超過90%是水的乳化物。食品廠商也因此能夠製造新的低脂產品，例如室溫下是固體，但放入嘴裡會融化的膏狀人造奶油（soft margarine，或軟質人造奶油）。

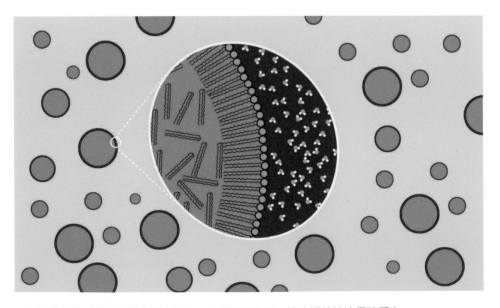

水包油乳化物。兩親的乳化劑在油和水之間發揮作用，讓水裡的油滴保持穩定。

一極性端的脂質如卵磷脂，以及多種油水兩親的蛋白質和多醣類。生鮮食材裡就富含大量這類物質，因為生物物質的結構就是由兩親物質所幫忙組建。

複雜流體

乳化物和其他許多差異很大的物質，都可歸類為複雜流體，它們同時具備類似液體和固體的性質。複雜流體和分散液的共通點，在於其結構的尺度介於單一分子的大小和肉眼可見的大小。

在兩種液體形成的乳化物裡，如果兩種液體都由簡單的分子構成，結構就是由一種相態的液滴在另一相態中的分布、液滴大小來決定，可能也會受到兩者相互結合的方式影響。乳化物之所以屬於複雜流體，就是因為這種結構所具備的特性。

還有一種複雜流體，是由非常大且相對複雜的分子，特別是高分子聚合物，或者較小的分子聚結組成。複雜流體的流動性質特殊，取決於大分子或聚集的分子改變結構的速度，與促使流體流動的速度之間的關係。這種性質可能會導致一些驚人的效果，大家最熟悉的當屬「番茄醬效應」（ketchup effect）：倒番茄醬時，醬料不會平順地流出瓶子，但用力搖晃瓶子之後，醬料又會突然大量傾瀉。

很多食品都屬於複雜流體，除了乳化物狀的食品外，還有包含高分子聚合物如分子鏈很長的多醣類的混合物。這些混合物的流動性質很特殊，也造就特別的質地和口感。在特定狀況下，含有可結合水之特殊長鏈分子的液體，可以讓液體凝結成固態的凝膠。

番茄醬效應

大家應該都有經驗，有時候怎麼也倒不出濃稠的番茄醬，只好用力甩幾下瓶子，再倒時就忽然噴出一大坨稀薄如水的番茄醬，好像變得一點都不黏稠。會發生這種奇怪的現象，是因為番茄醬裡含有一種稱為「三仙膠」這種碳水化合物。三仙膠這種長鏈分子會結合番茄醬裡的水分，由於長鏈分子相互交纏，整瓶番茄醬放置不動時就會變得很黏稠。但醬料如果受到外力影響，例如大力搖晃或甩動瓶子，分子會拉直並忽然滑開。我們稱液體的這種現象為剪切稀化（shear-thinning），也就是說液體流動的方向受到剪力而變稀。攪拌果凍時也會發生類似現象，果凍在快速攪拌會變得比較稀，但緩緩攪拌時又會變得濃稠。

凝膠

　　想要讓食物的質地不那麼稀、變得硬實，或是隱藏細小顆粒帶來沙沙、不討喜的口感，最常用也最有效的方法就是膠化或膠凝作用（gelation）。食物裡的凝膠一般是利用長鏈分子扮演膠凝劑來形成，這類長鏈分子主要是多醣類或蛋白質。小量的長鏈分子形成的連結不夠多，還不足以讓液體定形，但已足夠讓液體變黏稠。因此少量的膠凝劑也可以當成增稠劑，加在醬汁或番茄醬裡。膠凝劑濃度較高的話，長鏈分子之間會交聯形成立體網絡，具有類似固體物質的性質，例如硬度、挺度（stiffness）、伸展性和硬脆度，而這個網絡與液體一起形成凝膠。很多膠凝劑的特別之處在於，即使濃度低至不到 1%，還是可以讓液體形成凝膠。

　　凝膠食物乍聽好像很不尋常，但其實相當常見──嚴格說來，麵包、乳酪、水煮蛋和豆腐都屬於凝膠食物。

　　凝膠的特殊性質取決於構成分子的大小和電性，因為這些特性決定了分子之間如何形成交聯。分子越大，結合位置（binding site）就越多。結合位置較多，形成的凝膠就越硬；反之，形成的凝膠較軟且可塑性較高。構成凝膠的液體種類和溶解其中的物質也會影響其變化狀態，穩定度則特別受到溫度和酸鹼度影響。

　　就食物而言，最需要注意的是水和含水的溶液；由水溶液形成的含水凝膠特別稱為「水膠」。

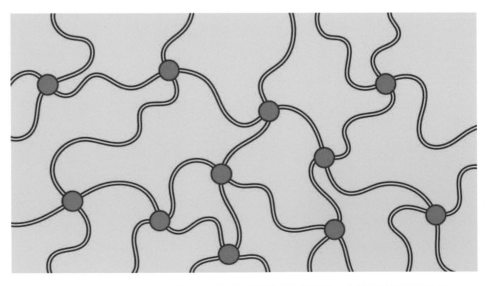

凝膠是長鏈分子組成的網絡。長鏈分子因為物理力量或化學鍵結，在特定位置相互結合。

兩種含水凝膠，分別用洋菜（左）和明膠（左）製成。

　　產生膠化作用需要在分子之間建立連結，而連結主要分為兩種：化學連結和物理連結。化學連結達到的膠化是不可逆的，連結建立之後，就很難再打破。例如水煮蛋的韌實蛋白，即使放涼也不可能變回蛋白液。如果形成凝膠的化學連結遭到破壞，比如加入洋菜製成的果凍，融化後就不可能再重新凝結。

　　利用電力或讓膠凝劑的長鏈分子相互交纏，可以產生以物理連結來保持穩定的凝膠。用這種方式達到的膠化多半是可逆的，如果溫度、離子濃度或酸鹼度產生變化，凝膠就可能融解。以物理連結形成的凝膠，即使形成的連結因攪拌或攪打而被打破，有時候也可以自行「復原」。烹飪中有很多常見的凝膠都依賴物理連結，最常見的就是明膠，市售多為粉末狀或片狀（即俗稱的吉利丁片）包裝。

　　形成凝膠所需的連結可能需要很長一段時間才能建立，而且受到溫度影響。這表示有些凝膠過了一段時間或放在低溫中會變硬。有些混合物泡在冷水裡可以促進膠化，有些泡熱水的效果較好。有些情況是加熱後可逆，也就是說有些凝膠加熱後會融化，但放涼又會重新凝結成膠。大多數種類凝膠的熔點高於凝膠溫度，例如洋菜膠的熔點是 85℃（185℉），但是要放涼到38℃（100℉）以下才會再度凝結定形。

　　明膠是由萃取自動物膠原蛋白的蛋白質構成，除了明膠之外，傳統上家

膠化即結凍

「膠化」的英文源自拉丁文中的動詞 "gelare"，意指「結凍」。煮肉時流出的肉汁由於含有膠質，放涼後會凝成膠狀，堪稱「膠凍之母」的經典肉凍（aspic）就是這樣製成。有趣的是，日文裡指稱洋菜的「寒天」（kanten），原指放涼或結凍的「心太」或「瓊脂」（兩者在日文中均作 "tokoroten"），心太是將紅藻萃取物煮熟製作成的一種日本涼粉。而寒天可說是意外的發明，據說源由是日本人將吃剩的心太放在寒冷的室外，發現結凍的心太可再放入熱水裡煮溶，乾燥之後就成了更純且效果更好的膠凝劑。

用膠凝劑和增稠劑的主成分大多是多醣類，來源包括植物的軟組織（果膠、澱粉、阿拉伯膠）、細菌（結蘭膠〔gellan gum〕）和海藻（洋菜、鹿角菜膠、褐藻膠）。煮菜時最常用的增稠劑，當屬取自植物碳水化合物的澱粉。

此外，還有種類繁多的合成膠凝劑，包括纖維素衍生物，如纖維素經化學處理產生的甲基纖維素（methyl cellulose），以及利用細菌讓糖發酵產生的三仙膠。現在市面上已有數種經過處理、專供食品加工使用的修飾澱粉（modified starch）。

如果不是天然生成或萃取自生物材料的膠凝劑，在一些國家必須列為食品添加物。基於一些歷史因素，明膠和澱粉在歐洲不列為食品添加物，不需特別標示，但在美國就必須明列於食品標籤。

不同的膠凝劑和增稠劑各有特定的性質，也有各式各樣的用途。因此，一種添加物可能在特定狀況下可以達到想要的效果，例如在特定的溫度範圍或酸鹼度。有些膠凝劑如褐藻膠和果膠，就必須要有鈣鹽等特定的離子鹽類，才能形成硬挺的凝膠。有些狀況下則必須結合運用不同的物質，才有可能達到想要的效果。

凝膠的性質主要取決於所用的膠凝劑，因此如何選擇適合的膠凝劑就至關緊要。需要特別考量的重要條件包括：凝膠的熔點，結凍或融化時的穩定度，形成的凝膠是透明或不透明的，融化後能否重新凝結，黏稠度會否受攪拌而改變，會不會有液體滲出產生離水現象（syneresis），以及本身是否包含任何呈味物質。

凝膠的熔點對於口感會有很大的影響。有些食物是入口即化的話會比較討喜，例如取自陸生動物的明膠製成的肉凍熔點為 30～40℃（86～104℉），而取自魚類的明膠製成的膠凍熔點會更低。但也有些食物是我們希望入口後還保持硬挺，例如用果膠製成的果醬，熔點一般為 70～85℃（158～185℉）。

有一類特殊的膠凝劑能夠形成水膠，即由海藻萃取的褐藻膠、洋菜和鹿角菜膠。這幾種膠凝劑由於受熱後保持穩定，且形成的連結不會受酵素破壞，在一些情況下會比其他膠凝劑更理想。現代主義烹飪和分子料理擁護者就善用其特性，開發出許多新奇的烹調技巧，例如球化（spherification）技

蘋果「軟糖」

看似「軟糖」，其實是用蘋果汁和果膠製成的硬挺果凍。

- 在蘋果汁裡加入果膠、檸檬酸和 50 克（¼杯）的砂糖混合。
- 將混合後的果汁加熱煮沸，加入剩下的砂糖和葡萄糖。離火後倒入淺烤盤，放到涼透。
- 將涼透凝結成的果汁「軟糖」切成小塊。外層可裹上混入些微檸檬酸的砂糖粒做為最後裝飾。

蘋果「軟糖」。

術就運用了褐藻膠。

　　含水的食品要形成凝膠，問題就在於水分如何和膠凝劑結合，因此能夠改變水的性質的狀況，例如有無離子和酸鹼程度，無疑也能改變凝膠的性質和穩定度。此外，還有其他物質也能和水結合，例如糖、鹽和酒精，因此它們也可能和膠凝劑競爭，進而降低凝膠的穩定度。

泡沫

　　泡沫是攪打混入氣泡而變得硬挺的液體，攪打過程必須耗費極大力氣才能打出最小的氣泡。由於小氣泡裡的氣壓高於大氣泡，所以要打出細小細泡就得和時間賽跑，趕在最小的氣泡破掉並聚合之前，讓氣泡達到想要的一致程度，藉此改變泡沫的質地。

泡沫裡的氣泡很難滑過彼此又不會破掉，因此泡沫不易流動。這也是為什麼泡沫可以挺立起來或形成峰尖，而且在湯匙舀入，或遭舌頭壓向上顎時會形成一些阻力。隨著液體慢慢流失，泡沫變得更加脆弱，氣泡一個接一個破掉，最後泡沫完全消散。倒一杯啤酒就可以看到這個現象，剛開始聚成一大坨的泡沫，隨著時間過去慢慢消散。

　　氣泡數量和大小，與液體堅挺程度之間的關係，決定了泡沫入口時會帶來什麼樣的口感。可能柔軟可塑，可能硬脆易碎，也可能相當硬韌。

　　想要讓泡沫保持穩定，讓細小氣泡增厚或乳化，可以加入適合的脂肪、蛋白質或乳化劑，例如蛋黃或牛奶。乳化劑有助於降低氣泡的表面張力，能夠防止氣泡破掉或聚合。廚房裡很多收汁濃縮後的液體，裡頭都含有足夠脂肪和蛋白質，至少能在上菜到進食之間的短時間內讓泡沫保持穩定。例如一種極具異國風情的擺盤裝飾，是在菜餚最上面放上貝類湯汁做成的泡沫。

　　泡沫破裂消失的主因，是液體受重力向下拉而流失，或因為空氣太乾燥而蒸發。肥皂泡泡其實罩了一層水構成的薄膜，以皂為乳化劑來保持穩定，但遇到的問題完全相同。解救方法是加入可以保持水分的物質，例如會連帶讓液體變黏稠的膠凝劑。反過來說，會稀釋液體的物質如酒精，就會讓泡沫

浮到最上面形成泡沫層的啤酒泡泡。

製打泡沫三法門

　　社區裡的咖啡館是近距離觀察泡沫的最佳地點：你可以欣賞蛋糕上的打發鮮奶油，品嚐義式濃縮咖啡最上面那層細緻的咖啡脂泡沫（crema），再舀起浮在卡布其諾上方的另一種泡沫比較一番。這三種泡沫各自具有令人愉悅的獨特口感，此外泡沫多半含有氣味物質，在氣泡破掉、泡沫消解時，便釋放出迷人的香氣。

　　三種泡沫形成的運作過程截然不同。製作打發鮮奶油時，要不斷攪打濃稠的鮮奶油，直到脂肪球形成的網絡裡頭嵌滿氣泡，所以打發鮮奶油口感綿密、滑順且厚重。

　　咖啡豆在烘焙的過程中，會生成二氧化碳和一些表面活性物質（surface-active substance），磨好的咖啡豆粉受到強力加壓的空氣和熱蒸氣沖煮，這些表面活性物質會讓咖啡液裡形成細小氣泡並浮到最上層，形成薄薄的一層咖啡脂泡沫，是優質義式濃縮的典型特色。

　　卡布其諾是用熱蒸氣讓牛奶發泡，再將泡沫舀到咖啡上，而牛奶裡的氣泡能夠保持穩定，是因為含有酪蛋白和乳清。牛奶的脂肪含量如果過高，打出的泡沫很容易崩塌消散，所以卡布其諾裡的奶泡通常採用脫脂牛奶或低脂牛奶來製作。

上方有厚厚一層泡沫的卡布其諾。

加入黑醋栗汁上色的蛋白霜脆餅。

變得不穩定，所以只能加入少量。在泡沫裡加入油也不是個好主意，因為油滴容易在相鄰氣泡之間的空隙形成橋梁，造成氣泡破裂並聚合成更大的氣泡。

蛋白霜脆餅也是一種泡沫，只是氣泡間的液體部分已經變得乾燥硬挺。製作方法是將糖混入主要由水構成的蛋白裡打成蛋白霜，再加熱讓水分蒸發，蛋白霜就會變得硬挺。加入越多糖，水分蒸發得越多，蛋白霜就越堅實硬脆。

泡沫也常用來讓醬汁等液體變得結實硬挺，或是讓烘焙產品更膨鬆。麵團在烘烤前，原則上可以視為一種軟泡沫，烤過之後就成了硬泡沫。有些輕盈膨鬆的蛋糕如海綿蛋糕，可說是海綿般的柔軟泡沫，而用蛋黃和蛋白霜製作的法式甜點舒芙蕾（soufflé）則是另一種硬泡沫。

食物大變身：改變形狀、結構和組織

在此以一般的粉質馬鈴薯為例，說明食材如何在形狀、結構和組織的物理性質上產生改變，成為令人垂涎欲滴的美食——熱騰騰的酥脆炸薯條。

要挑戰製作完美的炸薯條，關鍵在於控制馬鈴薯所含澱粉裡的水分，特別是每塊馬鈴薯內部以及表面的水分比例。以下詳列製作完美薯條的步驟。首先，將馬鈴薯條放入水中煮到即將鬆散分裂的熟度，讓含水量達到最高，馬鈴薯也會因為所含澱粉糊化而變軟。將薯條瀝乾到表面乾掉，但內部仍含有大量水分。接著將薯條放入油裡開始炸，注意油溫不能過高，目的是除去更多表面的水分，讓表層形成玻璃態來達到想要的酥脆度。最後也最重要的一步，是將薯條放入油溫更高的油裡炸，讓最外層的玻璃態表層略微膨脹，

牛油香炸帶皮脆薯

這份食譜中使用的油是牛油脂，其中含有熔點高的飽和脂肪，牛油脂也會為薯塊額外增添一些呈味物質，製作出的的帶皮炸薯塊幾乎無懈可擊。

- 品質優良的粉質馬鈴薯，不削皮
- 牛油脂
- 細鹽粒

- 將馬鈴薯徹底洗淨，切成帶皮的一側寬約 1.5cm（⅜吋）的楔形。用水沖淨至表面不會粉粉的。將薯塊放入冷水裡浸泡 6 小時。
- 在大鍋裡燒水並加一點鹽，放入楔形薯塊煮至外表開始出現裂痕。有少許裂痕的薯塊炸好之後最為酥脆。
- 將薯塊於烤盤上平鋪一層，帶皮的一面朝下，放入冰箱冷藏約 12 小時。
- 加熱牛油脂至融化，用濾網濾除所有固體渣滓。
- 將牛油脂加熱至 130℃（266℉），放入薯塊煎炒至呈金黃色；分成小批煎炒以保持油溫不變。
- 炸過的薯塊置於烤盤上放到涼透。
- 上菜前將牛油脂再度加熱至 185℃（365℉），放入薯塊油炸至外表硬脆並呈褐色。撈起炸好的薯塊放在紙巾上將油瀝乾，灑上細鹽粒後立刻端上桌。

而且由於溼潤內部形成的水蒸氣會向外推，所以表層會和內部分離。將薯條放涼到可入口的溫度，這時內層溼潤的凝膠部分收縮，在內部和酥脆外層之間會形成薄薄的一層空氣間隙，於是減緩了內部水分逐漸向外滲入玻璃態表層的速度，讓薯條不至於很快就變得軟韌可塑。總之一切都要看時間拿捏，炸好的薯條要快速上桌，在還酥脆美味的時候趕快食用，免得放久之後質地變潤變軟，就讓人倒盡胃口了。

食物的形式和質地產生變化——從馬鈴薯變成薯條。

Texture and Mouthfeel
質地與口感

如先前所討論，食物的物理質地取決於幾個層面。第一，食物是否保留了來源生物的部分結構，是單純由不同成分如油、水和萃取物構成，或是完全以人工合成。第二，食物的結構會影響在廚房烹調或在工廠加工所用的方法。第三，食物入口之後就會產生變化，可能是因為牙齒、上下顎和舌頭咬嚼這樣的機械動作，或是因為唾液或溫度改變而產生的化學或「化學－物理」變化。我們如何感受這些變化，往往是由吃進食物之後的**咀嚼快慢**來決定。

這些變化都會影響到口感，以及口感如何左右我們對於食物品質的評判。要瞭解食物質地的意義，或許可以先看看進食有哪些機械性的層面。

咀嚼時應用的是「嚐味肌肉」

舌頭和上下顎的肌肉經過演化發展，能夠在嘴巴裡進行各種機械化動作。門齒牢牢扣住食物並咬下一塊，犬齒幫忙固定住這口食物，然後臼齒開始工作，將食物壓碎搗磨，釋放出呈味和氣味物質，食物也被處理成可以和著唾液一起吞下的小粒子。在此同時，舌頭要能像體操選手一樣翻攪探索，將食物或飲料推送到齒間，甚至翻來覆去、左旋右轉，最後搜尋卡在牙縫、唇齒或頰齒之間的碎屑。咬嚼一方面能將食物切分成小塊，另一方面也將食物碎塊與唾液拌合成易於吞嚥的一球食團（bolus）。

根據口感判斷食物已經過充分咀嚼之後，就由舌頭接替牙齒來做收尾的動作：將整球食團朝後推向咽喉。整個過程極為複雜但配合無間，才能確保食物最後是進入食道，而非跑進氣管。我們在吞嚥時，會不由自主地閉起嘴巴，進而刺激呼氣，最後一股氣味物質就會經由鼻後通路進入鼻腔。整個機械化的過程是由所謂的「嚐味肌肉」（taste muscles）控制，過程中所有感覺都全速運轉，口感也不例外。

硬韌如皮革的軟糖卷

水果軟糖卷（fruit leather）是美國常見的零嘴，做法是將加入大量糖熬煮成的果泥後，倒入鋪好烤紙的烤盤，抹平成厚度小於 6 公釐（¼ 吋）的薄層，以 50℃（122℉）烘烤 10 小時或烤至變硬。這種水果軟糖卷的果香味濃重，具有易塑的物理性質，而且堅韌到用上剪刀才比較容易剪斷，更難找到比它更難咬嚼的食物了。

用門齒和犬齒扣住並切咬食物的動作是**對稱的**，但令人意想不到的是，口中的臼齒很有節奏地咬嚼食物的動作卻是不對稱的。我們嘴裡其中一邊咀嚼，另一邊保持平衡，同時舌頭將食物移動到咬嚼的那一側，而下顎則進行橫向運動。不對稱咀嚼的好處之一，是可以在食物上施加更大力道。

在食用前先初步處理食材，例如切成小塊或加熱，可以讓食物變得比較好嚼，進食時更省力，也有助於釋放更多營養物質。同時，唾液裡的酵素可以在吞下食物之前就開始分解食物分子，所以能減少要在嘴裡進行的機械化動作。

牙齒偵測到的質地，主要是食物結構是否一致，特別是食物的表面和內部結構有無差異。請大家想像一種甜點，上下是兩片巧克力威化餅、中間夾著軟綿的奶油餡，第一口咬下去時會覺得很硬，雖然軟綿綿的內餡很好咬，但硬脆的巧克力餅乾還是很難啃斷。再想像內外質地完全倒過來的感覺——兩層堅挺的奶油餡或泡沫夾著一塊巧克力威化餅，咬下去時牙齒很容易就能啃入軟綿的外層，即使最後咬到硬脆的巧克力餅乾，你還是會覺得甜點整體而言很柔軟好咬。

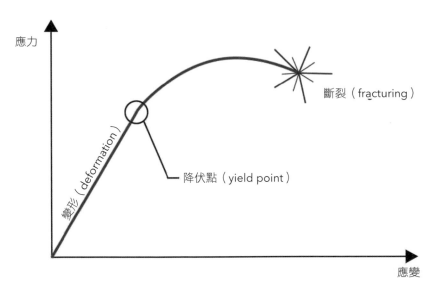

一塊食物的應力——應變曲線（stress-strain curve）。施加在食物上的力量還小時，施力（應力）和變形（應變）之間成線性關係。如果施力大為增加，食物會開始降伏，但即使停止受力，也不會再回復原本的形狀。如果施加的力量更大，食物就會斷裂並碎成片片。

食物有多強韌？淺談食物的彈性、可塑性和黏彈性

　　吃進食物之後必須咬嚼，主要理由之一是要將食物切分成小塊。而咬嚼必須具備哪些步驟，則因應食物的物理結構和承受施力的能耐而定。

　　如果需要在口中用機械化方式分解固體食物，我們必須施力（張力、應力）來改變食物的形狀（變形、應變），於是將食物分割成小塊（斷裂）。施力較小，通常會造成彈性變形（elastic deformation），而原本受力的食物不再受力之後，還是可以回復原狀。嚼一塊硬焦糖牛奶糖或是很硬韌的肉時，經歷到就是這樣的過程。如果施力較大，食物可能會經歷可塑性變形（plastic deformation），即使不再受力，也不會回復原本的形狀，實際的例子像是用力嚼一塊肉。施力再大一點，會讓食物斷裂，而食物受力到什麼程度才會分裂成不同塊，端看裂痕是否貫穿食物。至於食物會不會斷裂，則要看食物材料的硬度和韌度。如果是硬挺的食物，例如硬餅乾或新鮮蘋果，所施力道的大小決定了食物會不會斷裂分成兩塊。如果是可塑性較高的材料，斷裂的效應是由變形程度來決定。舉例來說，要咬斷硬韌的蔬菜或含有大量結締組織的肉塊，必須靠牙齒來撕裂成塊，而且多半得仰賴下顎的橫向運動來輔助。

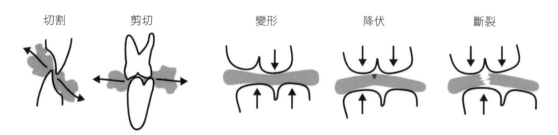

切割　　剪切　　變形　　降伏　　斷裂

咀嚼的運作機制。圖中呈現牙齒如何切割食物，以及施力讓食物產生位移。

究竟何謂質地？

　　隨著年代更迭，描述食物質地的方式也經歷諸多改變，加上描述質地和結構的用詞幾乎皆可相互替換，又更令人混淆了。由波蘭移民美國的食品科學家艾莉娜・史賽尼亞克（Alina Surmacka Szczesniak），是研究食物質地以及質地如何影響進食選擇的先驅，她將質地以及附帶的口感定義如下：

　　・食物具備的感覺特質，因此只有人類（或其他生物）能夠辨認和描述。質地的眾多特質中，只有幾種特質可以用物理方法測量，得到的結果必

須透過感官解讀。

- 是一種多面向的特質，無法用例如堅硬或綿軟等單一參數來描述。
- 與食物各個層次的結構，從分子到表面微觀層次都息息相關的特質。
- 由多種感覺辨認的特質，其中以觸覺和壓覺（pressure）最為重要。

　　這個定義普遍為學界所採納。目前為止討論質地最具權威性的著作是《食物質地與黏稠度》（*Food Texture and Viscosity*），作者馬康・鮑恩（Malcolm Bourne）將質地的定義精簡如下：「食物的質地特性是因其結構元素而具備的物理性質集合，主要經由觸覺感受，與食物受力之下的變形、分解和流動有關，且可根據量體、時間和距離變數來客觀量測。」

　　配合上述定義，其實我們應該改稱質地為「質地元素」（textural elements），且質地其實是不同感覺特質的集合。然而為求行文簡潔，本書仍會沿用「質地」和「口感」兩詞。接下來將陸續檢視對於質地的描述中牽涉的不同參數，我們會清楚發現質地涵蓋的範圍廣泛，同理，大家也會用各式各樣的詞語加以描述。

　　質地以及連帶的口感極難定義，因為僅有一些質地元素的物理層面可以量測，但是其他質地元素卻必須在人們**知覺**到食物結構，並產生感官印象時才具有意義。因此，我們很難只將質地與量測到的物理性質相互連結。大約 50 年前，食品化學家穆勒（H. G. Müller）提出應捨棄「質地」一詞，改稱

《希伯來聖經》裡提到的「質地」

　　在《希伯來聖經》（*the Hebrew Bible*）中，提到嗎哪（manna）這種完美的食物來源。據說當以色列人流離失所，在沙漠曠野生活的 40 年裡，每天都吃嗎哪維生。《出埃及記》（*Book of Exodus*）裡描述嗎哪是一種細薄脆片，每天早晨都會彷彿結霜一般出現在地面上，有點像是白色的芫荽子，含有所有人類維生所需的營養。

　　根據記載，嗎哪的味道類似蜂蜜蛋糕，但似乎缺乏質地和口感變化。以色列人吃久了便怨聲載道，最後甚至開始哀嚎：「要是有肉吃就好了！記得在埃及隨時有魚可吃，還有黃瓜、甜瓜、韭蔥、洋蔥和大蒜。現在放眼望去，除了嗎哪什麼都沒有，真的讓人倒盡胃口！」

流變學（rheology），即研究材料流動特性的物理學分支，和觸覺學（haptaesthesis），即研究材料之機械化反覆動作所造成感知的心理學分支。現今研究感官的科學家大多用"haptic"（觸覺）一詞，來描述人類如何感覺生鮮食材和食物的表面結構。

描述質地與口感的眾多字詞

有些國家和文化使用大量字詞來描述質地和口感，也有些地方所用字詞相對較少。單一字詞可能不只有一種意思，因此很難精確統計數量，不過研究結果顯示，描述質地的詞彙最豐富的國家是日本，共有四百零六個不同詞彙。奧地利用來描述質地的詞語有一百零五個，美國則僅有七十八個。儘管詞彙量的差異懸殊，有一些詞語表達的意思是不同語言共有的，表示食物質地在世界各地都是很重要的概念。

前述結果由研究食物的瑞典科學家畢格・卓克（Birger Drake）於 1989 年提出，他研究二十二種語言，發現有五十四個描述質地元素的字詞意思相近，這些字詞可分成六大類：黏稠、可塑、彈性、可壓縮（compressible）、內聚（cohesive）和附著（adhesive）。

在美國和很多歐洲國家，描述質地的字詞中最常出現的是「酥脆」（crisp），而日本人最常用的字詞則是「很硬」（hard）。在美國、奧地利和日本三國最常用的質地形容詞，包括「酥脆」、「多汁」、「柔軟」、「綿密」、「脆粒感」（crunchy）和「很硬」。

形容口感的字詞

日本人對於食物質地的瞭解日趨成熟，用詞中明確區分三種不同的概念：「口感」（kuchi atari）指食物在口中的感覺，「舌感」（shitazawari）指食物在舌頭上的感覺，而「咬勁」（hagotae）則指食物受牙齒壓擠時形成的阻力。此外，日文裡還有許多描述質地的字詞，例如有七個不同的字詞可用來形容「酥脆」。

質地的重要性

有一項科學實驗，是將很多生鮮食材製成漿泥讓受試者進行盲測，實驗發現較年輕的受試者只有 40% 能夠正確辨認是什麼食材，較年老的受試者則只有 30% 能成功辨認。不同食材的辨識度也有很大的差異，例如 80% 的年輕受試者可以辨認蘋果、草莓和魚肉，但牛肉的辨識成功率只有 40%，黃瓜 8%，甘藍菜僅 4%。

個人對於口感的注重程度，受到性別和社經地位等因素影響。大致趨勢是受過良好教育的富裕人士，尤其是女性，會特別注重食物的口感。

關於食物的抱怨

當顧客抱怨蔬果店或市場販售的農產品品質不佳，或到餐廳吃飯的顧客對菜色不滿，原因幾乎皆可歸結為口感不佳。我們很少抱怨食物不好吃，但可能會說舒芙蕾塌了、肉太老、薯條潤掉、麵包很乾、咖啡不夠熱、芥末一點都不嗆等等，或者就只是抱怨食物單調無味。比起牽涉化學感覺的味道和氣味，一般人更容易描述的是質地如何讓他們失望。再者，質地往往和食材的新鮮程度和烹調手法是否適當有關。

食評與口感

史丹佛大學語言學及資訊科學教授任韶堂（Dan Jurafsky）是新學門「計算美食學」（computational gastronomy）的幕後推手之一，他利用電腦程式挖掘網路上的大數據，擷取關於食物、食譜和飲食習慣的資料。在著作《餐桌上的語言學家：從菜單看全球飲食文化史》（*The Language of Food: A Linguist Reads the Menu*，麥田出版）中，任韶堂揭露分析網路上一百萬份餐廳食評的結果，納入分析的食評也包含關於甜點的評論。

乍看最讓人吃驚的，是評論者對於甜點的描述，充斥著帶點些微性意涵的用語。這種連結尤其著重在對口感的描述，而非氣味、味道、聲音或品相。最常出現的撩人煽情字眼包括：「絲滑」、「滑順如綢」、「多汁」、

盲測實驗：你吃得出幾種食物泥？

科學家設計了一系列實驗，想測試人如果蒙住眼睛，只靠味覺就辨認出打成泥狀並過篩的食物的難易程度。受試者中，體重正常的年輕人辨認食物的正確率一般只有41%，體重過重的年輕人辨認結果較佳，正確率可達 50%。同樣體重正常，但年紀較大的受試者，其辨認正確率只有 30%。不同種類食物差異也很懸殊：體重正常的年輕受試者中有 80% 都辨認出蘋果和魚肉，50% 認得出胡蘿蔔和檸檬，只有 20%的人認出米飯和馬鈴薯，但羊肉和甘藍菜則只有 4% 的人分辨得出來。最後一項發現格外驚人，因為大部分的人都覺得甘藍菜有一種獨特味道。

你也可以做個類似的實驗，看看質地對於辨認食物種類有多麼重要。

用五種不同的食材製作五份果凍，再另外製作一份白開水凝凍做為對照組。

蔬菜、水果還是水：六種果凍比比看

- 將五種食材分別打成汁，製作出每份約 125 毫升（½杯）的蔬果汁。另外裝好 125 毫升（½杯）的水。
- 在五份蔬果汁和一份水裡分別加入 0.6 克（⅛小匙）的結蘭膠粉，加入同色的食用色素。將汁液分別煮沸，轉小火小滾 2 分鐘。輕輕攪拌，將溫熱的汁液倒入模具裡放涼。涼透定型之後，將果凍切小丁，附上取食用的牙籤。
- 現在嚐幾塊看看，能否只憑味覺辨認哪份果凍是用哪種食材製作的。也可以換用不同色的食用色素，重複同樣步驟看看結果如何。

- 胡蘿蔔
- 恐龍羽衣甘藍（black kale）
- 草莓
- 甜菜
- 薑
- 水
- 結蘭膠粉或洋菜粉 3.6 克（¾小匙）
- 食用色素

六份紅色果凍（順時鐘由左上起）：水、胡蘿蔔、恐龍羽衣甘藍、草莓、甜菜和薑。

固體食物的質地特性分類

為了方便辨識左右欄位，因此以表格呈現。

參數	常用描述詞語
機械層面	
硬度	軟（soft）、堅實（firm）、硬（hard）。
內聚	脆粒感（crunchy）、硬脆（brittle）、柔嫩（tender）、韌實（tough）、粉粉的（mealy）、糊糊的（pasty）、有嚼勁（gummy）。
黏稠	稀薄（thin）、濃稠（thick）。
彈牙	可塑（plastic）、有彈性（elastic）。
黏著	黏答答（sticky）、黏牙（gooey）。
幾何層面	
粒子大小	顆粒感（grainy）、粗糙（coarse）、細緻（fine）、粗礪（grating）、沙沙的（sandy）。
粒子形狀	多纖維（fibrous）、細絲狀（stringy）。
粒子的空間定向	晶體狀（crystalline）。
其他	
水分含量	乾（dry）、溼（wet）、湯湯水水（watery）、溼潤（moist）。
脂肪含量	油膩（oily）、肥潤（fatty）、油滑（greasy）。

出處：A. S. Szczesniak, Texture is a sensory property, *Food Quality and Preference* 12(2002)：215-225。

「溼潤」、「綿密」、「黏稠」、「光滑」、「汩汩湧出」、「膨鬆如海綿」、「融化」和「熱辣」。

作者也注意到，女性評論者比男性更常提到甜點菜單，而且通常給予正面評價。

任韶堂認為食評裡和甜點有關的用字遣詞，與美國廣告裡的典型語彙相符，諸如「柔軟」、「黏稠」、「綿密」和「溼淋淋」全都強調食物帶來感官歡愉的面向。

如何描述質地

根據艾莉娜・史賽尼亞克的質地分類，我們整理出描述質地和口感的常用描述詞語一覽表。從左邊的表格，可看到質地分類的物理層面和感覺層面之間的關係。稍後我們將借助實例，進一步描述如何認定質地的不同特性，以及可以如何增強甚至加以改變。要將對於質地的描述分類並不容易，因為這些描述多半取決定是用在固體／半固體或液體的食物。不同相態之間的界線往往很模糊，所以這些描述要表達的意思也可能不只一種。

固體和半固體食物

在左邊表格中，固體或半固體食物的質地，以及大眾最常用來描述質地的詞語，都分成機械層面、幾何層面和其他類參數。

軟硬度

「硬」是一種物理性的描述，指的是以特定方式讓某個物體變形所**必須施加的力道大小**。物

體越硬，必須施加的壓力就越大。以感覺相關的用詞來說，「硬」是描述臼齒咬合壓擠固體，或舌頭將較軟食物抵向上顎所需的力道。「硬」的相反是「軟」，表示食物很容易壓擠。

「脆」、「脆粒感」和「脆塊感」（crackly）等字詞很難定義，而且常被很武斷地用來描述許多不同的食物。這暗示我們對於某種物體吃起來很硬的認知，其實與觸覺、視覺及聽覺等感官印象互連且相混。

脆（crispness）可以用來描述薄但硬的食物（例如洋芋片、麵包脆皮和烤過的種子），也可以用來描述多孔隙的硬質食物（例如蛋白霜脆餅）。「脆」、「脆粒感」和「脆塊感」多半混用，可以描述乾且硬脆的食物（例如洋芋片、烤吐司、餅乾和早餐穀片），也可以描述其他溼式或乾式食物（例如生菜或稍微燙過的蔬菜、新鮮水果如蘋果和梨子），以及其他外殼較硬、內部較軟的食物（例如脆皮麵包、薯條、美式餡派和法式鹹派）。

內聚

「內聚」是一種物理性的描述，指的是物體**向內聚合的力量**，也就是物體在破裂之前可以承受的變形程度。以感覺相關的用詞來說，食物的內聚性是指要承受多大的壓擠力道才會碎裂成塊。有幾種內聚性可以用「韌」或「有嚼勁」來形容，而「硬韌如皮革」（leathery）則用來形容很韌又有嚼勁的食物。「柔嫩」是用來描述輕輕一嚼就分裂成塊的食物。「韌實」形容食物有一定的耐嚼度。「脆粒感」是形容餅乾之類可以分次咬成小塊的食物，而咬下的小塊會比較容易嚼碎。「脆粒感」和「脆」往往可以替換使用。

「韌」也是物理性的描述用詞，主要是指吞下一塊食物之前必須花多大的力氣咀嚼。韌度、軟硬度和彈牙之間無法嚴格劃分。以感覺相關的用詞來說，韌度和以固定速度咀嚼一塊食物所需的時間有關。

「有嚼勁」這個物理性描述用詞，是指將一塊固體食物嚼成小塊需要的力量大小。有嚼勁的食物不硬，但是內聚性很強。以感覺相關的用詞來說，有嚼勁指的是要將有彈性的食物咬嚼成較小塊會受到的阻力，因此也和將一塊食物嚼成可吞嚥的小塊所需時間長短有關。

黏稠

「黏稠」是關於流動液體內部分子之間**摩擦**的物理性描述，換句話說，是在描述物體的流變學特性。或用另一種方式定義「黏稠」，即液體承受剪力時容易**流動**的程度。食物的黏稠度和質地及口感息息相關。討論非液態物

蘋果為什麼硬脆？

　　未熟的蘋果通常很硬實，因為這時蘋果的果膠仍處於原果膠質（propectin）的形式。隨著蘋果逐漸成熟，原果膠質會因為果膠酶造成水解，轉變為水溶性的果膠。果膠讓具有細胞壁的蘋果細胞結合得非常緊密，形成凝膠狀。所以蘋果到熟透之前都會很紮實，咬起來不是硬，而是很硬脆。蘋果的體積中大約 25% 是空氣，空氣很均勻地分布在細胞之中，讓蘋果咬起來脆脆的，比較看看空氣只佔體積 5% 的梨子，就知道差異在哪裡。蘋果很硬脆，所以可以抗衡牙齒剛開始施加的壓力，但施力夠大的時候，蘋果就會斷裂，汁液也從破裂的細胞噴出或流出。咬蘋果時會感覺到有一股阻力，再加上釋放出的汁液，於是我們覺得蘋果硬脆多汁。

　　蘋果熟透時的果膠含量最高，但是如果過熟，果膠就會降解成可以形成凝膠的果膠酸。

　　若蘋果過熟之後再繼續變熟，果膠含量減少，就無法再讓細胞保持結合，蘋果裡的空氣形成大氣穴。這時咬蘋果就會發現，蘋果的細胞很容易分離開來，吃起來感覺很軟綿。但由於細胞只是容易移位卻不易斷裂，即使蘋果其實並未流失水分，吃起來也不會覺得多汁，反而覺得乾枯且粉粉的。

　　不妨試著將成熟或過熟的蘋果整顆帶皮烘烤，注意看蘋果裡的大氣穴，可能會忽然猛力膨脹甚至爆開撐破果皮。

新鮮硬脆的蘋果（左）；和軟掉粉粉的蘋果（右）。

體的流動可能有點奇怪，但絕大部分食物的狀態其實介於液體和固體之間。這個狀態導因於生鮮食材和食品大多由軟物質構成，而軟物質可能兼具液體和固體的特性，端看外力施加其上的快慢。而口感順理成章，是由受到口舌與牙齒運動左右的食物來決定。例如我們喝湯匙裡的液體時，就會發現喝水和喝蜂蜜的感覺有很大的不同。

光是黏稠度本身，並不足以概括描述食物的口感。法式酸奶油（crème fraîche）和希臘優格就是很好的例子，兩者基本上一樣黏稠，口感卻截然不同。液體的黏稠度也可能有一些怪異有趣的表現，例如添加複雜碳水化合物（結蘭膠）增稠的番茄醬，經過搖晃之後的黏稠度會變低，容易受到較大外力的影響。

物體	黏稠度
打發鮮奶油	0.02
生蛋黃	0.09
糖漿	0.96
法式酸奶油	2.9
希臘優格	3.0
美乃滋	12.1
蜂蜜	18.3
能多益巧克力榛果醬	28.1
牙膏	43.8
馬麥酵母醬	43.9

＊黏稠度係於頻率 10 Hz、氣溫 25℃ 測量，單位以 Pa × s^{-1} 來表示。

出處：C. Vega and R. Mercadé-Prieto, Culinary biophysics: On the nature of the 6X℃ egg, *Food Biophysics* 6 (2011): 152-159。

彈牙

「彈牙」這樣的物理性描述，是指受力變形的物體**不再受力後回復原狀的速度**。以感覺相關的用詞來說，「彈牙」是舌頭等部位停止壓擠之後，食物**回復原狀的速度快慢**。

附著

「附著」是關於物體能否牢牢黏在其他物體上，或者是否容易從被黏附的其他物體上取下的物理性描述。以感覺相關的用詞來說，是指黏在舌頭、牙齒或上顎的食物容易除去的程度。

流質食物

描述流質食物質地的詞語可以區分成幾類，每一類都包含幾個描述食物質地的典型用語。很多詞語都反映出感覺經驗結合了心理和生理因素，其實十分複雜。

飲料可能因為結合了偏向半固體的食物、碳酸作用、泡沫、膠凝作用和溫度差異，而具有不同的質地元素並帶來令人驚喜的效果，例如一杯特製的漸層咖啡。

4

質地與口感

流質食物的質地特性分類

為了方便辨識左右欄位，因此以表格呈現。

分類	典型描述詞語
黏稠度相關用語	濃稠、稀薄、黏稠、均勻。
軟組織表面的感覺	滑順、軟綿（pulpy）、綿密。
碳酸化作用相關	泡泡感（bubbly）、刺麻感（tingly）、多泡沫。
體身（body）厚薄	厚重、稀淡（watery）、輕盈。
化學作用	澀口、灼燒感、刺激（sharp）。
口中黏膩	黏裹（mouth-coating）、黏滯（clinging）、肥潤、油膩。
對舌頭運動的阻力	稠呼呼（slimy）、類似糖漿（syrupy）、糊糊的（pasty）、黏稠（sticky）。
後味：嘴巴	清爽、口乾舌燥（drying）、縈繞停滯（lingering）、爽口（cleansing）。
餘效：生理層面	提神、暖胃、解渴、飽足感。
溫度相關	冰冷、溫熱。
溼度相關	溼潤、乾澀。

出處：A. S. Szczesniak, Texture is a sensory property, *Food Quality and Preference* 12(2002)：215-225。

黏彈度（黏稠一致性）

「黏彈度」（consistency，又作黏稠一致性）這個描述用語的定義並不明確，可以用在很多不同的脈絡。常當成「黏稠度」的同義詞，有些情況下也用來概括描述口感和所有質地特徵。

黏裹

以下幾種食物黏裹口腔的質地最為明顯：油膩的食物、鮮奶油、植物油、動物脂肪、奶油、人造奶油、椰子脂、可可脂，和濃郁綿密的乳酪。如果食物的熔點剛好比口腔裡的溫度稍低，吃進口中時就會明顯感覺到這樣的質地。

多汁

多汁的質地通常是指水果放入口中咬嚼時能釋出多少汁液，與水果屈服於壓擠力道的快慢、流出的汁液多寡，以及刺激唾液分泌的強弱程度有關。此詞也用來描述烹煮後仍保留大量肉汁和液體脂肪的肉類。

綿密

「綿密」不易定義，因為這個質地特性和視覺、嗅覺、味覺和口感都有關聯。和視覺也有關這一點或許令人有些訝異，但我們很容易就能看出視覺如何帶來影響：同樣是焦糖，顏色較淺且呈霧面的，感覺就比顏色較深且表面光滑的更為綿密。

這個質地的特別之處在於「綿密」一詞可以用來形容很多不同的食物，但最典型的特色是：對於某種食物是否綿密，專業食評和外行食客大多意見一致，而這表示綿密感是很基本的印象。

綿密的食物還有一個不同於其他食物味道的特色，就是吃再多似乎也不覺得膩。

綿密結合了黏稠程度與食物流動和摩擦黏膜的方式，有時也會描述成如絲絨般滑順，但絕不會用油膩、乾澀或粗糙等字眼形容。綿密也和食物與唾液混合的方式和速度，以及和唾液混合後形成的食球大小有關。要控制食物的綿密程度，不可能只靠調整黏稠程度來達到，但是增加含澱粉食物的黏稠度，通常會讓其質地變得更綿密。

人類很可能是在演化的過程中，變得越來越懂得享受綿密食物，因為綿密表示食物可能含有高熱量和大量脂肪。

大部分人認為食物綿密是因為含有很多脂肪，其實未必如此。例如同樣是質地綿密的乳製品，其脂肪含量可能有高有低。味覺印象會受脂肪在口中，尤其是舌頭上的分布方式，以及脂肪分子細胞膜釋放出具香氣的揮發性物質影響。食物必須具備足夠的脂肪含量，但不能過量，否則只會讓人覺得質地很油膩而非綿密。神經美食學領域中，將綿密視為一種複雜的質地特性，除了觸感上的黏稠，還包含氣味和顏色，可能也牽涉對於食物小球裡的脂肪是如何組織的感知。

就乳製品而言，綿密感通常和牛乳裡小的脂肪粒子有關。由於脂肪也會釋出香氣物質，所以很難區隔綿密感與接收到的氣味和味道。再者，脂肪本身也有味道。研究顯示綿密感的一個重要物理成分，與食物在口中游移時，小的脂肪分子滑過彼此的難易度有關，有點類似滾珠軸承的運作。因此，要讓低脂乳製品達到想要綿密感，也就特別具有挑戰性。

學者也發現，液體和半固體食物如奶油乳酪嚐起來是否綿密，主要和其質地的觸覺元素有關，而較硬實的食物如優格和布丁是否綿密，則多半取決於味道和氣味。也因為這個緣故，與綿密感有關的味道和氣味物質如香草，就能讓布丁感覺更加綿密。無論如何，最容易讓人聯想到綿密感的，就是既滑順又有豐富後味的口感。

最後，綿密感和食物在口中分解成小塊的變化密不可分。可以直接飲用的美味優格會帶來綿密感，但其他流質食物，例如水、檸檬水、蔓越莓汁，和喝得出裡頭有粉末粒子的懸浮液，都不會帶來綿密感。

這樣的描述在很大程度上過於理想，實際上很多食物的狀態變化更為複雜且非線性。食物在有些情況下的狀態變化類似彈性或塑性固體，也有些情況下偏向會流動的液體，這種特性稱為黏彈性。具黏彈性的物質在短時間快速受力時，其狀態變化會像固體，但在長時間緩慢受力下，會像黏稠液體一

4

質地與口感

樣流動或蠕流（creep）。這種物質一旦因為受力而開始流動，即使不再受力，也不會回復原本的形狀。這種黏彈物質的狀態變化，在長鍊高分子交纏形成的聚合物上特別常見。在突然受力的狀況下，交纏的分子沒有時間鬆脫彼此，因此表現出彈性物質的狀態。如果是長時間緩慢受力，分子就有足夠時間鬆脫滑開，造成物質流動並且永久變形。水膠就是很好的例子，脂肪、水和空氣的複雜混合物也可能具有黏彈性。前述例子在長時間受力下，微結構都會產生不可回復的改變，並開始流動。另外，人造奶油、蛋糕、冰淇淋、蔬菜、水果和一些乳酪，也可能具有黏彈性。

漸層根芹咖啡。

漸層根芹咖啡

根芹咖啡粉和打發鮮奶油

· 將根芹菜籽浸泡 6 小時。
· 根芹菜籽放入水中煮 30 分鐘後，放入烤箱或食物乾燥機以 65℃（150℉）烘烤 2 小時。
· 將烤乾的根芹菜籽放入平底鍋，乾煎至種籽散發香氣；加入即溶咖啡顆粒。
· 將混合物倒入香料研磨罐裡，磨成細粉。
· 攪打鮮奶油至形成軟峰（黏性足以直立），放入冰箱冷藏。

輕盈綿密焦糖牛奶冰咖啡

· 將一小鍋以小火加熱，在鍋底灑上紅糖煮至焦糖化。
· 將 50 毫升（⅕ 杯）的暖熱義式濃縮咖啡倒進鍋內後關火，攪拌製作出糖漿並放涼備用。
· 混合牛奶和 200 毫升（⅘ 杯）的義式濃縮咖啡。加入約¾份的自製糖漿，置於一旁放涼。
· 上桌之前在調製的牛奶咖啡裡加入冰塊搖晃冰鎮，裝杯時濾掉冰塊。
· 在牛奶咖啡上灑三仙膠，用手持式攪拌器攪拌至三仙膠完全溶解。放入冰箱冷藏。

改變質地

　　烹飪的整體目標是改變食物的性質，讓食物變得一嚼即碎，並且盡可能提昇食物的美味程度和營養價值，最好的例子就是將生鮮食材煮熟到容易咀嚼。不管是蔬菜或肉類，纖維或結締組織裡的細胞結構遭到破壞；不過很矛盾的是，這不是煮熟的菜或肉更好嚼的原因。煮熟的菜在咀嚼時更容易變形，是因為纖維素在烹煮過程中，植物纖維也就變得不那麼僵硬。肉剛好相反，煮過的肉會變硬，是因為結締組織裡的膠原蛋白變性，也因此更容易斷裂。我們常說肉煮過之後變得更柔嫩，這很自然，因為有些肉含有許多結締組織，必須借助大量外力造成變形，吃進口中才有可能咬成小塊。

根芹熱咖啡
- 將根芹菜削皮後切丁，榨出約 100 毫升（⅖ 杯）的根芹菜汁。
- 混合根芹菜汁和剩下 100 毫升（⅖ 杯）的義式濃縮咖啡，加入剩下的糖漿。
- 上桌前將混合好的咖啡加熱至 90℃（194℉）。

裝杯上桌
- 準備五只高腳烈酒杯，在每杯中先倒入高約 2 cm（¾ 吋）的根芹熱咖啡。接著小心地倒入高約 3 cm（1¼ 吋）的焦糖牛奶冰咖啡。最後加入一層高約 2 cm（¾ 吋）的打發鮮奶油。在最上面灑些根芹咖啡粉。

5 人份

- 根芹菜 1 顆

粉末和打發鮮奶油
- 根芹菜籽 6.5 克（1 大匙）
- 即溶咖啡顆粒 3.5 克（1 大匙）
- 有機打發鮮奶油 150 毫升（⅗ 杯）

輕盈奶泡焦糖牛奶冰咖啡
- 淺色紅糖 100 克（½ 杯）
- 品質優良的義式濃縮咖啡 350 毫升（1⅖ 杯）
- 全脂牛奶 100 毫升（⅖ 杯）
- 三仙膠 0.5 克（⅛ 小匙）

喜歡吃牡蠣嗎？

　　很多人都認為撬開來直接生吃牡蠣（蠔），是對味覺的極致刺激。這時最至關緊要的是質地，雖然有很多人不吃的理由是「吃起來海味太重」，或不想吃活的東西。但是對於牡蠣最負面的評價是吃起來黏黏滑滑的，牡蠣肉會黏在一起，咬下去的感覺讓人很不愉快。

　　吃牡蠣時是外套膜、鰓、閉肌連同內臟全都吃掉，和吃扇貝時很不一樣，後者通常是食用大塊的閉肌，頂多再加上煮熟後呈橘色的扇貝卵。扇貝因為頗具嚼勁和有點像果凍的均勻質地，而具有絕佳口感。

　　要讓生牡蠣的口感不那麼黏滑，但又保留一口咬下時的新鮮海味並不難。方法就是略微水煮，讓牡蠣肉稍微收縮、表面質地變得更加硬韌，但裡頭還是生的。水燙的方式可以是放入滾水裡汆燙，或是整顆浸在牡蠣汁裡放入預熱的烤箱，採用後者可以儘量保留牡蠣的味道。

　　如果想在魚類料理中加入生牡蠣的味道，又擔心牡蠣的質地會引起反應，有一個最簡單的辦法：將生牡蠣冷凍，上桌前再將凍牡蠣磨成碎屑灑在料理上。

　　位於東京的米其林二星餐廳 Édition Koji Shimomura 創辦人暨主廚下村浩司（Koji Shimomura），創作了一道呈現多重質地的牡蠣料理。下村主廚擅長在法式料理中融入日式料理技巧和食材，更特別的是和日本食品大廠味之素（Ajinomoto）創新研究所的科學家川崎寬也（Dr. Hiroya Kawasaki）等學者專家合作，特意以科學原理為基礎，研發製作健康美味食物的新方法。

　　下村主廚的名菜「海水牡蠣」，是將水煮牡蠣置於牡蠣醬汁之上，搭配海水和檸檬汁加入明膠增稠製作的果凍碎塊，上面灑一些烤過的野生海苔。底層的醬汁很綿密，果凍柔軟有彈性，水煮牡蠣外硬韌、內綿滑，而海苔片則輕薄酥脆，四者合組出一首質地交響樂。

水煮牡蠣佐海水果凍碎塊及烤海苔。

Playing Around with Mouthfeel
口感大探索

無論在自家廚房或食品工廠，每次烹煮食物，都是在食物上留下獨特的個人印記，讓食物具備特定質地及口感。而改變食物最明顯的作法就是利用熱，畢竟**加熱是所有烹飪技藝的基礎**。

然而，想要改變生鮮食材的性質，調製出理想的質地，並維持直到食物入口之前，可能都是極大的挑戰。如果是大量製造供販售的食品，往往需要經過長途運送，並在超市貨架上擺放很長一段時間，此外也要考量食品在最後烹調階段會產生的變化。不管在什麼狀況下，食物入口後的變化和帶來的口感都是很重要的考量，而溫度、唾液、酵素和咀嚼方式都可能影響食物的質地。

這時候，探索液體和軟固體流動性質的流變學就派上用場了。我們可以感覺到食物本身，或在經過舌頭、硬顎和牙齒咀嚼之後，如何開始在口腔裡流動。我們會注意到食物很黏膩（如糖漿），黏滑（如很稀的果凍），或很油潤（例如食用油）。流質食物如飲料，多少會很快流入並填滿整嘴。半固體如乳化物狀食物，流動得比較慢而且表現出黏彈性。固體完全不流動，但有時會溶化在唾液裡或融解，或在舌頭和牙齒咀嚼之下分解成小塊。

烹調食物、烹飪技藝和美食學的重心，都在於將生鮮食材處理製作成營養美味又吸引人的食物。從在廚房料理食材到食物入口的漫長過程中，會發生一系列的變化，而烹飪勢必牽涉到如何在變化過程中找出方法應對口感變化。

廚房裡的很多處理過程都是不可逆的。馬鈴薯煮熟之後，不可能再放涼回復未煮熟的狀態，同理，煮熟定形的蛋也不可能變回蛋液。再者，結合幾種處理方法來料理一種生鮮食材會得到一種結果，但是將同樣幾種處理方法調換順序，未必能得到同樣的結果。例如調理含有牛奶或鮮奶油的醬汁時，加入酸性物質的先後就會造成不同結果。

當煮菜的人瞭解到，廚房裡的個別處理步驟不能隨意改換，而結果取決於如何進行烹調，原本單純的烹調食物就提昇到全新的層級。基本上，這就是依照食譜做菜。

改變生鮮食材

我們需要考慮生鮮食材本身的物理性質，並瞭解它們通常會隨時間過去而產生變化。畢竟食材源自生物，可能因為酵素、微生物、不同化學反應、水分或揮發物質蒸散等作用而分解或改變。屠宰或採收、儲存和醃漬食材，以及之後在廚房將食材料理成食物，於是成了和時間的賽跑，目標是努力保持食材新鮮，或是判斷需要多久時間讓食材的呈味物質充分發揮功效。

很多人烹飪時喜歡選用當季食材。新鮮的食材可能本身就很可口，而且含有豐富的維生素和營養成分。儘管如此，我們吃的「新鮮」食物大部分只能算是取自經過處理的新鮮食材，處理方式諸如：降低易腐壞性並改良質地和提高營養價值，加工讓食物更好咀嚼和消化，或是加強特定味覺印象。因此，很多我們常覺得美味可口且口感討喜的食物，其實是經過了多道加工處理程序所製作而成，嚴格來說並不符合「新鮮」的定義。這類食物包括：熟成發酵的乳酪，酸化製成的乳製品，醃漬或烘乾的水果和蔬菜，以及煙燻肉類和魚乾。

再者，烹調食物時牽涉的物理過程，以及食材和成分之間的關係，對於口感及呈味物質和氣味物質的釋放都會造成很大的影響。食材本身或多或少包含水和油脂，可能具備親水、疏水或油水兩親的特質，此外多半還含有其他成分。相對，藉由濃縮或不同形式的脫水過程，可以減少食材含有的水分，而熱力學條件的改變，例如溫度和壓力，也可能影響所含水分的多寡。

最後但同樣重要的，是要注意烹調後的食物結構和組織大多無法穩定存在——它們會隨時間過去而改變。熱燙的食物可能會冷掉，冰冷的食物可能會回溫至室溫。食物可能會變不新鮮，或因為其中成分分離或混合而產生改變。拌沙拉的油醋醬放一陣子之後通常會油醋分離，冰塊一出冷凍庫或放入口中就開始融化，麵包逐漸變乾，而新鮮乳酪裡的乳清會和凝乳分離。所以說，烹調食物中最重要的因素就是**時間**。我們也都知道，要逆轉由時間驅動的過程，讓食物回復原本的結構和組織，是非常難做到的。

質地牽涉的不只是食物靜態的或分子層面的結構，也與動態的狀況有關，例如食物受到其他外力時是否產生改變，是否變形、流動，或破碎形成小粒子。食物的質地也會在入口後改變，其中有數個因素在運作——原本的結構，食物和分解成的碎粒如何因唾液而變軟，以及食物在被吞嚥下肚之前在口腔裡停留多久。

對於食物的描述和判斷，不僅與口感密切相關，也受到其他層面的影響。當我們形容什麼東西很黏、很油、有顆粒感、潤口或很乾，既是在描述

食物本身，也是在描述手指、嘴唇和嘴巴與食物互動之後察知的感覺。葡萄酒感覺很潤口，是因為它可以潤溼舌頭和唾腺，但嘴巴如果是鐵氟龍（Teflon）做的，喝了酒只會覺得很乾。包壽司用的海苔吃起來乾乾的，因為海苔片會吸走唾腺中的水分。油脂吃起來感覺油潤，因為油不容易和唾液混合，反而會在嘴裡一團團擴散或裹覆在口腔上。含牛奶的冰淇淋吃起來有顆粒感，因為舌頭和牙齒可以感覺到冰淇淋裡大的冰晶顆粒。水和油感覺有潤滑效果，因為它們讓食物更容易在嘴裡移動，而且有助於讓食物裡的多種成分融解和軟化。

熱與溫度

從以前的爐灶、烤箱、烤盤和爐台，到現代最先進的低溫烹調機（sous vide cooker，也稱舒肥機），烹煮食物的用具即使在未來，也會一直是廚房裡最重要的裝置。利用熱將生鮮食材烹煮成可以立即入口的食物，是烹飪技藝和健康營養飲食的基礎。在廚房裡的各項操作中，最有可能用來改變質地的，就是在加熱食材時控制溫度，只要想想煮蛋、蒸蔬菜或炙烤牛排就能明白。與加熱相反的冷卻過程，同樣會對口感造成決定性的影響，例如果凍放涼之後會定形，或液體混合料冷凍後就成了冰淇淋。

廚房裡用來加熱食物的方法，分別基於三種不同的熱傳遞方式：**傳導**（conduction）、**對流**（convection）和**輻射**（radiation）。煮蛋是利用周圍的滾燙熱水直接傳導熱，同理，將食材放入真空袋再以水浴法加熱，也是運用熱傳導。傳統烤箱是利用熱輻射原理來烘烤和炙烤食物，而旋風式或對流式烤箱具有風扇，是利用對流原理形成循環氣流，讓熱空氣均勻分布在食物周圍。

烤盤主要依賴的是熱輻射，煎烤牛排時，從烤盤輻射出來的熱首先由牛排表面快速吸收，因此牛排表面會呈焦褐色且變得硬脆，成為肉味和香氣的主要來源。熱從牛排表面傳到內部，這個過程屬於較緩慢的熱傳導。這兩種過程之間的平衡決定了最後的成品。在用烤盤炙烤的過程中，發生了很多化學反應，例如胺基酸的熱解作用（pyrolysis）產生具有香氣的醛類（aldehydes），梅納反應會生成多種美味可口的化合物，而焦糖化作用不僅讓肉變褐色，在視覺上更誘人，也產生稱為呋喃（furan）的有機化合物，會為肉增添可口的滋味和香氣。

食物	質地變化	成因
麵包粉	硬度（firmness）增加，彈牙度（springiness）增加。	澱粉回凝，澱粉的水分轉移至麩質。
麵包脆皮	脆度（crispness）降低，韌度（toughness）增加。	水分從麵包心轉移到脆皮。
奶油（天然及人造）	硬度和顆粒感增加，塗布性降低。	脂肪結晶長大，晶體形式改變，網絡連結變強。
熟成乳酪	硬度和爽脆易碎度（fracturability）增加，彈性（elasticity）降低。	發酵產生變化。
巧克力	開始有顆粒感表面起糖斑或油斑（出現霧斑）。	可可脂的晶體結構改變、糖和脂肪在表面結晶。
脆餅乾	失去脆度。	水分遭周圍空氣吸收。
新鮮水果	軟化，凋萎，失去脆度，失去汁液。	果膠降解，呼吸作用，碰撞損傷，失去水分和膨壓，中膠層變弱。
冰淇淋	粗糙度增加、變得類似奶油、變沙沙的、開始有顆粒感。	冰晶變大、脂肪小球聚結成團、乳糖結晶化、蛋白質水合效果不佳。
美乃滋	乳化物分解。	脂肪結晶化。
新鮮肉品	剛開始韌度增加、稍後韌度降低。	死後僵直（rigor mortis）、自溶（autolysis）。
冷凍肉品	凍燒，滴液（drip）。	表面變乾燥，保水力降低。
芥末醬	滲水（離水現象）。	粒子聚結。
醃黃瓜	軟化。	酵素和微生物造成分解。
派皮	派皮脆度降低，派餡變乾、派餡滲漏。	派餡的水分轉移至派皮，膠凝劑滲水（離水）。
貝類	軟化，變軟爛。	發酵分解。
糖果糕點	結晶化，變黏。	糖從非晶質狀態轉為結晶化。
新鮮蔬菜	硬化、軟化、出現凹陷斑塊（pitting）、脆度降低。	木質素於細胞壁沉積（如蘆筍、四季豆）、糖轉化成澱粉（如四季豆、甜玉米）、果膠降解，失去水分（如番茄）、凍傷（如甜椒、四季豆）、失去水分和膨壓（如萵苣、芹菜）。

出處：M. Bourne, *Food Texture and Viscosity: Concept and Measurement*, 2nd ed. (San Diego, Calif.: Academic Press, 2002)。

溫度控制

雖然溫度計在幾百年前就已納入廚房用具組，但廚師通常憑著對於水在冰點和沸點時狀態變化的瞭解，就能相當準確地控制溫度。大部分生鮮食材的水分含量都很高，也決定了食材加熱和冷卻時的反應。因此，食譜往往只要述明某種備料必須加熱至沸騰，因為一看到冒泡就知道溫度到沸點了。事實上，這樣的指示並不算精確，因為液體實際的沸點會因成分不同，而略高或略低於水的沸點，例如清澈湯底和綿稠濃湯開始滾沸的溫度就不一樣。

根據脂肪的狀態變化，也可以判斷溫度高低。在炙煎、油炸時，用熱油可以保持一定程度的良好溫控。不同種類脂肪的熔點、發煙點和沸點各自不同，主要取決於脂肪是飽和或不飽和以及其純度。

真空低溫烹調法

「化學」這門科學著重探討變化反應如何生成，並強調溫度的重要性，長久以來都和烹飪有著密切關聯。而過去幾十年興起的分子料理，則促進了更精確測量和控制溫度的技術的發展。

真空低溫烹調法也稱為舒肥法（即 sous vide 音譯），是將生鮮食材放入塑膠袋後密封並抽真空，再整袋浸入溫熱的水裡，以比一般烹煮更長的時間來隔水加熱食材。這個技術從 1960 年代開始，即由食品加工業應用於保存食品，在 1974 年由法國某間高檔餐廳引入，用來泡煮（poach）肥肝（foie gras，多為鵝肝或鴨肝）。低溫泡煮法不僅能維持肥肝原本的質地和色澤，以前肥肝煮過後會流失原重量的 50%，利用泡煮法也可改良至僅流失 5%。於是真空低溫烹調法先是風靡多家最新潮前衛的餐廳，繼而受惠於各式廚房小家電的普及，再慢慢傳入一般家庭。

真空低溫烹調法基本上很簡單。將食材放入真空袋裡密封，整袋放入裝溫水的特製容器，溫水在精密調控下保持循環恆溫，以熱傳導方式加熱，而非傳統烤箱的熱輻射。

廚師會採用真空低溫烹調法來慢煮肉類，首要原因就是烹製出的成品質地最佳，既柔嫩、又多汁。

真空低溫烹調法的另一優勢，是密封的真空包可以防止食材原本汁液流

熱解

熱解（pyrolysis）一詞的字根為希臘文中的 "pyro"（意指「火」）和 "lysis"（意指「分離」），是指有機物質在無氧環境下受高溫而分解的過程。食物熱解之後，物理和化學性質都會產生不可逆的轉變。

分子料理

提到分子料理，一般人通常會立即聯想到兩種技法——利用液態氮急速冷凍，以及將食材放入真空包後以低溫水浴精確控制溫度。某方面來說其實相當弔詭，因為這兩種最廣為人知的技法，和分子層次的描述或理解幾乎沒什麼關聯。

失，也可以加入辛香料和其他呈味物質，讓食材在漫長的泡煮過程中徹底浸泡入味，烹調出的食物滋味也就更好。

如果烹調的是肉類，真空低溫烹調法採用的溫度通常是 55～60℃（131～140℉），烹調魚類的溫度要稍低，烹調蔬菜所需的溫度則較高。低溫烹調也必須顧慮細菌的問題。真空包裡沒有空氣，可以避免需要氧氣的細菌孳生後汙染食物，但長時間浸泡在溫水裡卻有意外的副作用，即提供不需氧氣的細菌大量繁衍的理想環境。有幾種方法可以避免這種狀況，其中包括先以料理用瓦斯噴槍炙烤肉塊表面，或是在封入真空袋之前先以高溫快速將肉的表面煎至上色。

以恆溫水浴法烹調的時間，主要取決於食材種類和想要的成品狀態。牛豬和羔羊較柔嫩的部位通常需要煮 4 到 8 小時，較硬韌的部位可能需要數天。魚肉通常 30 分鐘內即可煮好，蔬菜一般需要 2 到 4 小時。

以此法烹調時要注意，無法逸散的水氣會累積在真空袋內，因此帶皮的肉類如鴨腿或鴨胸，都沒辦法用這種方式烹調。真空低溫烹調法的溫度過低，不但無法讓皮變軟，反而會讓皮變得溼黏難吃。

在慢煮的過程中，只要溫度不超過 50～55℃（122～131℉），肉類含有的天然酵素會讓肉變得更軟。

真空低溫烹調法也有缺點，主要問題在於無法讓肉的表層上色且酥脆美味，也就是產生梅納反應。一般在 50～60℃（122～140℉）時，梅納反應僅會極為緩慢地發生，但在溫度達到 110～170℃（230～338℉）時會快速發生。因此以真空低溫烹調法煮熟肉類之後，必須再將肉放在烤盤炙烤，或用噴槍火烤一下讓肉類表層上色。

將生肉放入真空袋內醃漬入味。

慢烤牛排

烹調一塊柔嫩的肉其實不太費力，可選擇嫩煎，也可以放入真空袋內低溫慢煮。但舒肥法可能會讓牛排流失一些味道，所以這道食譜要教你如何不用真空袋，用低溫慢烤的方式烹製出柔嫩質佳的牛排。

- 用鹽和胡椒醃製牛肉，將牛肉和新鮮香草一起放在烤架上。注意烘烤時要保持牛肉周圍的空氣流通。
- 烤箱預熱至 90℃（220℉），放入牛肉和香草烤 30～45 分鐘。肉塊內部溫度達到 54℃（129℉）時取出，用鋁箔紙蓋住。
- 在平底鍋內加入鴨油、牛油或橄欖油，於上桌前以高溫略微炙煎牛排。

- 牛排（小里肌〔菲力〕前腰脊肉〔紐約客〕或相近等級）每人 220 克（8 盎司）
- 鹽和胡椒
- 新鮮香草，如風輪菜、鼠尾草、迷迭香和百里香
- 鴨油、牛油或初榨橄欖油

柔嫩多汁的肉類

咬嚼一塊肉的時候，咬第一口就會迸出美味的肉汁。如果繼續咬嚼還可以嚐到釋放的肉汁，我們就會用鮮美多汁（succulence）來形容這塊肉，但我們以為的肉汁其實是脂肪和明膠，它們會在嘴裡滑動，帶來多汁的口感。

真空低溫烹調法近年來蔚為風行，即使在完全不需要或無法改善味道或口感的情況，還是廣為採用來烹煮各種肉類。用這種方法來烹調柔嫩的肉類，主要是基於美觀考量，因為可以烹煮出從內到外都呈現少見的粉嫩顏色的多汁肉塊，接著再快速煎炙上色，讓肉塊外層形成極薄但美味無比的褐色外皮。

一塊肉在加熱之後保持柔嫩多汁的程度，取決於所含肌肉和結締組織份量之間的微妙平衡。而這個平衡則由肉的組織結構、烹煮溫度以及加熱時間來決定。而決定肉如何構成的因素則包括：來源動物的年齡，取自動物的哪個部位、是否經過熟成，以及熟成方法和時間長短。

在高溫環境下，結締組織裡的膠原蛋白會快速收縮並釋出汁液，讓肉塊變得更乾硬難嚼。只有在超過 70℃（158℉）溫度下長時間緩慢加熱，讓膠原蛋白分解形成明膠，肉才會變得越來越軟嫩。在加熱的過程中，肌肉裡的蛋白質會變性，雖然會讓肉變得更堅實且柔嫩，但也會流失一些肉汁，因此吃起來不會那麼多汁。

5

口感大探索

舒肥慢烹牛胸肉

- 去除肉塊上的筋膜等多餘部分，如有脂肪部分，則以銳利的刀尖於脂肪部位重覆輕劃十字。
- 將所有油倒入一小鍋，蒜瓣用手或刀背略拍後放入鍋中。讓蒜瓣在油中小滾一會兒，等油帶有一點蒜味之後就移除蒜瓣。將油置於一旁放涼。
- 在肉塊兩面都抹鹽並搓揉入味，再抹上蒜味橄欖油，留一些油待稍後將肉的表面煎上色時使用。
- 將肉塊連同鼠尾草葉、月桂葉和胡椒粒封入真空袋內。
- 將真空袋浸入水中，水浴溫度設定為 57℃（135℉），計時器設定 5～7 小時。
- 取出肉塊，以剩下的蒜味橄欖油略煎至上色。
- 將肉塊切成長邊約 5cm（2 吋）的長方塊，佐以適合的配菜。

- 牛胸肉 2 公斤（4½磅）
- 優質橄欖油 200 毫升（¾杯+1½大匙）
- 蒜瓣 2 瓣
- 鹽
- 新鮮鼠尾草葉 10～12 片
- 月桂葉 1 片
- 整顆黑胡椒粒 15 顆

舒肥慢烹牛胸肉。

總之，我們可以說以真空低溫慢煮肉類的方法，特別適合用來烹調一些很硬韌的肉類部位。關鍵就在於找出溫度和時間的最適當組合。

罐頭瓶裝食品的質地

食品的味道和香氣都可以藉由添加不同物質來調味，但質地和口感不同，不可能只靠加入某種「濃縮質地」就輕易改變。最理想的狀況是食材本身結構就具備想要的質地，或在烹調過程中調製出想要的質地。最常用的添加物諸如增稠劑、安定劑、膠凝劑和乳化劑，而其中大眾最熟悉的，莫過於加在醬汁和果汁裡增稠用的馬鈴薯澱粉和玉米澱粉。

加工食品裡使用的添加物多達數千種，其中約有10%可以改變液體或半固體食物如優格的質地和黏彈度。相對於依賴食材本身的結構，利用瓶罐裡的添加物來製造想要的質地就簡單多了。這些添加物的重要特色，就是只要極少量就能達到想要的效果。製造質地的商機無限，很多規模龐大的跨國企業都是食品大廠，生產能夠控制食品質地的添加物，並在食品科技輔助下利用添加物製造具有特殊質地的食品。

澱粉：這種特殊的增稠劑

澱粉是廚房裡的經典材料，最常用的增稠劑之一。在植物體內，澱粉以碳水化合物的形式儲存能量，主要集中在種子和可食根部，例如稻米、小

構成澱粉的兩種多醣：直鏈澱粉（左）和支鏈澱粉（右）。

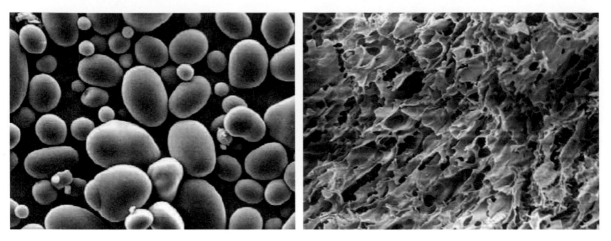

電子顯微鏡下生馬鈴薯的澱粉（左）和煮熟馬鈴薯的澱粉（右）。生馬鈴薯裡的澱粉粒直徑通常介於 30～50 微米，煮熟後會因吸水而崩解，形成澱粉膠。下圖為澱粉粒經加熱時，吸收水分形成凝膠的示意圖。

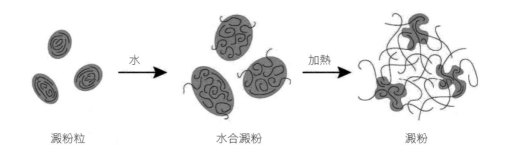

澱粉粒　　　　　　　　　　水合澱粉　　　　　　　　　澱粉

麥、玉米和馬鈴薯。在全人類攝入的總熱量中，澱粉佔了約 50%。澱粉由直鏈澱粉和支鏈澱粉這兩種多醣類構成，兩者整齊緊密地聚結在一起，在植物組織裡形成小的澱粉粒。不同種類植物裡的澱粉粒大小和形狀各異，稻米裡的通常很小（直徑約 5 微米）；而小麥裡的大些（20 微米）；馬鈴薯的澱粉粒則更大（30～50 微米）。

　　澱粉粒外圍包覆著多種蛋白質，這些蛋白質可以和水結合，而它們的性質決定了澱粉的吸水力和抵抗酵素作用的能力。低溫環境中，蛋白質含量高的澱粉比含量較低的容易吸水。蛋白質與水結合之後，澱粉粒之間會相互黏結，澱粉就沒辦法再吸收更多水，這也就是為什麼蛋白質含量高的澱粉特別容易結塊。

　　直鏈澱粉和支鏈澱粉之間的關係，在不同的植物中會有些許不同。直鏈澱粉通常佔澱粉成分的 20～25%，但也有可能高達 85%。例如豌豆澱粉就有約 60% 是直鏈澱粉。但也有些澱粉幾乎完全由支鏈澱粉構成，這類澱粉稱

為糯性澱粉（waxy starch），可見於糯米、玉米、大麥和綠豆等作物。

就澱粉做為增稠劑的功能而言，這兩種多醣扮演很不同的角色。兩種多醣都是由聚結在一起的大量葡萄糖構成，直鏈澱粉裡的葡萄糖形成長鏈，而支鏈澱粉裡的葡萄糖則形成大型的枝狀網絡，單個支鏈澱粉分子可能包含多達一百萬個葡萄糖。澱粉糊化的時候，直鏈澱粉分子會和水結合，並形成交纏的結構，而結構很大的支鏈澱粉分子不會互相交纏，並會形成比較密實的結構。例如取自木薯根（cassava root）的木薯澱粉（tapioca）裡有 83% 是支鏈澱粉，就可以形成非常厚重黏稠的凝膠。

整顆的澱粉粒不溶於冷水但能吸水，最多可以增加 30% 的水分含量。但只要溫度升高，澱粉的吸水力就會明顯改變。這就是為什麼將馬鈴薯煮熟後可以搗成泥，而穀物可以煮成稀粥。溫度在 55～70℃（131～158℉）時，澱粉粒會開始融化並大量吸水，要加熱到 100℃（212℉）才能完全破壞澱粉粒整齊有序的結構。

直鏈澱粉含量高的澱粉吸水能力較佳。例如富含直鏈澱粉的馬鈴薯澱粉與水結合的能力就十分驚人，所以增稠效果勝過支鏈澱粉比例較高的玉米澱粉。澱粉粒吸水以後，可以膨脹成原本在生馬鈴薯裡體積的一百倍大。馬鈴薯磨成泥之後，可以輕鬆吸收原本馬鈴薯三倍重的水，卻還能保持原本的形狀。

澱粉粒吸水的同時，一些直鏈澱粉分子會開始向外滲入液體，讓溶液變得更硬。這些長鏈分子會逐漸交纏在一起，並且半困住澱粉粒，讓它們變得比較難移動。上述兩種效應都會讓澱粉溶液變得更濃稠。

馬鈴薯澱粉的特殊之處

取自生馬鈴薯的澱粉是很優良的增稠劑，因為直鏈澱粉分子較長，而且澱粉粒比其他澱粉的更大顆。雖然鹹或甜的醬汁都很適合用這種澱粉增稠，但也因為澱粉粒較大，往往比用玉米澱粉或米穀粉（rice flour）更容易出現結塊。所幸這個問題動動手就能輕鬆解決，只要用力攪拌，就能破壞馬鈴薯的澱粉粒。取自熟馬鈴薯的澱粉則稱為馬鈴薯粉（potato flour），由於含有一些蛋白質和纖維，因此做為增稠劑的性質與馬鈴薯澱粉不同。

如果直鏈澱粉分子的濃度夠高，在溫度夠低時，直鏈澱粉分子形成的網絡就會變硬，且形成類似固體的凝膠，而澱粉粒溶化和吸收水的過程就稱為糊化。如果去攪拌凝膠，直鏈澱粉分子形成的網絡會破碎成片，澱粉粒也會開始碎裂，凝膠的黏稠度就會降低。冷卻之後的凝膠只會有部分重組，因為直鏈澱粉分子會再次形成網絡，但澱粉粒本身還是碎裂的。想想看在肉汁醬裡加澱粉讓它更濃稠，還有煮粥時攪拌再放涼的情況，就會發現這些效應其實再常見不過。

除了溫度和水分含量，澱粉的糊化也會受其他因素影響。如先前所述，澱粉粒維持聚結成團的能力高低，取決於包覆其外的蛋白質，而脂肪在糊化控制上也扮演一角。這對於製作油炒麵粉糊（roux）就很重要，因為等比例的麵粉和奶油會限制澱粉粒吸水的能力。

澱粉形成的凝膠靜置冷卻一段時間之後，凝膠會變硬且具彈性，開始有水滲出。其中不溶於冷水的直鏈澱粉分子，就會開始重新組成類似晶體的結構，但本質上和原本澱粉粒的緊密結構是不同的，這個過程稱為回凝（retrogradation）。這也就是為什麼不應該將麵包放在冰箱冷藏的原因了。雖然大家常說這樣可以防止麵包變得乾而無味，但其實沒弄清楚問題癥結。麵包放久會變得索然無味，不是因為流失水分，而是因為澱粉回凝。直鏈澱粉分子結晶化的時候會排出水分，就可能造成水分滲出，在此情況下稱為離水現象。用澱粉增稠的肉汁醬也可能發生同樣的狀況：肉汁醬靜置放涼一段時間之後會變硬，裡頭的水分可能滲出並累積於肉汁醬表面。

含有澱粉的冷凍食品也可能發生回凝。結果就是將食品解凍之後，裡頭的汁液會滲出，例如造成派餡滲漏。如果採用支鏈澱粉含量高的澱粉，某種程度上是有可能預防回凝。即使支鏈澱粉回凝，也可以藉由加熱來回復，但

增稠過的食物為何變稀

廚房中常用澱粉來增稠肉汁醬、稀粥，或讓義大利麵更硬。當澱粉結合的水量達到極限，水分會開始滲出，食物也就又變稀了。將食物加熱到沸騰，並且用力攪拌造成膨脹的澱粉粒碎成小塊時，常可以看到這個現象。雖然這麼做會讓澱粉粒釋放出大部分的直鏈澱粉分子，形成更大的網絡，但呈凝膠的食物，特別是本身含有大量澱粉粒的濃稠漿泥，還是有可能變稀而非更黏稠。

直鏈澱粉回凝就是不可逆的。另外，含有一定量的脂肪或乳化劑的麵包糕點，可能也不會產生回凝，因為脂肪分子能防止澱粉結晶。

將充滿澱粉的凝膠體如麵團加以烘烤乾燥，可能會讓澱粉形成玻璃態，這也是為什麼新鮮現烤的麵包脆皮、餅乾和洋芋片會具有特殊的酥脆質地。

乳化物與乳化劑

乳化物是由兩種液體構成的特殊混合物，這兩種液體基本上是不互溶的。乳化物的形成是機械式的，藉由搖晃讓其中一種液體形成細小液滴懸浮在另一種液體裡，於是讓兩種液體徹底混合，這些液滴維持懸浮狀態的時間或長或短，但最後都會結合在一起，兩種液體也會再次分開。廚房裡最常見的乳化物，是以水為主的液體（水、醋或檸檬汁）和以油為主的溶液（油或脂肪）的混合物。

家常烹飪中最常用到的兩種乳化物，是奶油和人造奶油，兩者的成分比例相似，都是約80%的油或脂肪和約20%的水。嚴格說來，兩者都是油包水乳化物，意即在脂肪構成的連續相中散布著水滴。奶油是由飽和脂肪酸居多的動物脂肪構成，脂肪在天然生成的乳化劑（如牛奶中的脂質和脂蛋白）幫助下而能懸浮在水中。相對的，現今製造人造奶油，主要是在不飽和植物脂肪裡加入少量乳化劑，乳化劑可能來自天然的蛋白質如乳蛋白和卵磷脂，或是以人工大量製造。廚房裡其他常見的乳化物還包括：油醋醬、美乃滋，和其他多種醬汁和沙拉醬。自家廚房裡也有一些常備食材可做為乳化劑，例如蛋、蜂蜜和芥末。

很多純的乳化劑都是由工廠製造供食品加工使用，多半是為特定的最終產品量身打造以達到最佳效果。在烘焙業尤其如此，例如糕點專用的乳化劑可以增加成品體積並維持穩定，同時又讓脆皮保持柔軟多汁的質地。其他還包括用來製作膨鬆且穩定的蛋糕鮮奶油的乳化劑，以及製作人造奶油必需的乳化劑，才能製作出結構酥脆、外觀又不會顯得油膩的酥皮糕餅。

含有天然增稠劑的食物成分

食物成分	乳化劑
蛋白	蛋白質
蛋黃	磷脂質（卵磷脂）
亞麻籽	亞麻籽膠（多醣類）
奶粉	酪蛋白和乳清蛋白
芥末籽	芥末黏質（多醣類）
大豆	磷脂質和蛋白質
乳清粉	乳清蛋白

出處：P. Barham et al., *Molecular gastronomy: A new emerging scientific discipline, Chemical Reviews* 110 (2010): 2313-2365。

5
口感大探索

人造奶油：經歷漫長變遷的複雜乳化物

　　人造奶油並非傳統的抹醬，而是在漫長的發展歷史中經歷多次變遷的產物。在 150 年前人造奶油剛發明時，它是平價安全的奶油替代品，之後一度獲得拒食動物製品或支持低膽固醇飲食人士的大力推崇，接著又在健康方面引起爭議，如今則是廣泛應用於居家烹飪和食品加工業的複雜乳化物。人造奶油不斷演變的過程中，為了追求更完美的製法和成品，也連帶催生了現代極為重要的乳化劑產業。

　　人造奶油的歷史，見證了發明競賽可能對經濟和歷史造成的深遠影響。從 19 世紀中葉開始，歐洲因快速工業化而苦於糧食價格狂飆，軍隊和低收入階層都需要更便宜的奶油替代品。於是法國皇帝拿破崙三世（Napoleon III）在 1866 年公開懸賞，徵求可製造出奶油的廉價替代品的新方法。

　　拿破崙三世的靈感或許來自已故的叔父拿破崙・波拿巴（Napoleon Bonaparte），這位威震歐洲的拿破崙一世為了讓部隊能帶著口糧出征，曾懸賞徵求長久保存食物的方法。這場發明比賽由尼古拉・阿佩爾（Nicolas François Appert）於 1809 年奪冠，他想出了將食物煮熟後封入玻璃罐的保存技術，這項技術很快就被採用來製作罐頭。直到半世紀之後，路易・巴斯德（Louis Pasteur）才發現這項技術能成功，是因為熱會殺死食物裡的微生物。

　　人造奶油的研發獎金則由法國化學家希波呂特・梅吉－穆希耶（Hippolyte Mège-Mouriès）贏得，他發明了一種用牛骨髓與一點牛乳和水製成的產品，在 1869 年成功申請專利。這項產品稱為「油珍珠」（oleomargarine），其實是結合

油酸（oleic acid）和珠光子酸（margaric acid）兩詞而來，後來簡寫為"margarine"。珠光子酸是另一名法國化學家米歇爾・舍弗勒（Michel Eugène Chevreul）的研究成果，他於 1813 年發現這種飽和脂肪酸，但後來科學家發現只是棕櫚酸（palmitic acid）和硬脂酸（stearic acid）的混合物。人造奶油剛發明時，大眾反應並不熱烈，直到一家荷蘭公司於 1871 年買下專利，才真正開始大規模生產人造奶油。農業國家如荷蘭、德國和丹麥，很快就投入製造人造奶油的行

列，因為這些國家需要消耗製造大量奶油剩下的脫脂牛乳。

嚴格來說，**人造奶油是一種油包水乳化物**，製作方法是在動物脂肪或植物油混合物裡，加入脫脂牛乳或脫脂奶粉和水一起加熱，也會加一點鹽增添風味和延長保存時間。乳蛋白可做為乳化劑，讓人造奶油硬化，並賦予類似奶油的微酸味。混合物加熱之後會經過快速結晶化，再不斷攪拌搓揉直到達到想要的質地。原始的人造奶油不像現代的極為穩定且質地一致，品質要到 1919 年丹麥科學家發明了劃時代的乳化劑才大幅改善，這又是另一個精采故事，留待下頁「口感與人造奶油」中細述。

人造奶油的原料很快就從動物脂肪換成植物油，因為後者成本更低。然而植物油的最大缺點是主要由不飽和脂肪酸構成，因此室溫下不會凝結成固體，但在發現氫化作用（hydrogenation）之後就突破了這個瓶頸。氫化作用利用氫和鎳做為催化劑，破壞不飽和脂肪裡部分或全部的雙鍵，提高油脂的熔點，並讓油脂硬化。但氫化並未破壞所有雙鍵，過程中脂肪酸鏈可能會自己交纏形成雙鍵（即從順式排列〔cis-〕轉變成「反式」排列〔*trans*-formation〕）。含有反式鍵的脂肪酸就稱為反式脂肪酸，即使不飽和，仍然能讓脂肪硬化。用這種方式製造的標準棒狀人造奶油含有 20～50% 的反式脂肪酸，因此成品穩定性高，也比較不易酸敗。稍後會述及，這會造成不良的副作用，但科學界是在大約 20 年前才確定。

製造人造奶油的原料幾乎沒有什麼顏色，灰白色的成品一點都不像奶油。但不管是抹麵包或煎炒食物，消費者都已經習慣用略帶黃色的奶油，因此人造奶油的製造商在行銷上面臨困境。他們有意加上黃色食用色素來解決此問題，卻激起極大的爭議，特別是在北美，酪農一直到 1970 年代仍極力反對使用人造奶油。這個問題讓擁護奶油和乳製品人士找到絕佳的發揮空間，他們組成遊說團體，竭力阻止政府允許人造奶油添加色素。這項運動相當成功，許多國家的法令都禁止在人造奶油裡添加色素，加拿大在 1886 到 1948 年間更明令禁止販售人造奶油，只有一戰末期和剛結束那段很短的時間例外。在美國酪農業重鎮明尼蘇達（Minnesota）和威斯康辛（Wisconsin）兩州，一直到 1960 年代中葉以後才開放販售黃色的人造奶油；而加拿大的安大略（Ontario）和魁北克（Quebec）兩省，更是到 1995 和 2008 年才分別解禁。

人造奶油的出現與物資短缺有關，也曾遭到群眾抵制，其名聲和受歡迎程度在過去 150 年來演變期間經歷多次起伏，而兩個與健康有關的議題造成的影響尤其深遠。第一，1960 年代中葉發現，脂肪含量高的食物對人體有害，於是很多民眾捨棄奶油，

改吃人造奶油。在一些情況下，植物油製造的人造奶油含有較多不飽和脂肪，而且完全沒有膽固醇，有可能比奶油更健康。然而，或許可說是粥裡有一顆老鼠屎，如先前提到，人造奶油製造過程中運用氫化作用以提高熔點，製作出硬實且穩定的產品。出發點原是好的，但形成的反式脂肪卻引發了第二個健康議題。

1990 年代中葉，丹麥科學家開始懷疑反式脂肪酸可能對人體有害。反式脂肪酸在食物裡非常普遍，幾乎見於所有油炸食物和各種速食裡，此外在其他食物如奶油、乳酪和其他乳製品，也有較少量（1～5%）且是天然生成的反式脂肪酸，另外綿羊肉裡也發現反式脂肪酸，是反芻胃裡的細菌作用所生成。

兩位丹麥醫師揚・戴伯格（Jørn Dyerberg）和斯汀・史登達（Steen Stender）於 2003 年發表研究結果，指出反式脂肪酸會提高發生血管硬化和心臟血栓的風險。丹麥在 1 年後立法限制加工食品裡的反式脂肪酸不得超過 2%，是世界上第一個這麼做的國家，很多國家也陸續跟進或著手研擬類似法規，因此現在市面上的人造奶油已經不含反式脂肪酸。

大家或許會好奇，那人造奶油、速食和其他加工食品製造商，是用什麼替代反式脂肪酸達到想要的質地和穩定性？原來他們是在需要加更多飽和脂肪的時候，改以飽和脂肪和多種不飽和脂肪的混合物來替代。

人造奶油如今終於站穩地位，成為用途繁多又可靠的烹飪原料。市面上通常有多種人造奶油產品可供消費者選擇，大部分皆用植物油製成。常用於煎炸和烘焙的是棒狀固體，含有約 80% 的脂肪，其中 30% 是飽和脂肪。此外，還有方便抹開的膏狀和液態人造奶油，含有較多不飽和脂肪，尤其是較軟的含有多元不飽和脂肪。脂肪含量最低的還不到 10%，製作上必須利用特定的乳化劑。

人造奶油雖然是「製造」出來的產品，但在很多方面都和奶油一樣「天然」。我們也不應忘記這項發明的初衷，是要為因缺糧或戰爭而無法取得或買不起奶油的廣大民眾，提供一種便宜且熱量高的替代食物。遺憾的是，發展過程中一度製造出有害人體的反式脂肪酸，但這個問題也已獲得正視和處理。對於飲食上需要減少膽固醇攝取，以及基於宗教或道德考量避免食用動物製品的人而言，人造奶油還是有其價值和貢獻。

口感與人造奶油：丹麥製造業者的成功故事

這個故事講述的是個人如何懷抱遠大願景、運用專業技術並發揮經營動力，將家族經營的公司擴展成為大型跨國企業，開發出食品添加物、抗靜電劑等各式各樣高科技乳化劑的產品線。

人造奶油這種油包水乳化物自1869 年問世之後，就成了西方世界的重要食物來源。最早的人造奶油是用牛髓、脫脂牛乳和水製造，但原料很快就換成植物油，早期產品的品質低劣而且差異很大。要等到研發出適當的乳化設備，才製造出

埃納‧史寇，首先發明利用乳化劑來製造人造奶油。

口感良好、可用於烹飪的人造奶油。而最大的功臣，首推丹麥發明家及企業家埃納‧史寇（Einar Viggo Schou，1866～1925）。

述及人造奶油的商業量產，熟悉相關主題的人可能第一個會想到雜貨經銷商和製造商奧托‧蒙森德（Otto Mønsted，1838～1916），他於 1883 年建立丹麥的第一座人造奶油工廠，後於 1894 年在英國開設世界最大的人造奶油工廠。但故事到此並未完結，要探究蒙森德的事業發展，絕不能漏掉曾和他合作多年的史寇。

史寇最早進入蒙森德的公司，是擔任助理簿記員。他於 1886 年要求將原本的年薪 1,000 丹麥克朗加薪至 1,200，當時他已到職 2 年，但公司回應他不值這麼多錢。史寇憤而離職，但這絕不是兩個強悍人物之間的最後一次衝突。

兩人在 1888 年重逢，這次是在倫敦街上巧遇，當時史寇在一家金融機構工作。蒙森德剛好在曼徹斯特附近新設立人造奶油工廠，就提議要史寇擔任新工廠的總簿記員。史寇接受了，並在 1 年之內升為廠長。人造奶油生意興隆，5 年後蒙森德決定在倫敦郊外開設一間世界上最大的人造奶油工廠。他委託史寇監工，將他的雄心壯志付諸實現：工廠於 1894 年開始營運，由史寇擔任廠長。

新工廠經營得有聲有色，史寇功不可沒，但卻在管理工廠近 20 年後忽然辭職。肇因是一場醞釀許久的爭端，史寇和兄弟合作研發了一臺全新機器，並於 1907 年取

　　得專利，但是史寇和東家蒙森德為了機器的執照所有權僵持不下。這臺機器稱為雙筒式冷卻機（double cooling drum），為人造奶油製法帶來了革命性的改變：從此製造乳化物的過程可以連續進行，中途不需暫停用水冷卻。製造出的抹醬更美味，質地更佳，而且成本更低。

　　稍早在 1908 年，史寇就在日德蘭半島（Jutland）的尤斯明訥（Juelsminde）買下名為帕斯嘉（Palsgaard）的美麗莊園，但仍在英國工作。史寇和蒙森德在 1912 年決裂後，便帶著家人來到帕斯嘉過退休生活，但是地主兼自耕農的平凡生活讓史寇覺得閒得發慌。如果說蒙森德很有生意頭腦，那麼史寇的強項就是創造力和企業家精

神。為了充分發揮所長，史寇在莊園裡的農場設立店鋪，並重新投入研發，希望製造出品質更優良的人造奶油，他的實驗在 6 年後有了重大突破，發明了世界上第一種工業用乳化劑。

史寇發現在油裡加入兩種不同的脂肪酸（亞麻油酸〔linoleic acid〕和次亞麻油酸〔linolenic acid〕）的混合物，再加熱製作出的產品，可以讓油和水形成一種均質穩定且口感優良的乳化物。這種乳化物製作的人造奶油品質更好，加熱煎炸時不會噴濺，而是像奶油一樣冒泡，而且原料裡一部分的油可改用水替代，就能節省成本。

史寇形容這種乳化物是外層為油相、內部為水相，植物油裡包著由神奇的乳化油包覆、穩定的細小水滴。史寇以此發明為基礎，於 1919 年創立乳化物股份有限公司（Emulsion A/S），這是世界第一家專門生產食品加工用乳化劑的公司。

隨著這種乳化劑發明和相關專利問世，不僅人造奶油的製法獲得改良，更催生了成員眾多的乳化劑大家族，廣泛應用於烘焙食品、巧克力、乳製品、人造奶油、美乃滋和沙拉醬。乳化劑為這些食品提供口感，更是決定食品味道、功能性和保存時間的重要因素。

史寇於 1925 年過世，其子赫伯特（Herbert Schou）繼承公司，他和父親同樣對於研發乳化劑懷抱極大熱情，持續拓展業務成為大型跨國企業。赫伯特於 1949 年成立以研發為主的耐瑟絲股份有限公司（Nexus A/S）與帕斯嘉合作。赫伯特沒有子女，在 1957 年成立史寇基金會（Schou Foundation），負責這幾家公司的營運以及維護莊園。

史寇的輝煌事業和卓越貢獻如今更是發揚光大，現在前往帕斯嘉，可以看到國際知名的高科技乳化劑工廠，就矗立在位於濱海公園般場景的古蹟建築裡。這家公司曾是只有一件專利的家族事業，但經歷多年經營，企業版圖遍布五大洲，更成為製造特殊用途乳化劑的世界級大廠。

膠類與凝膠

　　很多物質都能讓液體變濃稠，而用量和條件如果都適當，則會讓液體形成凝膠。這類膠凝劑大多數皆是天然形成，在水果、海藻和魚肉等食物裡皆可找到，可能以原本的形式或萃取出純物質來利用。其他膠凝劑則藉助生技和化學技術，也可能需借助酵素和細菌進行人工合成。天然和人造膠凝劑的共通點，是都能結合非常大量的水。它們會賦予食物質地，並有助於維持食物的形狀，此外也能用於結合香氣物質和呈味物質，等到食物入口之後才予以釋放。

　　膠類是另一種擅長結合大量水分的物質，但只在極少數情況會形成凝膠。膠類的強項是能讓液體變得極為黏稠堅韌，也因此能有效維持穩定。不同種膠的來源和本質大異其趣：刺槐豆膠、瓜爾膠（guar gum，亦稱關華豆膠）和阿拉伯膠萃取自植物；三仙膠和結蘭膠是利用細菌發酵生成；甲基纖維素是利用植物材料以化學方法製造。這些膠類有時會搭配特別設計的膠凝劑應用，後續將逐一詳細介紹。

　　不同膠凝劑與水結合的能力，以及形成質地均勻討喜之凝膠的能力，取決於加在液體裡的方式和當下的溫度。最理想的情況通常是先將膠凝劑溶在少量的水裡，直到完全溶解之後再加入剩下的液體。加入大量的水之後，膠凝劑就會膨脹起來，開始形成凝膠。

　　有些膠凝劑如褐藻膠，只在含有鈣離子的情況下才會形成凝膠。有幾種果膠也會在有鈣離子時，形成硬挺的凝膠。有一些食材如優格等乳製品，由於含有天然生成的鈣離子，因此在加入氯化鈣或乳酸鈣形式的鈣離子之前，就會出現一定程度的膠凝化。硬水所含的鈣離子和鉀離子，也可能影響膠凝作用。其他如洋菜或果膠，必須加熱才會形成凝膠，而褐藻膠或明膠則需在室溫中靜置以形成凝膠。還有一些凝膠，包括加入洋菜和結蘭膠所形成者，攪拌後會形成液態凝膠（liquid gel）。凝膠狀態的食物入口會流動，因此很容易和唾液混合，有助於釋放呈味物質。

　　一般居家烹飪使用的膠凝劑和膠類可分成兩類：一類可以加在冷涼或液體形式的食物裡，另一類則可耐高溫。冷製的凝膠裡加入的，通常是果膠、明膠、鹿角菜膠、刺槐豆膠、瓜爾膠和三仙膠，而可以加熱的凝膠則是用洋菜、結蘭膠或甲基纖維素製成；褐藻膠在使用上則冷熱不拘。

　　有些人會形容一些凝膠的味道和口感很乾淨（clean）。這樣的描述定義並不明確，也很難與成品給人的視覺印象截然劃分。在這個例子裡，「乾淨」或許可以理解為味道和口感皆單純不複雜。

膠凝劑或膠	特性	用途	口感
洋菜	冷卻定形；形成熱可逆凝膠；很脆弱的霧狀凝膠。	增稠劑、安定劑和膠凝劑。	乾淨。
褐藻膠（褐藻酸鈉）	有鈣離子則定形；溶於冷水；形成熱可逆凝膠。	增稠劑、安定劑（加在冰淇淋等冰品）。用於球化技術。	乾淨、縈繞滯留感。
鹿角菜膠	形成清澈脆弱的含蛋白質凝膠；ι型有鈣離子則形成彈性凝膠。	增稠劑、安定劑和膠凝劑（加在乳製品如優格和巧克力牛乳）。	綿密、乾淨、縈繞滯留感。
明膠	冷卻形成可塑有彈性的清澈凝膠；熱可逆。	用於多種食品的膠凝劑。	乾淨到黏且有縈繞滯留感。
結蘭膠	膠凝性質類似洋菜、鹿角菜膠和褐藻膠；120℃（248℉）仍穩定。	增稠劑和安定劑。	乾淨、綿密。
瓜爾膠	易溶於冷水；形成流動緩慢的不透明液體。	增稠劑（番茄醬和沙拉醬）和安定劑（冰淇淋和麵團）。	滑順且有縈繞滯留感。
阿拉伯膠	易溶於水；酸性環境中濃度高時會形成不透明黏稠液體；防止糖果裡的糖分結晶。	增稠劑（水果軟糖、軟糖果、糖漿）、乳化劑和安定劑；糖霜裡的黏結劑；香氣添加物和食用色素介質。	黏且有縈繞滯留感。
刺槐豆膠	和三仙膠併用形成霧狀彈性凝膠。	增稠劑和安定劑；抗凍和抗融（冰淇淋）；讓麵團更軟且有彈性。	黏且有縈繞滯留感。
甲基纖維素	加熱時膨脹增稠；清澈。	安定劑、乳化劑和增稠劑（冰淇淋）。	乾淨到黏且有縈繞滯留感。
果膠	含高糖分酸性食物中形成清澈凝膠；一些種類有鈣離子則形成硬挺凝膠。	增稠劑（冰淇淋、甜點、番茄醬）和膠凝劑（果醬、糖果）；安定劑（加在乳化物和部分飲料中）。	乾淨、縈繞滯留感。
澱粉	熱水中溶化膨脹；不透明。	用於多種食品的增稠劑。	黏且有縈繞滯留感。
三仙膠	溶於冷和熱水；形成流動緩慢、剪切稀化的複雜流體，或和刺槐豆膠併用形成清澈凝膠。	多用途的增稠劑（醬汁、沙拉醬）和安定劑。	滑順到黏、有縈繞滯留感。

出處：P. Barham et al., Molecular gastronomy: A new emerging scientific discipline, Chemical Reviews 110 (2010): 2313-2365; N. Myhrvold, *Modernist Cuisine: The Art and Science of Cooking*, vol. 4 (Bellevue, Wash.: Cooking Lab, 2010)。*

* *Modernist Cuisine* 六冊套書「家用精華版」中譯版《現代主義烹調：家庭廚房的新世紀烹調革命》，大家出版。

果膠

　　果膠是複雜的水溶性多醣類，存在於幾乎所有陸生植物，但主要出現在水果裡，尤其是在煮食用的較酸蘋果外皮和柑橘類的果實中。果膠可說是一種黏膠，作用就是將植物的細胞黏結在一起並支撐結構。水果完全成熟時，果膠含量也達到高峰。未成熟水果裡的果膠不溶於水，稱為原果膠質，而過熟水果裡的果膠則是原果膠質被酵素分解而來的。

　　不同種植物的果膠含量也各不相同。蘋果（尤其是野生蘋果）、黑醋栗（尤其是未成熟的）、蔓越莓、榲桲（quince）和製作洋李乾的李子都含有大量果膠，而櫻桃、草莓和葡萄等含量則極少。

　　果膠分子溶於水中時，會因帶負電而相斥。要形成凝膠就必須排除互斥的狀況，而加糖就可以達成，因為糖會與水結合，讓果膠分子的結合更為緊密。另一個可能的方法是加酸類以減少電荷相斥，還有一法是加鈣離子，讓帶正電的鈣離子和帶負電的果膠分子相互結合。

　　果膠有很多不同的形式，膠凝性質也各自不同，因此要選用上述哪種解決方法，視果膠的種類而定。甲氧基（methoxyl）含量高的果膠，必須要在酸性環境且加入一定量的糖，才能形成硬挺有彈性的膠體。蘋果和柑橘皮，都含有 60～80% 的甲氧基。其他水果如草莓的甲氧基含量則很低，不用加糖和酸就能膠化，但必須加入鈣離子，才會形成硬挺、甚至相當硬脆的膠體。這些膠體在溫度較高時會融化，重新形成膠體的溫度則低於甲氧基含量高者，但相對也需要較長時間才能定形。鈣離子加越多，熔點就越高。鈣離子的功用是讓含果膠食物變硬，因此可用來讓煮熟或醃漬的蔬菜保持硬韌，加海鹽或檸檬酸鈣（calcium citrate）都可以達到效果。

　　商業上會利用酸和酒精來萃取果膠，原料主要是檸檬皮和萊姆皮，以及榨完蘋果汁之後留下的固體殘餘物。萃取出的果膠通常製成粉末或液體形式販售。

　　果膠的用途包括讓橘皮果醬和其他果醬定形，以及讓果汁凝結後加在凝膠和糖果裡。此外，果膠也有助於讓低脂優格和烘焙糕點保持穩定，並帶來綿密的口感，若加在雪酪裡則可預防內部形成大顆冰晶。

　　大多數種類的果凍和果醬，都會加入糖、酸和果膠來增稠。取自蘋果的果膠形成的凝膠具有彈性，而取自檸檬皮的果膠形成的凝膠則較硬脆易碎。製作凝膠用的混合物必須有 0.5～1% 是果膠，60～65% 是糖，酸鹼值則必須低於 pH 3.5。此外，必須將混合物煮沸讓蔗糖分解成葡萄糖和果糖，它們才得以結合相當高比例的水。

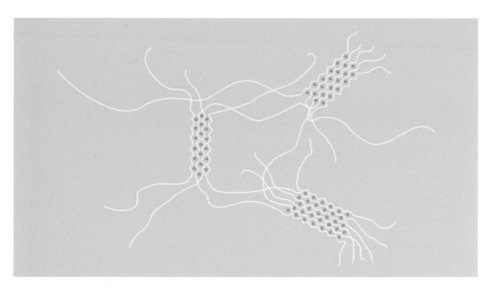

在水裡加入果膠或褐藻膠形成的凝膠。個別多醣分子之間的鏈結以鋸齒狀的「蛋箱」（egg carton）結構表示。紅點表示有些狀況下，凝膠會因為加入鈣離子而更為穩定。

果膠所形成的凝膠如含果汁的凝膠，其膠化過程有一點和其他凝膠大不相同：必須將混合物煮至水分蒸發大半，讓果膠和糖達到正確的濃度。煮沸過程中要特別小心，以免果膠濃度過高，最後形成的凝膠反而會很黏稠。混合物煮過之後逐漸冷卻，會在 40℃（104℉）到 80℃（176℉）之間定形，確切溫度視所用果膠而定。甲氧基含量越低的果膠，定形的溫度也越低。

果膠製成的凝膠吃起來，有一種乾淨、帶來悅人餘韻的口感，而且在口中很容易碎裂，因此特別易於釋放呈味和香氣物質。但果膠製凝膠要到溫度 70～85℃（158～185℉）時才會融化，不像明膠製成的凝膠會在口中融化。

明膠

明膠是膠原蛋白裡的一種蛋白質，是為所有動物組織提供結構的結締組織之主要成分，佔哺乳類動物體內所有蛋白質的 25～35%。動物體內的膠原蛋白大多分布在皮膚和骨頭裡，而非位於肌肉。英文裡的膠原蛋白"collagen"一詞源自希臘文的"kólla"，意思是「膠」，這裡的膠指的就是明膠。膠原蛋白不溶於水，但明膠可溶於水。

膠原蛋白形成結締組織的能力強弱，取決於蛋白質分子之間形成化學連結的程度，更精確地說，是指原膠原分子之間的交聯。每當動物運動肌肉，膠原蛋白就變得更強韌些，於是肌肉也隨著動物年齡增長而變硬韌。同理，

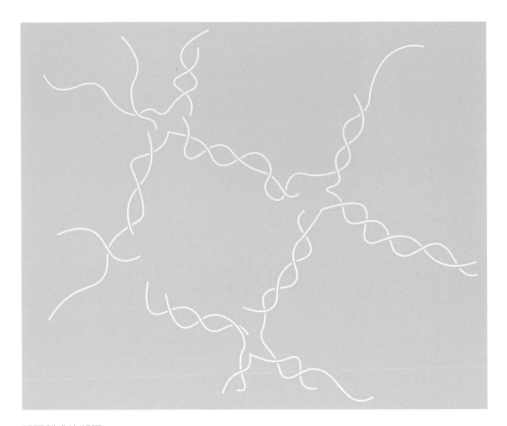

明膠製成的凝膠。

必須執行粗重工作的肌肉也會比較硬韌。動物剛生下來時，膠原蛋白之間的連結還很鬆散，很容易就分解成明膠。所以牛犢、羊羔等的肉比較柔嫩，不是因為其中膠原蛋白含量較低，而是因為膠原蛋白之間的交聯較少。

　　商業化量產明膠的主要原料是豬皮，少數採用牛皮和牛骨。製造方法是將結締組織長時間加熱到至少 70℃（158℉），破壞「原膠原」（procollagen）之間的交聯，讓交纏構成分子的三股原纖維鬆脫開來，形成明膠並滲入水中。這個過程是不可逆的，原膠原一旦遭破壞就無法重建。等冷卻到低於 15℃（59℉），明膠分子會聚結形成一個比較開放且含有大量水分的結構，其中高達 99% 是水。這個結構就是凝膠，但表現出固體的一些特性。如果凝膠是用取自魚或肉的汁液冷卻製成，就稱為肉凍。將凝膠加熱至超過 30℃（86℉），凝膠會再度融化並釋出水分。

　　明膠在食品裡的用途如何，完全取決於其性質。由於明膠很容易在冷水中溶化，所以常製作成方便使用的粉狀或片狀形式（即吉利丁粉或吉利丁片）。但是明膠在溫熱液體中才會開始融化，加入明膠的混合物則要等到冷卻才會形成凝膠。不同於洋菜製的凝膠，明膠製的凝膠融化和凝結的溫度相

同。溶液裡需含至少 1% 的明膠才能凝結定形；若要製作非常硬挺的凝膠，則需要約 3%。

單純用明膠製作的凝膠清澈且有彈性。用吉利丁片製作，凝膠裡形成的氣泡會比用吉利丁粉少一些，因此需要特別透明的凝膠時會採用吉利丁片。製作出的凝膠的透明程度，當然也取決於其他成分是否透明。

鹽會減弱明膠分子之間的連結，因此加鹽的凝膠會偏軟，而糖會從明膠吸走水分，因此形成的凝膠會更硬韌。乳蛋白和酒精通常有助於讓凝膠更硬韌，不過超過 30% 的酒精會讓明膠縮在一起形成很多硬團，凝膠也會分崩離析。明膠的抗酸性優良，但加入酸之後就無法結凍。凝膠經攪拌後會開始融化，融化後就必須加熱至超過 37℃（99℉）之後冷卻，才能再次凝結定形。

明膠可用於讓多種食品更為硬挺，包括含水果的甜點、慕斯、水果軟糖，和各式各樣的低脂食品。有一些植物如木瓜、鳳梨和薑，其汁液裡含有可分解明膠的酵素，如需加入明膠定形，必須先加熱汁液讓酵素變性。

利用明膠製作凝膠的好處之一，是明膠融化溫度 37℃（99℉）和體溫相當，可說是入口即化，所以吃起來會有一種彈嫩綿長、令人愉悅無比的口感。

海藻製作的特殊水膠

食品加工業廣泛運用洋菜、鹿角菜膠和褐藻膠等膠凝劑，而這些複雜多醣類近年來也在歐洲和北美的高級餐飲界大放異采。然而，取自紅藻的洋菜和其他膠凝劑，早在數世紀前就已經成為亞洲料理的重要主食。而在歐洲，

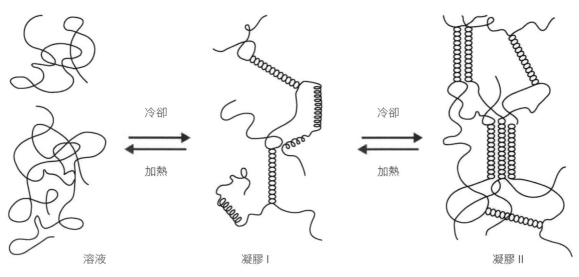

冷卻 　　加熱 　　冷卻 　　加熱

溶液 　　凝膠 I 　　凝膠 II

分別加入洋菜和鹿角菜膠製成的兩種水膠（I 和 II）。

傳統上則會將取自**鹿角菜**（Chondrus crispus）的鹿角菜膠（其名稱 "carrageenan"即源自鹿角菜的英文俗名"carrageen"）加在布丁裡增稠。

洋菜

洋菜是由洋菜醣和洋菜硫醣兩種多醣類構成的複雜化合物，可藉由加熱紅藻，將煮出的汁液過濾並冷凍乾燥處理後取得。商業上製成粉末、顆粒或細絲形式販售，常做為明膠的素食替代品。洋菜不溶於冷水，但在沸水中很快就會溶解，可用來製作熱可逆型凝膠（thermoreversible gel）。製作凝膠的方法如下：首先，將洋菜放在冷水裡泡軟，加熱至沸騰，再冷卻至 38℃（100℉）以下。洋菜凝膠冷卻定形之後，只有加熱到至少 85℃（185℉）才會再次融化。

攪拌可以讓凝膠從固態變液態，而冷凍會破壞凝膠。與明膠製的凝膠相比，洋菜凝膠較不黏稠，口感比較乾淨清脆，入口也不會馬上融化，而會保持原本形狀和硬度。善加利用入口不化的特性，就能製作出可放入熱菜裡的凝膠，為菜餚增添結構上的趣味，並且釋放更多呈味物質。洋菜形成凝膠所需的濃度也低於明膠，只要有 0.5% 的洋菜，就能讓高達的 99.5%的水定形。但相較於果膠和明膠，使用洋菜也有一個缺點，就是凝膠較不清透、質地較為粗糙，而且容易破碎。洋菜與褐藻膠不同之處，在於耐酸性佳，而且即使溶液裡含離子也不會受到太大的影響。

鹿角菜膠

鹿角菜膠也稱紅藻膠，是泛稱萃取自紅藻的複雜多醣類。不同種類鹿角菜膠的膠凝性質有很大的差異，狀態變化也受到溫度、酸鹼值、有無鉀、鈣或其他離子存在等環境條件的影響。有些鹿角菜膠會捲縮形成螺旋結構，形成鬆散連結的網絡。有三種鹿角菜膠最為重要：κ 型（Kappa）鹿角菜膠形成的凝膠硬挺強韌；ι 型（Iota）形成的凝膠較軟，破碎後還能重組；第三種 λ 型（Lambda）是唯一可溶於冷水的鹿角菜膠，無法形成凝膠，但很適合用來乳化蛋白質，尤其適用於乳製品。

如果是利用 κ 型和 ι 型鹿角菜膠製作凝膠，是將溶液加熱至沸騰之後冷卻，成品都是熱可逆型凝膠，於 70℃（158℉）左右融化，在溫度降到 60℃（140℉）左右時會再次定型。水溶液裡的鹿角菜膠濃度應為 0.8～1%，在牛奶溶液裡的濃度則為 0.3～0.5%。ι 型鹿角菜膠製凝膠可冷凍，但 κ 型製凝膠冷凍後會融化，無法維持定形。冰淇淋裡只要含有 0.02% 的鹿角菜膠，

融化的速度就會減緩。此外，鹿角菜膠即使加在低脂食品裡，也能帶出一種類似水包油乳化物的口感，也能抑制冰淇淋裡的水分和糖形成結晶，吃起來齒間就不會有沙沙的顆粒感。

鹿角菜膠還具有結合蛋白質和液體的功能，近年來也應用在肉品裡的「設計脂肪」（designer fats，也稱建構脂肪），有助於保留低脂肉裡的汁液。鹿角菜膠也常用於乳製品和麵包裡，可提供結構並保持溼潤，而最為人所熟知的功用，是添加在巧克力牛奶裡，讓可可粒子保持懸浮，不會全部沉澱。加入鹿角菜膠，會讓食物有種乾淨、綿密的口感。

褐藻膠

褐藻膠是由褐藻萃取出的複雜多醣類，由於可溶於水，在商業和烹飪上的用途廣泛，在食品加工和高級餐飲業皆廣為應用。褐藻膠形成的凝膠的熔點略低於水的沸點，可以結合大量水分，是極佳的增稠劑和安定劑。優於其他安定劑之處是遇酸不易破碎，但略黏的口感則可能成為缺點。

褐藻膠的不同形式裡，以褐藻酸鈉的用途最多元，在烹飪上應用也最廣，可以為加工食品和特製菜餚賦予有趣的質地。褐藻酸鈉遇水會分解出鈉離子和褐藻酸離子，後者在有鈣離子或鎂離子的環境下可形成凝膠，而產生膠凝作用的溫度遠低於果膠形成凝膠所需。

褐藻膠可加在包括醃漬魚或肉、沙拉醬、水果果凍、膠凍類甜點和布丁等多種食品裡，做為增稠劑、膠凝劑、黏合劑、乳化劑和安定劑，也可加在義大利麵等多種食品裡，保持煮過之後形狀不變。烹煮時褐藻膠會結合水分，形成的凝膠在結構上很穩定，讓食品不會破裂或溶解。此外，加在部分義大利麵類產品裡，可以彌補較低的麩質含量。褐藻膠還有一些特別用途，包括加在冰淇淋裡做為安定劑，有助於防止冰晶形成和油水分離，以及讓啤酒泡沫更穩定。

近年來隨著求新求變的分子料理蔚為風行，褐藻膠也有了全新用途，成了球化技法的要角。球化技法製作出很小的圓球或條管，裡頭盛滿汁液，在口感和味道的交互作用中營造出引人入勝的效果。

從營養的觀點來看，洋菜、鹿角菜膠和褐藻膠皆歸類為可溶性膳食纖維，無法由胃腸分解。因此，它們加在食物裡幾乎不會多出任何熱量，優良的水合能力卻對消化系統很有益處。

泡泡和晶球：質地的全新世界

　　雖説亞洲廚師早在數世紀之前，就已經開始在料理中使用洋菜做為增稠劑和膠凝劑，但洋菜這項食材的妙處，或許可説直到 1998 年才由費朗‧亞德里亞（Ferran Adrià）重新發現。亞德里亞於西班牙開設鬥牛犬餐廳（現已歇業），以極富創意的現代料理和推廣分子美食聞名於世。洋菜凝膠相較於用明膠製成的凝膠，吃起來較不油膩黏滯，也不像明膠膠凍那麼脆弱。亞德里亞設計了創意十足的新奇菜色，例如帕瑪森義大利麵、馬鈴薯凍和紅酒醋脆薯，將洋菜凝膠的特性和較高的熔點發揮得淋漓盡致。

　　亞德里亞於 2003 年將注意力轉向褐藻膠：他發現褐藻膠的新用途，特別是可應用在所謂球化技法，而球化如今也成為分子美食和前衛料理的註冊商標。亞德里亞發現利用褐藻酸鈉可以更輕鬆地製作出小泡泡（球體），只需將褐藻膠溶液浸入含有鈣離子的液體裡，有些情況下還可以讓液體留在泡泡裡一小段時間。他很快有了新靈感，決定實驗做出較大的球體，成功製作出第一個人造蛋黃和球形義大利餃（ravioli）。作品集很快又新增了人造魚子醬，和盛裝果汁的球形氣球、麵條和泡泡。

　　自從 2005 年發明反轉球化技術（reverse spherification），分子料理又有了重大突破。這項技術可以精確控制球體的形成，而且得以利用原本因過酸（酸鹼值低於5）、酒精含量太高，或含有鈣離子（例如乳製品和橄欖）而無法使用的液體。一般直接球化技術的困難在於，如何在泡泡裡盛裝的物質也凝結成膠之前停止膠凝作用。某種程度上，將甫成形的球體從含鈣離子的液體裡快速取出，再放入清水徹底清洗可以解決問題。而在反轉球化過程，是將含有鈣離子的液體浸入褐藻膠溶液，在液滴周圍會形成硬殼。由於褐藻膠無法穿透凝膠似的外層，因此球體裡的液體仍維持液態。

　　從廚藝的觀點來看，球化技術提供了絕佳機會，讓廚師能夠賦予菜餚不尋常、且往往令人驚奇的質地。球體外層硬實但內含汁液，會讓飲料有種迷人的飽滿感，帶來類似魚子的脆粒口感、卻與魚子截然不同的味道，或是創造令人意想不到的神奇特效，例如嚐起來像木瓜的「蛋黃」。

　　費朗‧亞德里亞和弟弟阿貝特（Albert）嗅出了創新料理的商機，合作創立了「食質」公司（Texturas），供售一系列增稠和膠凝產品。產品線除了褐藻膠和洋菜，還包括鹿角菜膠、明膠、甲基纖維素、結蘭膠、三仙膠，以及各式各樣可應用在分子料理的乳化劑和複合產品。

亞德里亞兄弟經營的無疑是門好生意——以精美瓶罐盛裝還貼上「食質」公司商標，再加上鬥牛犬餐廳的神奇光環加持的褐藻膠，價格絕對比一般食品級褐藻膠高多了。

膠類

從穀物、蔬菜等多種原料都可以直接萃取膠類，而增稠食物用的膠類中最重要的幾種，包括取自植物細胞的特定物質（如刺槐豆膠、瓜爾膠和阿拉伯膠），以及一些利用細菌發酵生成（如三仙膠和結蘭膠），和利用化學方式合成而得者（如甲基纖維素）。這些物質都能有效與水結合，兼具增稠劑和安定劑的功用。除了結蘭膠之外，其他膠類皆由高度分枝的複雜分子構成，因此除非有其他膠凝物質也存在，否則無法當成膠凝劑使用。但這些膠即使濃度極低，仍然能夠形成很黏稠的液體並讓乳化物保持穩定，可以為冰淇淋等食品賦予柔軟質地。它們在高溫或低溫下都很穩定，也不受結凍影響。膠類在濃度較高時會保持可塑型，這種特性可供運用於製造數種糖果。

刺槐豆膠

刺槐豆膠的原料是刺槐樹（carob tree）豆莢磨成的粉末，其中含有可溶於水的枝狀多醣類。使用時是將粉末溶於水，讓其膨脹形成黏稠的一團，即可用來穩定乳化物和增稠乳酪、沙拉醬、醬汁等各種食品，常與鹿角菜膠一起使用。刺槐豆膠粉末不同於一般膠凝劑，它在低溫時仍有效，因此有助於提高冰淇淋的抗融性和抗凍性，但不會帶來引人厭惡的黏稠口感。加在麵團裡，則可讓麵包更柔軟有彈性。刺槐豆膠粉本身雖然無法形成凝膠，但與三仙膠搭配使用，凝結形成的凝膠則在高溫或低溫甚至酸性環境皆能保持穩定。以刺槐豆膠增稠的食品，口感會有點黏且有一股縈繞滯留感。

瓜爾膠（左）和刺槐豆膠（右）。

瓜爾膠

　　瓜爾膠取自膠豆（guar plant）這種豆科植物的種子，是易溶於冷水的枝狀多醣類。瓜爾膠粉可調製出極為黏稠的液體，如果改用玉米澱粉，必須用上瓜爾膠粉八倍的量才能達到同樣黏稠度。加入瓜爾膠後變硬的液體，會有剪切稀化的現象；亦即受到與表面平行的剪力時會更容易流動。瓜爾膠和刺槐豆膠一樣無法單獨形成凝膠，同樣可以用於冰淇淋和沙拉醬等乳化物裡做為增稠劑和安定劑。以瓜爾膠增稠的食品口感滑順，也有一股縈繞滯留感。

阿拉伯膠

　　阿拉伯膠這種由多醣類和醣蛋白構成的複雜混合物，是由相思樹屬（Acacia）的阿拉伯膠樹和其他種樹的樹汁變硬形成。易溶於水，可做為乳化劑和安定劑，加在糖漿和飲料裡增稠，可製成糖霜，也可以加在棉花糖和水果軟糖等軟的糖果裡，加在硬糖果裡則可防止糖分結晶。含有阿拉伯膠的食品口感會有點黏，且有一股縈繞滯留感。

三仙膠

　　三仙膠由複雜的枝狀多醣類構成，是利用野油菜黃單胞菌（Xanthomonas campestris）發酵產生。在冷熱水中皆可溶，只需 0.1～0.3% 的極低濃度即有增稠的效果。加入三仙膠而變硬的液體，包括通常含有三仙膠的番茄醬和沙拉醬，會呈現剪切稀化的現象：平常儲放時質地很硬韌穩定，但從瓶罐裡倒出或放入口中時會自然流動，且不會產生滴液

（dripping）。加入三仙膠增稠的食品黏稠度，在溫度 0℃（32℉）到 100℃（212℉）範圍內的變化極小，此外因抗酸性佳，也可加在冰淇淋等乳化物裡做為安定劑。含三仙膠的食品口感介於黏稠和滑順之間，有一股縈繞滯留感。無麩質的烘焙食品裡，通常會加入三仙膠或瓜爾膠，一方面防止替代的無麩質麵粉和澱粉碎裂，另一方面增加嚼勁。

結蘭膠

結蘭膠是從一種「假單胞菌」（Pseudomonas elodea）的培養菌株分離取得的酸性多醣類，其形式可能為短鏈或長鏈多醣，膠凝功效和融化特性也各異。這些多醣類並非枝狀，但在水中可以交聯形成網絡，因此結蘭膠可做為食品的膠凝劑，也常替代洋菜、鹿角菜膠和褐藻膠來製作較昂貴的水膠。結蘭膠所需的用量只有洋菜用量的一半，0.1% 的極低濃度極可形成凝膠。目前對於使用時是先溶於冷水或溫水的效果較佳尚無定論，但膠凝過程中必須加熱，且需要有酸和陽離子如鈣離子。結蘭膠形成的凝膠可能非常硬挺，有些甚至在溫度高達 120℃（248℉）時仍相當穩定，攪拌後則可製成液態凝膠。但這種凝膠也相當脆弱，入口之後很容易碎裂，給人一種凝膠在融化並釋放香氣和呈味物質的印象。加入結蘭膠增稠的食物吃起來，有種乾淨綿密的口感。

甲基纖維素

「甲基纖維素」一詞泛稱數種利用纖維素甲基化的產品，雖然不是傳統定義的膠類，但可做為增稠劑和安定劑，例如可加在派餡；可溶於冷水但不溶於溫水，在酸性環境不受影響。和鹿角菜膠一樣可加在冰淇淋裡防止冰晶形成，也可加在糖果裡防止糖分結晶。甲基纖維素還有一種特殊性質，即加熱時變硬，但冷卻後會融化。加了甲基纖維素的食品口感可能很乾淨，也可能黏稠且有一股縈繞滯留感。

酵素對於質地的影響

廚房裡許多生鮮食材中都含有酵素，最常見的即是分解和轉化分子的特定蛋白質。生物體內的每種酵素都自然具備某種功能，例如可以幫助消化或

利用取自植物的凝乳酶劑製作乳酪

在葡萄牙有一種傳統的乳酪製法，採用的酵素是取自地中海薊（Cynara cardunculus）花苞內的雌蕊。這種酵素的作用方式與取自小牛胃裡的酵素相同，都會讓牛乳裡的微胞相互連結，形成將脂肪粒子陷在其中的網絡。

轉麩醯胺酸酶的作用原理

這種酵素會催化一種蛋白質上的游離胺基，與另一種蛋白質上稱為麩醯胺酸（glutamine）之胺基酸的醯基（acyl group）形成連結，這樣的連結方式，不會被通常用來裂解蛋白質的蛋白酶給破壞。這種蛋白質之間因酵素作用形成連結，與血液裡血塊形成的機制相同。

是抵禦細菌。酵素也能分解食物裡死去的生物物質。酵素本身就是蛋白質，有些甚至需要金屬離子才能發揮作用（啟動活性），有些則依賴碳水化合物和脂肪。大部分酵素都高度特化，只會對特定幾種分子產生反應，對於溫度、鹽度和酸度等環境條件極為敏感。溫度對酵素的影響尤其重大：酵素在高溫下會變性，意即遭到破壞，無法再回復原有功能，這也是利用高溫延長食物保存時間的原理所在。純酵素可從生物物質萃取，現今已有多種酵素皆運用生物技術大量生產。

要改變食物的結構，以及連帶改變其口感，利用酵素是最有效的方法之一。有些情況下，是食物裡的天然酵素相當自由地發揮作用，例如肉或魚會老化，或水果越放越熟。其他情況如利用凝乳酶劑製作乳酪，則是為了特定目的而引入酵素。此外，酵素在發酵過程中舉足輕重，肉品和乳製品表面會長出黴菌，都是因為酵素的作用。

凝乳酶劑裡含有凝乳酶（chymosin），會讓牛乳凝塊形成凝乳。凝乳酶的功用在於將電荷從酪蛋白的小粒子（微胞）上剪斷，讓這些小粒子能夠在牛乳裡結合形成網絡，形成一種液態凝膠將乳脂肪陷在其中。

 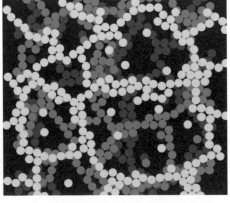

電子顯微鏡觀察加入凝乳酶劑之後，牛乳裡的酪蛋白微胞凝塊纖結，形成乳酪團塊（左）；以及形成網絡的示意圖（右）。可看到在網絡的間隙裡，仍有直徑一般在 2～5 微米之間的乳脂球分布的空間。

近年發現轉麩醯胺酸酶（transglutaminase）這個酵素的用途也非常多元，尤其獲得食品加工業和分子料理界的青睞。此酵素可加在肉類、乳製品等含蛋白質的食物裡，讓食物變稠並增添質地；也可以扮演類似黏結劑的角色，讓蛋白質相互結合形成凝膠。由於轉麩醯胺酸酶能讓不同肉塊中的蛋白質黏結在一起，可用在魚漿（surimi）和火腿等食品裡，因此也有了「黏肉膠」（the meat glue）這個不怎麼迷人的綽號。

也有些酵素的功能是分解凝膠，或防止凝結形成凝膠。廚師們大概都很熟悉，加入明膠想讓果汁膠凝定形，卻因為果汁含有木瓜或鳳梨汁而失敗告終的經驗。只要含有木瓜或鳳梨汁就不可能形成凝膠，因為木瓜酶（papain）和鳳梨酶（bromelain）這兩種水果裡的酵素，都會分解蛋白質及其中的明膠。要讓這類水果的果汁形成凝膠，必須改用洋菜和果膠這種不受酵素影響的碳水化合物。還有一種方法是加熱果汁讓酵素變性，但可能會連新鮮水果的味道也破壞殆盡。

魚漿

魚漿是幾乎全由蛋白質構成的堅實固體，原料通常是淺色魚肉，加上澱粉、乳化劑或轉麩醯胺酸酶製成。魚漿的製作方法可追溯至數世紀前的遠東地區，當地人會將魚漿製成魚丸、魚肉香腸、和日本的魚板（kamaboko）等各種食物。猶太料理中的經典主食魚餅凍（gefilte fish）就和魚板頗有淵源。在亞洲之外，市面上常看到以魚漿製成，形狀、質地和顏色模仿蟹肉或蝦肉的蟹味棒或蝦味棒，多當成壽司料。

魚漿製造現已具備全球化、商業化的量產規模，善用世界各地經濟價值低的魚類做為原料。首先將魚肉切細絲並洗滌，以除去脂肪、可溶性蛋白質、血水和結締組織，以及不想留下的氣味和呈味物質，製作出幾乎無味的糊漿。再加入澱粉、油、蛋白、鹽、山梨醇（sorbitol）、香氣物質和食用色素，可能也會加入轉麩醯胺酸酶。最後再將糊漿壓擠成形，並加熱煮熟或蒸熟。

除了魚漿之外，也有用豬肉、牛肉、牛腱或火雞肉製成的類似肉丸食品，通常不含轉麩醯胺酸酶。但製成的加工肉品質地硬實一致、略帶彈性，和做為原料的肉類截然不同，不再呈現來源部分獨特的肌肉組織和性質。

食物裡的「糖」

無論是結構簡單的糖如蔗糖、果糖和葡萄糖，或結構比較複雜、如前述以水膠形式出現的糖，碳水化合物（或醣類）是增加甜味、保存食物和增添質地不可或缺的成分。糖的特殊性質源於能夠與水結合，並降低水的化學活性，長鏈多醣類還多了可形成交聯的特性。在菜餚裡加入糖，會讓口感更為圓滑平衡。

將結構簡單的糖，如家用砂糖（蔗糖）溶於水中，會讓水變得黏稠，但溶液仍會維持液態，而且糖的濃度無論多高，溶液都不會形成凝膠。溶於水中的糖也會讓水的冰點降低，這就是為什麼冰淇淋和雪酪裡加糖，有助於防止冰晶形成。

藉由融化不同熔點的糖，以及將糖水溶液熬煮濃縮，可以製作出非常黏稠的液體（如糖漿）、軟質固體（如焦糖），或咬起來有脆粒的硬質固體（如嚴格來說屬於玻璃態的糖果）。上述製作方式的共通點，在於都是防止糖結晶。不同種類的糖應用在各式各樣的糖果甜點裡，可以產生多采多姿的口感：從柔軟綿密、有嚼勁、硬韌咬不爛、黏嘴黏牙、沙沙的、有顆粒感到堅硬難啃。若再加入一些其他物質如鮮奶油，就可以調控食品的質地。

糖漿

糖漿是濃度極高的糖水溶液，但其中的糖並未沉澱形成結晶，因為糖和水結合得很緊密，形成極為黏稠的液體。糖漿可經由將糖溶於水中，或將含有一定量的糖的汁液，以濃縮的方式來製作，後者採用的汁液包括甘蔗汁、樺樹汁和糖楓樹汁。當液體經過加熱且體積減少，糖分子可能以不同方式形成複合物，有些複合物呈褐色且帶有多種香氣物質。一般來說，糖漿的口感很黏，流動的難易程度則取決於來源汁液的種類。現今市面上很多工廠量產的糖漿大多是用玉米澱粉等製作，多數皆含有大量果糖。

轉化糖

轉化糖（inverted sugar）是蔗糖這種雙醣的一種特殊形式，是將蔗糖分解成葡萄糖和果糖而得。因此轉化糖有兩種功效：一是嚐起來比一般的糖來得甜，因為果糖比蔗糖甜，二是加在冰淇淋和甜點裡，葡萄糖可防止蔗糖形成結晶。

麥芽糊精

　　麥芽糊精是將木薯澱粉或其他澱粉水解製成的一種多醣類，通常製成重量輕且取用方便的粉末形式販售。麥芽糊精除了些微甜味之外，幾乎沒有其他味道，可做為增稠劑，以及加在冰淇淋和雪酪裡防止冰晶形成。現代新式料理也發現了麥芽糊精的功用，廚師得以將脂肪和油脂製作成入口和唾液混合之後，即釋放呈味物質的粉末。作法是將液態脂肪或油脂和麥芽糊精混合製成糊漿，用濾網過濾之後加以乾燥；更先進的方法是利用噴霧乾燥技術，可以製作出如雪花一般、觸舌即化的粉末。

食物裡的「脂肪」

　　不管是固態的脂肪或液態的油脂，都可能從許多方面影響食物的口感。影響的方式取決於**脂肪的融化特性**，以及在水分居多的液體中如何形成乳化物。脂肪做為影響質地的成分，在廚房裡所有食材成分裡，運用上的彈性可能是最大的。最常見的烹調用脂肪包括取自植物的植物油和人造奶油，以及取自動物的奶油、人造奶油、豬油（lard）、牛油脂和雞鴨等家禽的油。

　　烹飪上很少將大塊的純脂肪直接加在食物裡，但即使是很油潤的動物油脂，如豬油和牛油脂，仍會在一些菜餚裡扮演或大或小的角色。話雖如此，取自植物和動物的生鮮食材往往含有脂肪，可能囤積在某個隱密處或保存在組織裡。所以這些食材當然也會影響烹調後食物的口感，並幫忙釋放一些呈味和氣味物質。至於脂肪含量低會對口感造成什麼影響，想想看，使用很瘦的肉做成的漢堡肉是多麼乏趣無味就知道了。

來自「植物」的烹調用脂肪

　　人造奶油最初是用動物脂肪製造，但隨著時代和技術變遷，已改為採用不飽和的植物油為原料，讓其硬化來提高熔點。現今很多國家生產的人造奶油，都已經不含熔點高但不受歡迎的反式脂肪酸（trans-fatty acids），而是混合不同的植物油，並依據用途調製出不同熔點的油品，例如適合煎炒的硬油或適合烘焙的軟油。植物油製成的棒狀人造奶油（solid margarine，或硬質人造奶油）脂肪含量約 80%，與奶油相當，因此即使普遍對於人造奶油是否讓食物味道更好仍無定論，但確實可以用來替代奶油增添質地。其他人造奶

兩種脂肪：熔點較高的奶油，和熔點較低的橄欖油。

油的脂肪含量僅約 40%，其餘皆為水分，因此加熱時體積會急劇縮減，不適合用來煎炒，但很適合用於製作膨鬆酥脆的烘焙食品。

從種子和堅果榨取的油脂飽和程度不及動物脂肪，例如橄欖油和油菜籽油的不飽和脂肪比例分別是 82% 和 84%。植物油亦可用於烘焙，但因為熔點偏低，反較適合製作冷醬汁、沙拉醬，和室溫下仍可流動的乳化物。常用來製作油醋醬的橄欖油，就是以其黏裹的口感而著稱。

來自「動物」的烹調用脂肪

動物脂肪的重要來源之一是牛乳，其中脂肪含量佔 3.5%。攪動牛乳會形成奶油，其脂肪含量增加到 82%，其中約 65% 是飽和脂肪，依動物食用的飼料種類會略有不同。奶油因為其融化性質和味道而廣泛用於烹調食物，尤其常用於醬汁和烘焙食品。無水奶油和印度的酥油（ghee）幾乎是純的脂肪。

豬脂經過處理而得的豬油是 100% 的脂肪，其中 61% 是不飽和脂肪。豬油可當成奶油來使用，曾是烘焙食品裡的常用成分，會讓成品帶有明顯的肉味。

鴨鵝等家禽的脂肪組織（adipose tissue）通常約有 98% 是脂肪，其中不飽和脂肪佔 70%。主要用途是製作油封肉（confit），是一種將肉浸在油脂裡保存的方法。最為人所熟知的就是法國的油封鴨（confit de canard），是先將鴨肉用鹽醃過，泡在鴨油裡煮熟，再靜置直到冷卻變硬。

牛油脂包含 99% 的脂肪，其中有 48% 是不飽和脂肪，因其熔點高，很

適合做為煎炒用油。

　　取自魚類的脂肪皆為高度飽和，熔點很低；極易氧化，故常有股酸敗的味道，因此一般極少直接用魚油來營造食物口感，但有些魚肉因富含油脂而具有柔軟的質地。

脂肪與口感

　　脂肪能夠影響食物的質地的原因有二：第一，脂肪會形成最後在口中融化的結晶，例如巧克力裡的可可脂；第二，脂肪和水能夠以乳化物的形式形成複雜的相態。脂肪一般常以油脂的形式加在食品裡。

　　脂肪不飽和的程度決定了熔點高低，而烹飪時使用脂肪方式也多半取決於此。可塑形的硬脂肪熔點高，最適合用於烘焙，例如奶油、棒狀人造奶油和豬油。製作出來的糕餅甜點通常輕盈膨鬆，形成美味可口、柔軟酥脆的多層薄片結構（flaky structure），例如大家熟悉的美式派皮、餅乾和丹麥奶酥餅乾。富含脂肪的麵團能夠將細小水滴留在內部，這些液滴在烘焙過程中蒸發，就形成多層薄片結構中的無數氣孔。製作混合麵粉、脂肪和（或）糖的麵團時，要達到最佳效果就必須徹底按壓或搓揉，最後才能達到有脆粒感的質地。作工精細的程度，決定了烘焙糕點裡薄片的大小。

　　液體的油脂用於烘焙的效果，與固體的脂肪大不相同。油脂會流動，因此很容易和麵粉及糖混合，甚至幾乎達到充分結合。烘製出來的成品結構比較不具層次，例如磅蛋糕和瑪芬鬆糕，但還是多少有點脆粒口感。製作奶油酥餅（shortbread）的軟麵團需要擀開，就不適合採用膏狀人造奶油和油酥麵團的混合料。

就如茱莉雅‧柴爾德（Julia Child）的名言：「不敢用奶油的話，就用鮮奶油吧。」

　　脂肪通常會帶來令人愉悅的口感，主要是因為它們融化時會在口中散布開來。但脂肪如果非常黏稠，也可能讓人覺得黏黏的很不討喜。液態的脂肪會在口中散開彷彿薄膜一般，帶來黏裹的口感。這就是為什麼油脂和脂肪可以替代鮮奶油，加在醬汁裡增稠或讓口感更圓潤。

　　脂肪本身或特別是和乳化劑一起使用時，能夠增加綿密感和防止結塊，加在巧克力裡就具有這種效果。但食物裡如果含有大量脂肪，可能會改變或減弱酸味等其他味道的強度，在使用上有利有弊。

巧克力：不融你手，只溶你口的祕密

　　巧克力的原料是可可樹果莢裡的種子，這些可可豆首先經過不完全發酵，接著乾燥、烘烤後壓碎，最後榨出的脂肪即為可可脂。脫脂後剩下的固體渣滓磨碎後即成可可粉，或另外再以較高溫處理。

　　室溫下為固態的黑巧克力，是由可可粉、可可脂和糖構成的複雜混合物。大多數種類巧克力裡含有的個別可可粒子都磨得極細，因此舌頭無法嚐出顆粒。嚴格來說，巧克力應該是一種溶膠（sol），或者說呈固態的膠態懸浮液（colloidal system）——意即在可可脂這個固體基質裡，懸浮著糖和可可粉的固體顆粒。巧克力的口感極為特別，就是來自可可脂特殊的融化性質。

　　植物和動物脂肪通常都含有多種熔點不同的成分，因此一些脂肪融化的溫度範圍可能很大，奶油和豬油皆是如此。但有些脂肪混合物的狀況比較特殊，它們僅會在很小的溫度範圍融化，可說是在特定溫度融化，可可脂便是其例。可可脂主要由三種不同的三酸甘油酯構成，包含飽和及不飽和脂肪酸。由於飽和脂肪酸比例較高，因此可可脂的熔點相對較高，大約在 32～36℃（90～97℉），略低於正常的口腔溫度。巧克力的口感之所以令人無比愉悅，讓大多數人陶醉不已甚至神魂顛倒，關鍵因素就在於此。可可脂實際融化的過程中，會從身體吸走一定的熱，所以吃巧克力的整體感覺可能很涼爽愉快。

　　巧克力的內部結構取決於製作方法。兩塊巧克力可能在化學上成分完全相同，但卻有截然不同的口感。舉例來說，如果讓一塊巧克力融化之後又再硬化，嚐起來的味道和之前不會一樣，因為口感改變了。這是因為可可脂裡的脂肪結晶時，能夠形成六種結構完全不同的晶體，只有其中一種晶體能讓巧克力具有富光澤的表面，和恰到好處的硬脆感。

　　烘焙和製作糖果用的巧克力，是用所謂調溫法（tempering）製作，以確保可可脂會結出具有優良口感的特定晶體。未調溫巧克力質軟且不會折斷，而調溫巧克力則外表富光澤且硬脆，拿在手上不會融化。要調製出想要的晶體結構就要利用播種法（seeding），在融化的巧克力冷卻之前放入小塊的巧克力。另一種方法是將融化的巧克力倒在大理石板上，在逐漸冷卻的過程中用抹刀（spatula）將巧克力反覆刮攏和攤平，利用這個重覆動作促使適合的晶體生成。兩種方法都要注意，絕不能在巧克力裡混入水或水蒸氣，否則會造成結塊（seizing），形成其他不適合的晶體，成品就會有不討喜的顆粒感或形成粗糙團塊。藉由加入卵磷脂或其他乳化劑，可以讓調溫巧克力的品質更穩定。

　　巧克力裡的可可脂若形成不適合的晶體，表面就可能出現霧斑（bloom），也就

顆粒感明顯的墨西哥巧克力（上），
口感滑順的瑞士巧克力（下）。

是當巧克力放太久、照到陽光，或存放在高溫或
潮溼環境裡，表面會出現的白色或灰白斑點。儲
存巧克力最理想的環境，是陰涼乾燥、溫度保持
在 16℃（61℉）的場所，可避免可可脂再結晶
（recrystallization）。出現霧斑是因為糖或脂肪
移動到表面，形成熔點高的結晶；如果是油斑，
有時也可能來自加在巧克力裡堅果的脂肪。製作
時加入乳化劑，或其他可以和可可脂裡脂肪結合
的脂肪，例如加在烘焙食品裡的乳脂，都可以在
一定程度上預防霧斑形成。

　　白巧克力和黑巧克力不同，成分只有可可脂、
乳脂和糖，因為缺少可可粒子而呈白色。牛奶巧
克力裡也含有乳脂，所以顏色會比黑巧克力來得淺。常做為巧克力和蛋糕餡料的甘納
許（ganache），是巧克力和鮮奶油或奶油的混合物，鮮奶油或奶油含量越高就越柔
軟。甘納許是比巧克力複雜許多的混合物，因此在製作和處理上難度也相對地高。

　　不同文化通常有各自偏好的巧克力口感。例如墨西哥巧克力的質地較多粗粒，而
瑞士和比利時就偏好綿密均勻的質地，粒子直徑通常僅 20 微米。墨西哥巧克力在製作
上不會將可可豆磨得非常細，而且多半會混合辛香料和結晶較大顆的糖，構成沙沙的
且有明顯顆粒感的複雜質地。粒子大小會對巧克力的流動狀態造成很大的影響，連帶
也會影響巧克力融化後的口感：粒子越細小，融化的巧克力黏稠綿密。瑞士巧克力最
著名的特色就是質地特別柔軟，這要歸功於瑞士蓮（Lindt）創辦人之一魯道夫‧蓮特
（Rodolphe Lindt）於 1897 年的新發現。蓮特觀察發現將可可脂和可可粒子像揉捏
一樣加以研拌（conching），製作出來的巧克力質地極為滑順且風味絕佳，蓮特於是
發明一臺研拌機將此作法機械化。

　　至於冰淇淋等冰品的外層，則無法利用調溫巧克力製作，因為口腔溫度在吃冰品
之後通常會降到 30℃（86℉）之下，而調溫巧克力在相對較低的溫度下會保持硬實。
未調溫巧克力則不同，這種巧克力是在快速冷凍降溫到 0℃（-18℉）而形成適合的結
晶，其中的可可脂形成的不同晶體結構熔點都偏低，一般約為 25℃（77℉），因此未
調溫巧克力會跟冰淇淋一起在嘴裡融化。這類產品只要存放在溫度維持 0℃（-18℉）
以下的冷凍庫，巧克力的晶體結構就會維持穩定。另外一個方法也可降低巧克力的熔
點，即混入椰子油或其他油脂。

老派油炸小麻花

北歐的傳統花捲甜甜圈是用豬油油炸，會帶有一般油炸不會有的獨特肉味和鮮味，不過現代大多數人都偏好椰子油炸的甜甜圈，吃起來比較不油。油炸的訣竅在於油溫要加熱到非常高，才能炸出非常脆的成品。這份食譜是根據瑞典的一個古老配方，製作出的甜甜圈是小巧硬脆版，不是一般提到法式花捲甜甜圈會想到的那種柔軟大顆的甜點，這兩種炸甜甜圈的口感截然不同。

· 將蛋液和糖攪拌均勻，拌入麵粉、人造奶油、鮮奶油和檸檬皮屑。
· 麵團放入冰箱冷藏約 2 小時。
· 將麵團擀平至厚約 2～3mm（約 ⅛ 吋）的麵皮。用滾輪刀將麵皮切成約 4×7cm（1½×2¾吋）的菱形。
· 在每塊菱形麵皮中間劃一道小口，將一角拉過這道小口，形成類似扭麻花的形狀。
· 在重實的深鍋裡倒入約 7cm（2¾吋）高的椰子油，加熱至將麻花捲放進油裡炸時會發出嘶嘶聲。麻花捲如果沉到鍋底，表示油還不夠燙。
· 將麻花捲分批油炸至呈淺褐色。用濾勺撈出炸好的麻花捲，放在廚房紙巾上讓紙巾吸走多餘的油。

可製作 30～40 個小麻花

· 大顆雞蛋 2 顆
· 砂糖 165 克（¾杯）
· 中筋麵粉 400 克（1¾杯）
· 人造奶油 165 克（¾杯）
· 低脂鮮奶油（乳脂肪含量 9%）
· 45～60 毫升（3～4 大匙）
· 檸檬皮 1 顆份，磨成碎屑
· 椰子油

老派油炸小麻花。

愛米特製蘋果派

這份雙層派皮蘋果派食譜由愛米・羅瓦（Amy Rowat）提供。

- 將奶油切成邊長約 2cm（¾吋）的方塊，放入冷凍庫。*
- 裝一杯 250 毫升（1 杯）的水，加入一塊冰塊製成冰水。
- 在攪拌碗裡將麵粉、鹽和糖混合均勻。在混合料裡加入冰冷的奶油塊，用十指把它們全部壓碎，或放入食物調理機按瞬轉鍵（pulse）打碎。記得壓碎時要留一些杏仁果大小的顆粒，其他則壓碎成豌豆大小的顆粒。
- 在混合料上灑約 30 毫升（2 大匙）的冰水，用叉子或切麵刀切攪混合，直到混合料形成用手指捏住會黏在一起的小碎塊。視情況再加入一些冰水，但不要揉過頭讓麵團變太硬。
- 在檯面上灑些麵粉，將麵團壓平，擀出兩片厚約 2cm（¾吋）的扁圓麵團。將麵團用保鮮膜包住，放入冷凍庫冰至變硬，約需 1 小時。如沒有馬上要烤，放入保鮮袋可冷凍保存 3 個月。
- 將扁圓麵團放在烤盤紙上擀開。下層派皮的直徑應為 35cm（14 吋），上層派皮則再小一點。
- 在派盤裡抹一點奶油。將下層派皮放入派盤。蘋果去核去皮（不削皮亦可），切成厚約 3mm（約 ⅛ 吋）的薄片，均勻地鋪在派皮上。
- 將上層派皮蓋上去，讓派皮邊緣超出一些。用叉子將上下派皮的邊緣捏合並壓出花紋。
- 在上層派皮上劃出一些美觀的通氣切口。
- 放入烤箱以 190℃（375℉）烤約 1 小時，或烤至上層派皮略呈金褐色。

> - 冰冷的無鹽奶油 230 克（½ 磅），另備些許用來抹烤盤
> - 中筋麵粉 660 克（2½杯），外加一些灑在麵團和檯面
> - 鹽 6 克（1 小匙）
> - 砂糖 5 克（1 小匙）
> - 冰水 60～120 毫升（4～8 大匙）
> - 蘋果約 1.36 公斤（3 磅），甜酸各半為佳

愛米特製蘋果派。

---

* 譯注：食譜作者羅瓦的 YouTube 影片建議冷凍 10 ～ 15 分鐘。

蘋果派：物理學家的口感實驗

　　加拿大生物物理學家愛米・羅瓦研究所時代於丹麥求學，埋頭鑽研食物和科學之間的關係，後來前往哈佛大學數年，協助開設「科學與烹飪」（Science and Cooking）這門全新的通識課程，據說是當時全校最熱門的一堂課。羅瓦現於加州大學洛杉磯分校執教，主持「科學與食物」（Science&Food）研究計畫，目標是以科學方法研究食物和廚藝來推廣科普知識。大批學生和旁聽民眾湧入她的課堂，觀摩知名主廚和研究人員現場示範烹飪，分享食物的美妙滋味和他們對食物的熱情。

　　在「科學與食物」的其中一項計畫裡，羅瓦帶學生試圖利用物理學原理改良派的風味，他們想做出最完美的美式蘋果派。結果非常成功，甚至登上《紐約時報》（New York Times）。

　　要製作完美的派，最主要的就是口感要對。一個最美味可口的派，必須具有結構為多層薄片的酥脆派皮，和柔軟如海綿般、切開後微微流動的派餡。

　　派皮會酥脆，是因為麵粉裡的麩質在與水混合之後形成網絡。這個網絡如果太緊密，派皮就會太硬。要解決派皮太硬的問題，可以加其他液體如酒來替代部分的水，讓麩質無法全部形成網絡。伏特加和蘭姆酒效果都很好，也可以用啤酒或氣泡礦泉水，但效果沒有烈酒那麼好。

　　用很多脂肪（奶油）和一點點水來做派皮，保證會形成有多層薄片的結構。因為水會在脂肪居多的麵團裡形成細小液滴，在烘烤過程中，陷在麵團裡的水滴蒸發後會留下很多小氣孔，烤出來的派皮就具有層層疊疊的薄片結構。

　　派餡的結構對口感的影響同樣重要。如果是蘋果派，蘋果裡的大量水分會在烘烤時蒸發冒泡，造成派皮鼓起，而蘋果片會坍塌成一團。所以要確保蘋果片塞滿整個派的內部，我們必須做到兩件事。第一，將蘋果切成可以挨緊彼此的薄片，水分蒸發之後也不至於塌得太嚴重。第二，可加入一些麵粉或玉米澱粉來結合蘋果裡的水分，讓餡料滲出的水分變得比較濃稠。

　　最後，羅瓦的研究團隊還發現改良派皮口感的方法。派皮通常是將麵粉、奶油和糖混合成的麵團徹底揉壓，形成有顆粒感的混合料。奶油可以防止水分完全和麵粉裡的麩質結合，烤好的派皮才會酥脆但不過硬。但揉麵團時，如果先將奶油切分成大小分別如同杏仁果和豌豆的塊粒，就能達到以下兩種效果：大小像杏仁果的奶油塊會在派皮裡形成大氣孔，而其他大小像豌豆的奶油，則可確保奶油還是能平均分布在派皮裡。

當然不只如此。由於胺基酸（例如來自刷在上層派皮表面的蛋白裡的蛋白質）和碳水化合物（例如同樣刷在派皮表面的鮮奶油的乳糖）之間的梅納反應，派皮會產生褐化，烤過之後會呈現讓人垂涎欲滴的顏色。派也不能做太厚，否則在派餡烤到熟透之前，下層派皮就會因烤太久而過硬。此外，在上層派皮表面也要戳出氣孔，讓餡料的蒸氣逸散出來，上層派皮才不會鼓起。

質地多樣、令人驚奇的牛乳

　　牛乳和乳製品這類食物的神奇之處在於五花八門的質地，從自然狀態下的牛乳，到白脫乳、優格、奶油、乳酪，族繁不及備載。乳製品的多元樣貌，正是加工處理改變質地的最佳寫照。牛乳可以做為泡沫的乳化劑和安定劑，也可以加在醬汁裡增稠。最後但同樣重要的，如果缺了牛乳這項重要成分，就無法製作出人見人愛的冰淇淋。

　　新鮮的生牛乳裡有 88% 是懸浮其中的粒子和溶於水的分子。這些粒子如果聚結成塊，就能讓懸浮液結構以及口感產生劇烈改變。要達到這點主要有三種方法：改變粒子的表面或其他性質，例如攪動鮮奶油形成奶油；加入酵素，例如製作乳酪的過程；改變粒子的電荷。另外還有兩種可行的方法，其一是改變連續相的性質，增強粒子相互之間的吸引力，例如調整酸和鹽的含量，這就是牛乳酸化或是一些膠凝過程的運作原理；其二是加入適合的膠凝劑製作成凝膠。

牛乳、鮮奶油與均質牛乳

　　牛乳裡有 3.5% 是脂肪，主要以小球的形式存在，直徑一般為 5 微米，但也可能小至 0.1 微米或大至 5 微米。脂肪球的密度比水低，因此在牛乳靜置冷卻 12 至 24 小時之後會浮到最上層，這層乳脂層即天然形成的鮮奶油（cream）。由於脂肪球很容易和乳清蛋白結合，因此會讓整個過程很快速。小的脂肪球需要較長時間才能浮到上層。山羊乳和綿羊乳的鮮奶油形成時間比牛乳要長很多，就是因為羊乳的脂肪球較小，比較難相互結合。

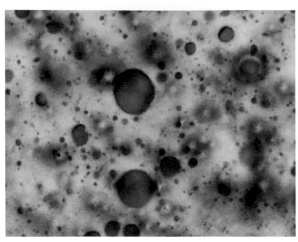

顯微鏡下的奶油結構（左）；繪製的示意圖（右）。黃色的區域是脂肪，部分為結晶體，部分為半固體；藍色液體是水，水滴直徑介於 0.1 微米和 10 微米之間。

　　加熱牛乳會讓部分乳清蛋白變性，減緩鮮奶油與水分離的速度。這就是為什麼經過巴斯德法殺菌的牛乳上層形成的鮮奶油，會比未經加熱的牛乳稀薄。

　　要讓牛乳不再分離出鮮奶油，一勞永逸的方法是均質化處理（homogenize）。牛乳在均質化過程中經加熱至高溫並通過細小噴嘴，其中的脂肪球全部打碎成平均直徑不大於 1 微米的粒子，同時，會攻擊受損脂肪球的酵素也被高溫破壞。生乳裡原本的脂肪球包覆著一層雙層脂膜，但脂肪球碎成許多小粒之後，脂質就不足以覆蓋所有粒子的表面積，因此酪蛋白微胞會和脂肪球結合，增加其比重。於是這些略重的小顆脂肪球無法再相互結合，而會在均質牛乳裡保持懸浮狀態。

　　打發鮮奶油裡的脂肪球則只有部分遭打碎，它們會聚結形成網絡，能夠保持穩定和一定程度的硬挺。

　　如果除去脫脂牛乳裡的酪蛋白微胞，例如讓酪蛋白形成凝乳之後撈除，留下的會是乳清，其中脂肪含量極低，幾乎全為乳清蛋白。

奶油與其特殊口感

　　奶油的獨特口感源自乳脂的融化特性。奶油通常在溫度達到 15℃（59℉）時逐漸變軟，但要到 30℃（86℉）才會開始融化。這表示將奶油入口之後，脂肪會四散包覆口中黏膜，並且和抹上奶油的食物相混。麵包塗上厚厚一層奶油會令人無比滿足，箇中奧妙就在於此。

溫度超過 15℃（59℉）的軟化奶油很容易加在其他食物裡，例如烘焙食品和卡士達醬（pastry cream，或甜點師奶醬），也可以混入各種調味成分如香草、辛香料或大蒜。

奶油所含 81% 的脂肪通常可細分出比例如下：51% 為飽和脂肪，26% 為單元不飽和脂肪，4% 為多元不飽和脂肪。確切比例端看乳牛的飼料成分：飼料裡越多青草，多元不飽和脂肪佔的比例就越高。因此，於春夏放牧的乳牛所生產的牛乳，製成的奶油會較軟且容易抹開。奶油天然的黃色是因為含有胡蘿蔔素，這種抗氧化物也是胡蘿蔔橘紅色的來源。放牧吃草也會攝取較多胡蘿蔔素，所以最後產出的奶油顏色也會較黃。

牛乳和鮮奶油裡的小脂肪球，外表皆包覆一層由脂質和蛋白質構成的薄膜，可以防止脂肪球相互融合。而攪動牛乳形成奶油的反覆動作，就是要打碎這些薄膜，讓脂肪球集合在一起，形成將水滴包在其中的固態脂肪。因此製作奶油的過程，幾乎可說是將牛乳內外顛倒過來，也就是一開始的材料是水包油乳化物（牛乳和鮮奶油），而最後的成品是油包水乳化物（奶油）。後者的乳脂以三種形式出現：構成聚合相（aggregated phase）的游離半固態乳脂，結晶化的乳脂，以及維持原本狀態的脂肪球。在奶油這個複雜的混合物裡，還含有大小不同的水滴。結晶化的乳脂可以確保奶油在室溫下仍維持固態，而聚合的半固態脂肪則讓奶油易於塗抹開來。

傳統的白脫乳是攪動鮮奶油製作奶油後剩餘的液體，只含有極少、約0.5% 脂肪，3～4% 的蛋白質含量則和全脂牛乳相當。現在還有其他種類的白脫乳，有些經發酵（cultured）的白脫乳含有 1%、2% 或 3.25% 的脂肪。

三種質地迴異的乳製品：牛乳、冰島發酵凝乳（skyr）和乳酪。

有幾種方法可以製作奶油，有些採用新鮮的鮮奶油為原料，有些則先加入乳酸菌讓鮮奶油輕微發酵，可增添酸度和香氣物質。歐洲傳統上採用後者，酪農會在鮮奶油裡加入前次攪動留下的白脫乳以培養菌種，過程中需將鮮奶油保持在 5℃（41℉）的低溫，此時部分乳脂會形成結晶。現在於工廠大量製造的奶油通常使用經殺菌的新鮮鮮奶油，因此菌種是在攪動之後才加入，且成品裡通常會加入 1.2% 的鹽增添風味並延長保存時間。

無水奶油（clarified butter，或譯澄清奶油）是除去水分的奶油，幾乎是純的乳脂（99.8%）。其質地堅硬，特別適合高溫煎炒和油炸。印度的傳統無水奶油稱為「酥油」，多半呈褐色，是因為加熱時加入的牛乳裡的乳糖而焦糖化，由於脂肪結晶化而具有脆粒感的質地。

市售的各種奶油替代品，皆是奶油和植物油的混合物，通常較軟且容易抹開。

發酵乳製品

超市裡常見的各種發酵乳製品，充分證明了牛乳經過加工處理後，能夠造就多采多姿的質地：其中以綿密為大宗，其他的或偏乾，或具顆粒感，或像果凍一樣半硬易碎。

製作酸味乳製品的方法主要有三。一是加熱或酸化牛乳或鮮奶油，可製出法式酸奶油、奶油乳酪和茅屋乳酪（cottage cheese）。二是在鮮奶油加凝乳酶劑製作出新鮮乳酪，再進一步發酵和熟成製成其他各式乳酪。三是利用各種各樣的微生物，特別是乳酸菌和一些真菌類，讓牛乳發酵，將乳糖轉化為乳酸和其他物質。用這種方法製作的產品包括：優格、克菲爾乳酪（kefir）、冰島發酵凝乳，以及中東的酸奶酪（labneh）和加鹽優格冰飲（doogh）。

以上三種方法製作出的食品不僅比原料來得酸，質地也變得更黏稠，甚至接近半固體。成品裡的脂肪和蛋白質都產生了極大改變，質地也因此呈現顯著差異。

無論是液態乳製品（如牛乳和牛乳製的飲品）、半軟的食品（如奶油乳酪），或類似果凍的較硬固體（如優格），綿密感主要來自所含脂肪，以及脂肪對於口感的影響。然而像是攪拌型優格（stirred yogurt）這種軟凝膠，香氣物質和甜味會影響感受到的綿密感。另外，對於綿密感的知覺，因人不同也可能有很大的差異。

現代人偏好低脂的乳製品，特別是低脂的發酵乳製品，但綿密感可能就

會打點折扣。另一個問題是香氣物質為脂溶性，因此低脂食品較難混入這些物質並在入口之後釋放出來。市面上新推出的低脂乳製品中，估計有 75～90% 都銷量慘淡，很多款遭到市場淘汰，因為消費者還是喜歡脂肪含量較高乳製品的口感。

手工鮮攪奶油

· 混合鮮奶油和法式酸奶油，置於室溫約 1～1.5 小時。
· 將混合料冷藏至 10℃（50℉），以高速攪打到開始聚結成塊。將混合料過篩，加鹽調味。
· 將乾海藻、香草或其他添加物切成碎末，混入奶油並攪拌均勻。
· 用擠花袋將奶油擠入容器裡，或捏塑成圓柱狀之後用蠟紙包住。冷藏保存。

製作出的成品約 **225** 克（8 盎司）

· 有機鮮奶油（乳脂肪含量 38%）500 毫升（2 杯）
· 有機法式酸奶油（乳脂肪含量 38%）250 毫升（1 杯）
· 鹽
· 乾燥海藻如掌藻，或香草等其他加味物質

手工鮮攪奶油。

發酵奶油

這份發酵奶油食譜需要用到一般家庭不常用的特殊發酵用菌種。
另外，在製作規模上也縮減至適合在一般廚房操作的小量製作，
供標榜提供「自製食物」的餐廳，以及想自行生產小量乳製品的
工作坊和個人參考。

· 將鮮奶油倒入攪拌盆裡，讓鮮奶油的溫度達到 20℃
（68℉）。
· 每 10 公升（10½夸脫）鮮奶油，加入 1～5 單位的 FD-RS
Flora Danica 菌種（或類似菌種）。
· 將混合料在室溫下靜置 8～10 小時。
· 冷藏至 10℃（50℉）。
· 以攪拌器高速攪打直到乳清分離。
· 依個人口味加入鹽或香草等佐料調味。
· 將奶油用乾淨的布包住並束起成袋狀，將奶油袋懸吊起來，下
方放置碗等容器。在室溫下吊掛至少 6 小時瀝出水分。
· 用蠟紙包住奶油滾成圓柱狀，粗細可自行斟酌。包覆起來置於
冰箱冷藏保存。

發酵奶油滴出的水分。

製作出的成品約 **5** 公斤（10磅）

· 有機鮮奶油（乳脂肪含量 38%）
· FD-RS Flora Danica 菌種

乳酪

　　牛乳製造的所有食品中，當屬乳酪千變萬化的質地最令人嘆為觀止：乳
酪可能堅硬、溼潤、柔軟、綿密或鬆脆，咬起來可能有顆粒或脆塊感，也可
能黏稠或有嚼勁。乳酪的質地取決於許多因素，主要是做為原料的牛乳種
類、脂肪含量，以及製作方法。此外，乳酪熟成過程中會產生變化，熟成乳
酪的風味和剛製成的時候可能大不相同。

　　乳酪是軟或硬取決於水分含量，水分越多的乳酪越軟。軟乳酪中，茅屋
乳酪的水分含量為 80%，一用水牛乳製成的莫札瑞拉乳酪（mozzarella）則為
60%。洛克福（Roquefort）和戈貢佐拉（Gorgonzola）屬於半軟質乳酪，水
分含量 42～45%；較硬的乳酪如愛曼托（Emmentaler）、切達（Cheddar）和
格魯耶爾（Gruyère），則含 39～41% 的水；非常堅硬的帕瑪森（Parmigiano-

融化的乳酪：稀薄如水、黏稠牽絲或硬韌難嚼？

你曾想過為什麼一些乳酪三明治烤過之後，吃起來幾乎像是在嚼口香糖？稍微研究一下化學，你會發現罪魁禍首就是乳酪的「熔點」。有些乳酪，尤其是格外柔嫩軟綿的種類，融化後會形成黏稠的均質液體，將脂肪裹在其中。但其他比較堅硬或較熟的乳酪，融化後會變成一團一團，反而會將脂肪釋放出來。

這些乳酪的質地會出現極大差異，主要和固態乳酪裡將酪蛋白結合在一起的力量有關。這些蛋白質形成內部構造，防止脂肪和水分相斥分離。而蛋白質結合在一起的力量強弱，就取決於鈣成分和所含的鈣離子。而鈣離子能否充分發揮功效，則又受到其他因素影響，其中乳酪的酸度最為重要。乳酪越酸，或者說酸鹼值越低，鈣離子就越難讓蛋白質結合在一起。蛋白質結合得比較鬆散的時候，就可以自由移動，也比較容易固定住脂肪，但也只到某個程度為止。

隨著乳酪老化，所含的乳糖逐漸轉變成乳酸。乳酪如果變得太酸，蛋白質就會融化並聚結成塊，並釋放出脂肪。如果酸度高到某個程度，蛋白質分子之間的結合會變得極為緊密，以至於加熱時乳酪也不會流動，反而會呈塊狀融化。融化狀況最令人滿意的乳酪，其酸鹼值約在 5.3～5.5。

有些乳酪如柔軟可塑的切達和莫札瑞拉，融化時會「牽絲」。用「帕瑪森風格」乳酪製作的披薩可能也會出現牽絲，因為道地的熟成帕瑪森會聚結成塊，很容易就可以切開。黏稠牽絲的質地很有趣，但有時也未必討喜，有一些方法可以減少乳酪牽絲的狀況，像是可以將乳酪磨成細粉，或者加入一點酸如檸檬汁或酒石酸。如果是製作乳酪醬，可以加一點玉米澱粉，或者採用帕瑪森乳酪，既可增稠又能帶來豐富可口的鮮味，可謂一舉兩得。

時機成熟，該做個小實驗了。找一、兩個朋友加入會更好玩，大家可以交換心得，或許還讓你有機會露一手，表演切開融化的乳酪。首先，將四片麵包稍微烤過。在第一片麵包上，放幾片柔軟可塑的切達；在第二片麵包上，放上磨碎並加上幾滴檸檬汁的柔軟切達；在第三片放上軟硬適中的乳酪，例如提西特（Tilsit）乳酪或愛曼托；第四片則放上削成片狀的道地帕瑪森乳酪；儘量讓每片麵包上的乳酪份量相同。將四片麵包放入烤箱用上火加熱，烤到乳酪開始融化並變褐色。接下來圍坐品嚐，然後分析結果——是稀薄如水、黏稠牽絲或硬韌難嚼？

帕瑪森風味煙燻乳酪佐櫻桃蘿蔔乾

丹麥有一種很特別的煙燻乳酪稱為燻尤希（rygeost），一般認為是唯一原產於丹麥，或更精確地說是菲英島（Funen）的乳酪。原本是傳統農家料理中常食用的一種很簡單的新鮮乳酪，近年來逐漸演變出比較複雜精緻的老饕級版本。這份食譜製作的是現代版燻尤希，採用帕瑪森乳酪以增添鮮味。

- 將乳酪磨成粗粒，放入真空袋裡，加入牛乳後將袋子密封。
- 將真空袋放在 60℃（140℉）的恆溫水浴槽裡加熱 5 小時，將牛乳濾出，剩下的帕瑪森乳酪丟棄不用。
- 將過濾後的牛乳冷藏至 20℃（68℉），加入鮮奶油、白脫乳和凝乳酶劑，待混合料形成凝乳之後，在室溫下靜置 24 小時。
- 用漏勺撈出凝乳，放在乾淨的布上。加鹽調味，將乳酪塊吊掛 12 小時，讓剩餘水分滴出。剩下的乳清保留約 100 毫升（6½大匙），以後稍後用來醃漬櫻桃蘿蔔。
- 將凝乳放在模具或濾網裡，塑成煙燻過程中利於操作的形狀。

製作出的成品約 **1** 公斤（2 磅）

- 帕瑪森乳酪 200 克（7 盎司）
- 非均質化牛乳 2 公升（8½杯）
- 非均質化鮮奶油（乳脂肪含量 38%）250 毫升（1 杯）
- 新鮮白脫乳 250 毫升（1 杯）
- 凝乳酶劑 6～7 滴
- 精鹽 12～18 公克（2～3 小匙）
- 細長櫻桃蘿蔔 10 顆
- 燕麥稈
- 蕁麻葉、山毛櫸葉或蒲公英葉

燻製乳酪

- 用錫片製作一側底部有洞的煙燻管，或用很大的鍋子、金屬桶或類似物品替代。
- 將燕麥稈放入管中，最下層鋪得較鬆散，較上層可塞得較密實，類似在煙斗中填菸絲。在燕麥稈上噴一點水，在最上面放上蕁麻葉或其他葉片。
- 在最底部的燕麥稈點火。等冒出的煙變濃後，將蓋住的乳酪放在燕麥稈最上方，蓋上煙燻管，靜置 1～2 分鐘。
- 將乳酪倒在盤上放涼後待上桌，或冷藏保存。

櫻桃蘿蔔

- 將櫻桃蘿蔔放入食物乾燥機，以 40℃（85℉）烘 5～8 小時直到完全縮皺。
- 在剩下的乳清裡加入鹽，製成重量百分比濃度（w/w％）8% 的鹽水，將櫻桃蘿蔔浸入醃漬，置於冰箱冷藏約 2 天。醃漬的櫻桃蘿蔔冷藏可保存很久。醃漬用的鹽水也可改為在乳清裡加水，或是在鹽水裡加一塊昆布。

Reggiano 或 Parmesan）等乳酪的水分含量只有約 32%。不同種類的乳酪融化後的脂肪含量差異也很大，並會連帶影響吃起來的綿密感。

帕瑪森和不同種類的高達（Gouda）乳酪經過長時間熟成，內部會形成小的乳酸鈣結晶和一種味苦的胺基酸（酪胺酸），咬嚼起來會有令人愉悅的脆塊感。

神奇的蛋

蛋不僅是最廣為運用的一種食物，也是廚房裡用途最多元的材料。蛋只要未受沙門桿菌（salmonella）感染即可生食，或者可以連殼烹煮，或敲破倒出蛋液煎炒，將蛋烹煮至熟透即可殺死沙門桿菌。此外，蛋還可以用來增稠、乳化或製造泡沫，用來調製多種醬汁，而且是製作各種烘焙食品、舒芙蕾和蛋白霜最重要的材料。然而，蛋不單只是整顆蛋，還可以分成蛋黃和蛋白，兩者的組成非常不同，且各有獨特的性質，可以一起或分開運用。

「蛋」料理：萬千變化，全在質地

如果要舉出史上引起最廣泛討論的烹調方法，很可能是「如何煮出完美的水煮蛋」。應該先把蛋放進冷水再開火，還是等水煮沸再放蛋？水裡需要加一點醋嗎？要煮多久？水是不是不能太燙，應該讓水溫保持在小滾就好？諸如此類的問題，其實隱約與每個人心目中水煮蛋該有的口感有關。而一切討論，都可以歸結到「質地」。

要評估水煮蛋的質地，困難的地方在於「蛋」是連殼放下去煮，在煮熟的過程中根本無從得知裡頭會變得如何，要等到敲破蛋殼才真相大白。但煎蛋或炒蛋就不同了，煎炒時只要目測甚至伸手輕碰一下，就可以判斷質地是否恰到好處。

那麼什麼是半熟水煮蛋（soft-boiled egg）呢？這絕不只是早餐桌上的瑣碎話題。蛋分成兩個截然不同的部分，生蛋白和生蛋黃都是由大的巨分子構

蛋的十二種料理法：
第一排：水煮蛋、洋蔥皮水煮過後鹽浸的蛋、煎荷包蛋；
第二排：美乃滋（蛋黃醬）、舒芙蕾、醋醃蛋；
第三排：炒蛋、蛋包（omelet）、水煮蛋黃；
第四排：義式烘蛋（frittata）、水煮荷包蛋、生蛋。

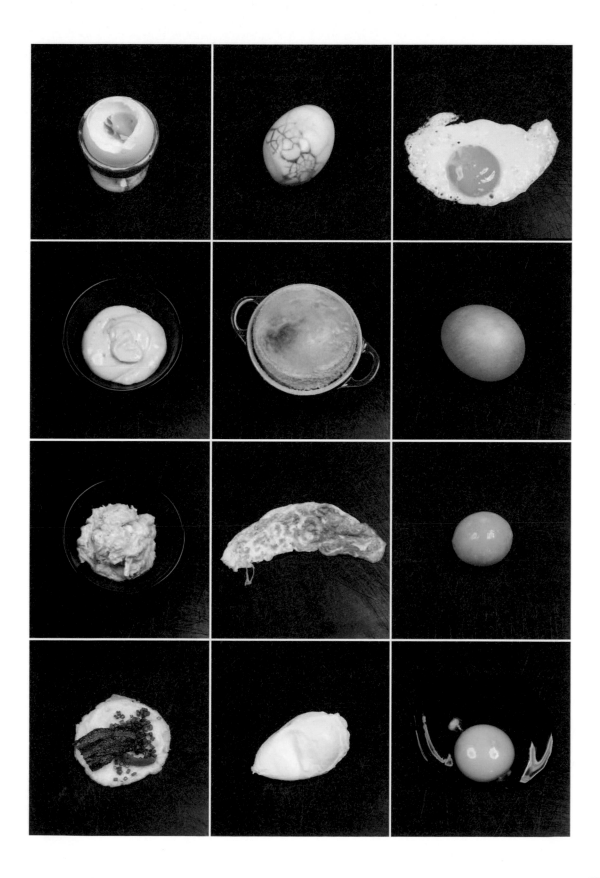

半熟水煮蛋到底是多熟？答案：6X°C 的蛋

關於半熟水煮蛋的本質，以及為何會煮出非常不同的質地，終於由知名食品化學家賽薩・維加（César Vega）以科學方式一探究竟。維加探索的重點是蛋黃，畢竟這是一顆半熟水煮蛋的首要特徵。

維加與同事魯本・莫卡德－普里埃托（Rube Mercadé-Prieto）一起提出「6X°C 的蛋」，其中 X 表示 0 到 7 之間的任一數字。這個數字表示，各家廚師的半熟水煮蛋，是將蛋浸在溫度遠低於沸點（100°C〔212°F〕）的水裡，小滾加熱 1 小時煮成的。

維加首先說明：煮蛋是很複雜的過程，成功與否很大程度上取決於溫度、熱傳遞和時間。原因有二：一是化學上的，與構成蛋白和蛋黃的分子的膠凝性質有關；二是物理上的，牽涉周圍的水將熱傳導到蛋各個部分的速度快慢。

維加證明只要適當控制溫度和煮蛋時間，就能煮出各種人們偏好的質地。他總共實驗了 66 種組合，並分別評析煮出來的蛋的質地。實驗發現，溫度只要差 1°C（2°F），結果就可能有很大的差異。問題在於如何判別成品的質地特徵，於是維加提出最好的判別依據是測量黏稠度，再將結果和其他大家熟悉的產品，如會流動的糖漿和質地偏硬的牙膏互相比較。經過多次實驗，維加和莫卡德－普里埃托將結果整理成表格，列出哪種溫度和煮蛋時間的組合可以煮出什麼質地的蛋黃，但僅限蛋黃。接下來，就只需要針對蛋白再進行一系列同樣精細詳盡的實驗。

雖然累積了大量實驗結果，但維加承認，他偏好的煮蛋方法其實和大部分人差不多：將水煮滾，把蛋從冰箱裡拿出來，就直接放進滾水。但不會一次放太多顆，以免水溫降到太低。在滾水中煮 6 分鐘後，將蛋取出來沖冷水快速降溫。

成（macromolecule）的複雜流體，包括蛋白質和油水兩親的脂肪，它們各別的特性取決於溫度，以及液體在入口後等不同狀況下受到的施力。

將蛋煮熟其實是一種**膠凝**的過程，蛋白和蛋黃裡的蛋白質變性，並像形成凝膠一樣變硬。這個過程是不可逆的：一旦膠凝定形，蛋就會維持硬挺，即使冷卻也不會再變軟。蛋白裡的蛋白質開始變性的溫度（52°C〔126°F〕）低於蛋黃（58°C〔136°F〕），所以有可能煮出完美的半熟水煮蛋，即蛋白已經變硬而蛋黃仍會流動；但煮蛋時需要精確掌控溫度，或者密切監控煮蛋時間，在適當時機停止加熱並讓蛋快速冷卻。

蛋做為增稠劑和乳化劑：醬汁、布丁和泡沫

有許多方式可以用蛋來製造出質地，蛋能夠增稠、乳化和製造泡沫，很多情況下皆能同時發揮多種功能。

生蛋黃基本上是大量**水包住脂肪**形成的乳化物，用來製作荷蘭醬和美乃滋等食物時，其中的蛋白質和磷脂質（卵磷脂）會發揮乳化劑的作用。

蛋黃約有一半是水，用來製作英式蛋奶醬（crème anglaise）即能充分發揮蛋黃結合水的神奇能力。製作方法是將鮮乳和鮮奶油加熱至接近沸騰（scald）後放涼，拌入蛋黃和糖，再將混合料慢慢加熱直到呈現想要的質地。

英式蛋奶醬可做為其他甜點或料理的基底，而蛋黃會帶出不同的口感。冰凍的英式蛋奶醬就成了冰淇淋，加入澱粉可用來製作蛋糕或布丁，隔水加熱之後再加上一層焦糖就成了烤布蕾（crème brûlée）。

蛋也可以用來讓湯變稠，例如中式料理的經典湯品酸辣湯，就會在起鍋前加入稍微攪打的生蛋液。蛋液在熱湯中會凝塊，形成淺黃色的絲狀蛋花，會讓湯變濃稠但不至於變成硬塊。湯裡加入蛋花這個柔軟的質地元素，與較硬的香菇和肉絲相互映襯。

光滑的玻璃態食物

固體物質中有一個特殊類別稱為玻璃態，由於缺乏晶體結構，因此不是真正的固體。玻璃態物質的分子，像液體裡的一樣無序，可能固定在原位，也可能極緩慢地漂移。許多食物之所以具有酥脆質地或脆粒感，都要歸功於玻璃態具備的性質，以及對於口感的特殊影響。玻璃態不是結晶體，吃在嘴裡會覺得硬脆或脆弱易碎，咬起來會有脆粒感，不同於咬碎硬質結晶的口感。舉例來說，就像吃焦糖和吃砂糖之間的差別。

玻璃態的食物通常比結晶體更受歡迎，但玻璃態卻比較不穩定。因此製備時必須用特定方法讓食物保持在玻璃態，例如快速冷卻食物，讓分子沒有足夠的時間重新組織架構。分子轉變成玻璃態的溫度稱為玻璃轉換溫度（glass-transition temperature），而玻璃態物質其實是非常黏稠的液體，增加溫度就能改變黏稠度，例如焦糖加熱後就會變軟。

藉由調製適當的混合料，可以改變玻璃態轉換的條件。例如果糖的玻璃轉換溫度較低，加在製作硬糖果或焦糖的混合料裡，就能降低混合料的玻璃

轉換溫度。這個過程稱為塑化（plasticization），讓混合料更易於塑形和變形，但在受到壓力如在口中咀嚼時，也比較難保持原本的形狀。

製作可塑性較高食物的過程中，水是最重要的成分。從麵包脆皮或脆餅

Q 彈胡椒巧克力焦糖塊

還在吃鹽味焦糖嗎——何不試試胡椒口味！

· 在鮮奶油裡加入胡椒粒、砂糖和葡萄糖，煮至沸騰。
· 將巧克力切小塊，放進湯鍋。濾掉鮮奶油混合料裡的胡椒粒，倒入放了巧克力的湯鍋裡，加熱至 125℃（257℉）。將混合料倒入小的矽膠模或鋪了烤紙的模具，於室溫下靜置放涼。
· 將焦糖切成方便入口的大小。

製作出的成品約 500 克（18 盎司）

· 有機鮮奶油（乳脂肪含量 38%）150 毫升（⅔ 杯）
· 黑胡椒粒 10 顆
· 砂糖 130 克（⅔ 杯）
· 葡萄糖 110 克（5 大匙）
· 品質優良的黑巧克力 200 克（7 盎司）

Q 彈胡椒巧克力焦糖塊。

乾就可以清楚看到，一吸收液體就會立刻變軟。玻璃態塑化的過程是可逆的，但要在特定溫度範圍之內才會發生，像是硬餅乾如果有點受潮，稍加烘烤或加熱之後會變脆。

焦糖

焦糖是糖分子經過加熱後，分解出的不同化合物構成的混合物。製作焦糖最簡單的方法，是將糖溶在水中之後加熱，轉變成焦糖的溫度則依糖的種類而定——果糖、葡萄糖和蔗糖分別是 105℃（221℉）、150℃（302℉）和 170℃（338℉）。糖水加熱後，會先形成較稀的黏稠液體，即糖漿。

焦糖的褐色源於糖的聚合作用（polymerization），這個作用會在混合料經過長時間加熱，大部分的水分蒸發時發生。加熱時間越長，呈現的褐色就越深，焦糖的甜度越低、味道也越苦。混合料冷卻之後，則會形成玻璃態的硬固焦糖。

因此焦糖吃起來可能柔軟、有嚼勁、粉粉的、酥脆或很硬，確切質地如何要看製作方式，以及加熱、冷卻、糖水裡加入的其他物質等細節。加入蛋白、鮮奶油、牛乳、奶油或明膠都可以用來防止糖結晶，並製作出想要的質地。如果加鮮奶油，其中的脂肪會讓焦糖更軟，可能還會有點粉粉的。這種焦糖常用於製作甜點、冰淇淋和糖果，例如裹巧克力的焦糖牛奶糖。

將糖和其他含有蛋白質和胺基酸的食材，一起加熱煮成糖漿或焦糖，會形成褐色的美味物質，這是梅納反應的結果。從焦糖馬鈴薯的食譜（p. 184），就可以看到這些化學作用如何發揮魔力。

植物裡的天然糖分是焦糖的另一來源。將洋蔥和韭蔥緩緩加熱至變褐色，就會產生梅納反應和焦糖化，形成可以大大增添風味的物質。這些化合物各自具有不同風味：呋喃（furanes）有堅果味，乙酸乙酯（ethyl acetates）有水果味，醋酸（acetic acid）有酸味，而麥芽醇（maltol）帶有烤麵包味。

硬糖果

硬糖果和焦糖一樣是將糖和水的混合料煮沸製成，混合料裡通常不是加鮮奶油，而是加入水果萃取物、堅果或甘草等物質調味。混合料的沸點取決於水分含量；加熱時水分持續蒸發，沸點也跟著昇高。

將糖水混合料加熱至 99% 的水分都已蒸發，再快速冷卻維持混合料的玻璃態，就形成硬糖果。糖果的硬度和脆弱程度，取決於使用的糖的玻璃轉換

焦糖馬鈴薯

按照丹麥傳統，耶誕節晚餐一定要有一道焦糖馬鈴薯。

馬鈴薯必須預先煮至全熟但仍舊硬實，小心地將皮剝掉，不要用削的，以免破壞外皮下面纖細的薄膜。這層膜可以防止之後加熱褐化時馬鈴薯澱粉滲出，表面就可能變糊且較不光滑。

褐化過程成功的祕訣是以高溫加熱，避免焦糖層結塊。最理想的做法是在很熱的平底鍋裡灑上一層糖，不攪拌，就讓糖慢慢融化。要讓糖融化得更均勻，也可以再加一點水。

糖融化之後（如果加水則是水也蒸發之後），要在顏色變太深之前將奶油融入焦糖。下一步很重要：等奶油開始冒泡，就要將去皮馬鈴薯放進焦糖裡。煮熟馬鈴薯最好是冷的且用水沖過。為了避免放入冰涼馬鈴薯時，糖硬化或形成硬的焦糖塊，一定要維持高溫讓焦糖維持液態。

褐化過程的下一步，是讓馬鈴薯浸在液態焦糖裡，小滾加熱一段時間，過程中要小心地不時翻動，以免底部燒焦。奶油讓成品形成一層富光澤的美麗表面。

6 人份

- 很硬的小顆馬鈴薯 1 公斤（2¼磅）
- 煮馬鈴薯用的鹽，每公升（夸脫）的水加鹽 18 克（1 大匙）
- 糖 100 克（½杯）
- 奶油 30 克（2 大匙）

- 將馬鈴薯洗淨後放入鍋中，加水到剛好蓋過馬鈴薯的高度。
- 按比例加鹽，煮約 15 分鐘之後取出，剝皮後放入冰箱。
- 將糖灑在平底鍋上，不要攪拌，加熱至焦糖化。
- 加入奶油，等奶油冒泡後和焦糖混合。
- 用冷水沖洗去皮的熟馬鈴薯，如果略帶水氣就瀝乾一下。馬鈴薯放進平底鍋裡，輕輕滾動馬鈴薯讓整顆裹上焦糖且充分加熱。
- 馬鈴薯煮至整顆完全熱透且呈深金黃色，表面則為精緻略苦的焦糖層。

焦糖馬鈴薯。

溫度。不同的糖可能差異極大：果糖的玻璃轉換溫度是 5℃（41℉），葡萄糖是 31℃（88℉），一般常用的蔗糖是 62℃（144℉）。根據混合料裡不同糖的玻璃轉換溫度的加權平均，可以頗準確地計算出混合料的玻璃轉換溫度。融化的糖若低於這個溫度，會硬化轉變成玻璃態。所以，混合料中如果含有一種玻璃轉換溫度極低的糖，轉變成玻璃態的溫度也會較低，形成的糖果也會比較柔軟可塑。

棉花糖則是在糖水混合料冷卻過程中持續攪動，形成由交纏的細長糖絮構成、膨鬆大團充滿空氣的玻璃態物質。棉花糖因其結構而具有特別輕盈的口感，但當糖絮在口中塌陷變成固態糖塊，就會轉為黏膩。

糖霜和翻糖

糖霜（glaze）是用糖粉和水製成的淋料，有時會加入蛋白。如英文名稱所暗示，糖霜可能屬於玻璃態，而且在水分經加熱蒸發後，通常是由糖來保持穩定的玻璃態。

糖霜既具有裝飾效果，也有包覆住食物避免乾掉的功用。此外，糖霜有種細緻酥脆的口感，可以和質軟的蛋糕或糕點本體形成對比。

冷的蛋糕糖霜是用糖粉加水調製，也可能加入蛋白或糖漿。加一些脂肪（奶油或鮮奶油）有助於防止糖分結晶，附加的好處是讓糖霜表面呈現光澤。糖粉是極細的粉末，因此糖霜裡不會有咬起來脆脆的結晶。糖霜依其成分不同，一段時間之後可能會變硬，或維持柔軟有光澤。

烤肉前塗在肉上的蜜汁層，屬於可以加熱的糖霜，是用糖（或蜂蜜）和脂肪（奶油）加上芥末或其他辛香料調製而成。加一點點葡萄糖，可以確保糖霜轉變成玻璃態，而非結晶化。肉經加熱時產生梅納反應，糖和肉的蛋白質會轉化成美味可口的褐色物質。糖加熱後會融化，所以這類要加熱的糖霜不需用糖粉製作。

翻糖（fondant）可說是一種特殊的糖霜，類似軟質的固態焦糖牛奶糖或

製作硬糖果的冷水測溫法

製作硬糖果時，甜點師傅常用煮糖用溫度計來判斷糖混合料是否達到適合的溫度。但除了專用溫度計，也有一個很古老但頗有效的測溫方法。只要用湯匙舀起一些混合料，滴在一小碗冷水裡。如果混合料形成柔軟細絲，表示還不適合製作硬糖；如果形成可捏壓的小球，表示可以製作軟焦糖或富奇軟糖；如果形成一折就咔啦一聲斷裂的硬絲，就是剛好適合製作硬糖果的溫度。

「玻璃蓋」甜點

大家熟悉的烤布蕾，其實是上面覆蓋一層焦糖化的砂糖或「玻璃蓋」的綿密卡士達。在以料理用瓦斯噴槍烤焦糖層時，為了避免加熱到卡士達層，必須選用結晶顆粒極細、融化快速的糖。

5

口感大探索

糖漬海帶

這份簡易食譜是由丹尼爾‧伯恩斯（Daniel Burns）和弗洛宏‧拉甸（Florent Ladeyn）在伊盧利薩特（Illulissat）舉行的一場工作坊設計出來的，當時主要在探索格陵蘭可採集到的天然食材可能的新用途。

・洗淨的溼翅藻（Alaria esculenta）400 克（14 盎司）
・水 230 毫升（1 杯）
・細白砂糖 300 克（1¼ 杯）

・將海藻放入滾水氽燙兩次殺菁。
・混合水和糖後加熱，將海藻放入糖水裡。
・以小火加熱 30 分鐘，將糖水煮至濃縮。
・取出海藻藻葉，攤開來鋪在食物乾燥機的乾燥盤上。
・將海藻在室溫下乾燥 15 小時。
・製作好的糖漬海帶可當零嘴直接食用，也可以做為冰品配料，或壓成碎粒灑在甜點和蛋糕上。

糖漬海帶。

富奇軟糖（fudge），通常做為蛋糕糖霜或甜點餡料。製法是先加熱糖或糖漿，可能會再加一點葡萄糖，再反覆攪拌直到呈現黏土般的質地。翻糖的質地與水分含量密切相關，可能溼潤到微稀，或乾燥粗糙且含有小的糖粒結晶。

富奇軟糖則更為複雜，因其中含有牛乳、脂肪甚至可可或巧克力；所以這種軟糖的結構中也含有脂肪液滴。

帶脆皮的烘焙食品

吃蛋糕以外的烘焙食品時，我們通常會預期外層脆皮的口感應該很酥脆、有脆粒感或咬起來咔咔響。從這些表達方式可知，吃脆皮的經驗與觸覺、視覺和聽覺等感官印象相關甚至相混。

酥脆和前排牙齒咬穿脆皮、但尚未咀嚼造成脆皮變形時發出的高頻聲響有關——表示脆皮品質優良。而帶來脆粒感的咔咔聲，表示臼齒從門齒接手咬嚼工作，毫不留情地將食物磨搗成更小的碎塊。

所有外脆內軟的烘焙食品，無論鹹甜，都可能碰到一個問題，就是放久之後脆皮會變軟或變韌，原因在於水分從溼潤的內部滲入了乾燥的外皮。當水分越趨活躍，原本屬於坡璃態的脆皮也變得更加軟韌可塑。但這個變化是可逆的，只要將麵包放進烤箱加熱，讓部分水分蒸發，變軟的脆皮又會恢復酥脆。

各式各樣的餅乾也充分呈現了酥脆口感。但餅乾只要稍微變軟，就不再可口，因為餅乾的核心價值可說就是口感。話雖如此，其實關於幾種傳統餅乾應具備怎樣的脆度，目前仍莫衷一是。法式花捲甜甜圈（cruller）就是讓大家瞬間壁壘分明的例子：有人偏好從裡到外都脆的小個頭，有人則熱愛較軟的大個頭。

酥脆麵衣

烹調中常會在蔬菜或魚肉等食材外層，裹上一層麵粉或麵包粉，也常利用牛乳或蛋液讓裹粉可以沾黏在食材，再油炸或油煎製作出酥脆外皮。

這類裹料基本上可以分為兩種，一種是直接沾黏在要烹煮的食材上，另一種是凝塊形成包住食材的硬殼，最著名的料理就是天麩羅（tempura）。

第一種裹料需要用到一些幫助沾黏的物質，才能直接附著在食材上，例如先讓食材沾些麵粉，再放入麵包粉堆滾幾下。最理想的情況，是沾黏用的物質不會影響口感。煎炸時，麵包粉會包覆食材表面，形成例如肉排或魚柳外層的黃金脆皮。

另一種裹覆食材的方法，是調製含有膨鬆劑的麵糊，例如在打散的蛋黃和麵包粉混合料裡加入啤酒。啤酒裡的二氧化碳形成許多細小氣泡，而蛋黃

老派香料脆餅

這份食譜是歐雷的母親傳授，已有超過一甲子的歷史，據說於 1950 年代還曾刊登在莉瑟・納郭（Lise Nørgaard）和莫吉・布漢（Mogens Brandt）的報紙專欄，文中寫說只要嚴格按照食譜中的每項指示，一定能烤出世界上最酥脆美味的香料餅乾。

- 奶油 500 克（1 磅+4 大匙）
- 砂糖 550 克（2½ 杯）
- 深色玉米糖漿 250 克（½杯+2 大匙）
- 杏仁果 125 克（¼磅），切粗塊
- 丁香粉 7 克（1 大匙）
- 肉桂粉 25 克（3½大匙）
- 食用鹼粉 15 克（1 大匙），加一點水溶化
- 有機橙橘皮 1 顆
- 中筋麵粉 800 克（6⅓ 杯）

- 在鍋中放入奶油、糖漿和 500 克（2¼杯）的糖，混合並加熱到全部融化且接近沸騰。
- 在混合料中拌入杏仁果碎粒、丁香粉、肉桂粉和鹼粉，放涼至微溫。
- 將橙橘皮切粗塊，加入剩下的 50 克（¼杯）糖和一點水，煮至沸騰後也放涼至微溫。
- 趁奶油混合料、杏仁果混合料和橙橘皮混合料仍微溫時，全部混入麵粉裡製作出硬實的麵團。
- 充分揉按麵團之後，揉塑成直徑 5～6cm（2～2¼吋）的圓柱狀。
- 將麵團放置在陰涼處數小時，也可冷凍起來，日後要吃時再取出烘烤。
- 將麵團切成薄片；切得越薄，烤好的餅乾就越酥脆細緻。
- 在餅乾烤盤上鋪好烤盤紙，放上切成片狀的麵團。以 200～220℃（400～425℉）烤 10～12 分鐘，烘烤時間依餅乾厚度微調。

老派香料脆餅。

鷹嘴豆泥。

裡的卵磷脂能維持氣泡穩定，麵糊經油炸後形成有點像海綿的酥脆外殼，將氣泡包在裡面。酥脆麵衣的結構並非完全密閉，所以食材裡的水分會蒸散。最具代表性的經典麵衣料理，就是蔬菜天麩羅。

日式麵包粉（panko）炸出來之後非常乾且薄脆，特別適合用來製作極為酥脆的麵衣。製作日式麵包粉的麵包採用特殊製法，麵團發酵數次之後會經過通電，最後的成品輕盈膨鬆且沒有脆皮，待乾透之後削成粉屑。日式麵包粉的結構特別膨鬆，調製出的麵糊或裹料油炸時吸油較少，因此炸製好的麵衣格外輕盈酥脆。

大家都熟知要將一些禽畜的內臟雜碎如肝、心和腦，製作成真正美味的珍饌，帶來全新的味覺體驗，關鍵就在酥脆的口感。動物的生殖器官也常做為食材，但很多人還是光想就覺得反胃，完全不予考慮。但在一些國家或地區的文化裡，生殖器官如睪丸和子宮都常出現在菜餚裡，也與「以形補形」這類吃動物器官以滋陰或補陽的民俗傳說有關。

油煎脆牛睪佐小麥芽及歐防風泥

這道食譜教你如何將牛睪丸烹製成一道美味佳餚。

預先處理麥芽

麥芽須提前幾天備料。

- 將小麥粒放入加了一點醋的水裡，浸泡 8 小時。
- 沖洗小麥粒，放在托盤上讓其發芽
- 將托盤放在涼爽且光線充足的地方 3～5 天（天數依周遭溫度而定），或直到麥芽長至適合高度，每天兩次小心地沖洗小麥粒。

水煮牛睪丸

- 將胡蘿蔔削皮後切片。
- 將洋蔥去皮後切粗塊。
- 在鍋裡倒入白酒、醋和水（或高湯）；加入百里香、香草、胡椒粒、鹽、酵母片和切好的蔬菜。
- 讓整鍋混合料小滾 10 分鐘。
- 用乾淨的布包住牛睪丸後放入鍋中，小滾 10～15 分鐘（視食材大小調整時間）。
- 關火燜 30 分鐘。取出牛睪丸放進冰箱，上面放一個略重的盤子壓緊。

歐防風泥

- 將歐防風削皮後切粗塊。混合水、牛乳和鹽 10 克（2 小匙），放入歐防風塊煮至變軟。
- 用濾網濾出歐防風塊，放進鍋裡以小火煮 10 分鐘讓水分蒸發。注意不要煮至變褐色。
- 先秤好歐防風的重量，再放進食物調理機並加入三仙膠，攪打 5 分鐘。

食物裡的粒子

食物裡有許多粒子平均或不平均分布其中，這些粒子對食物的口感影響很大。嘴巴可以分辨出小至直徑 7～10 微米的粒子，粒子如果大於這個範圍，吃起來就會覺得沙沙或粉粉的，例如冰淇淋裡的細小冰晶。粒子也可能是肉眼可見的大小，例如肉醬裡的碎肉、布丁裡的木薯粉顆粒，或刨成細絲的蔬菜。食物粒子的口感取決於其大小、形狀和軟硬度。如果是液滴形式，或柔軟可塑的固態相裡的脂肪粒子，會帶來綿密的口感，而冰晶的口感堅硬如沙粒，咬起來甚至會咔咔響。

- 在調理機攪打時，徐徐注入等量的油。
- 加鹽和一點現磨胡椒調味。

煎牛蒡丸

- 將牛蒡丸切成約 2cm（¾吋）的厚片，以鹽和胡椒調味。先灑上麵粉，再沾蛋白，最後沾裹一層日式麵包粉。
- 將牛蒡片放入油鍋，以 170℃（338℉）煎至外表呈金黃色。起鍋後先放在廚房紙巾上瀝去多餘油份，再灑上馬爾頓天然海鹽。

擺盤上桌

- 在每個盤子中央加一些溫熱的歐防風泥。將溫熱酥脆的炸牛蒡片放在上面，周圍擺一些小麥芽。擺盤後立即上桌。

6人份

小麥芽
- 會發芽的有機小麥粒 100 克（3½盎司）
- 麥芽醋 15 毫升（1 大匙）
- 水

牛蒡丸
- 胡蘿蔔 1 根
- 大顆洋蔥 1 顆
- 乾型（不甜）白酒 250 毫升（1 杯）
- 品質優良的白酒醋 100 毫升（6½大匙）
- 水或雞高湯 250 毫升（1 杯）
- 新鮮百里香葉
- 煮湯用香草束 1 束（例如韭・蔥綠葉、巴西利）
- 圓葉當歸 1 株
- 鹽和胡椒粒
- 酵母片 12 克（1 大匙）
- 大顆牛蒡丸 1 顆（約 600 克〔21 盎司〕）

歐防風泥
- 歐防風 250 克（½磅）
- 水 100 毫升（6½大匙）
- 牛乳 100 毫升（6½大匙）
- 三仙膠些許（0.25 克）
- 味道不明顯的食用油 50 毫升（⅓杯）
- 鹽和現磨胡椒

油煎用料
- 中筋麵粉少許
- 蛋白
- 日式麵包粉
- 馬爾頓天然海鹽
- 味道不明顯的食用油

　　廚房工作裡有很大一部分，其實主要是將生鮮食材切成想要的形狀或大小，或改變食材的結構。我們削切、撕扯、搗磨、攪拌、打泥、壓碎、切粗塊、刨細絲、過篩、搖晃混合等等，目的就是改變粒子大小。現代則有果汁機、電動研磨機和食物調理機代勞，包辦了絕大部分的繁瑣工作。

食物漿泥

　　製作口感滑順的蔬果漿泥，重點在於能否將食材處理成很小的粒子，徹底改變它的口感。通常用果汁機或電動研磨機就能輕鬆完成，加一點油或其

番茄醬的質地實驗

現在來製作兩種版本的番茄醬——一種保留果肉塊粒,另一種打成細緻漿泥。嚐嚐看有什麼差異。

- ·蘋果去皮去核後切丁（約 1cm〔½吋〕）。
- ·番茄汆燙去皮。使用番茄罐頭則省略此步驟。
- ·甜椒去梗去籽,切成小塊。
- ·紅蔥頭切粗塊。
- ·辣椒去梗去籽後切碎。
- ·在鍋裡灑一層糖,加熱至焦糖化,再加入熱的蘋果酒醋。
- ·加入蘋果、番茄、甜椒、紅蔥頭、辣椒和丁香後煮滾。同時將蒜瓣去皮,用壓蒜器壓成蒜蓉加入鍋裡。整鍋不加蓋小滾 1 小時。
- ·撈起丁香,加入橄欖油。用手持式電動攪拌棒將一半的醬打成含果肉塊粒,另一半打成質地滑順的漿泥。
- ·視個人口味,在兩種番茄醬裡分別加一樣多的醋和糖,以及少許鹽調味;如果偏好較濃稠的質地,也可用小火續煮收汁。

兩種番茄醬都嚐嚐看,試著分析口感是否影響你接收到的味覺印象。

製作出的成品約 **1.5** 公斤（3磅）
·蘋果（去皮去核）225 克（½磅）
·熟番茄（可用有機番茄罐頭替代）2 公斤（4½磅）
·紅甜椒 500 克（1磅）
·紅蔥頭 300 克（10½盎司）
·一般辣椒 4 根,或卡宴辣椒 2 根
·淺色蔗糖 250 克（1¼杯）
·蘋果酒醋 500 毫升（2杯）,加熱至接近沸騰
·整顆丁香 2 顆
·蒜瓣 6 個
·番茄泥（原味）150 克（5盎司）
·橄欖油 50 毫升（3½大匙）
·鹽

兩種不同的番茄醬:漿泥狀（左）和帶果肉（右）。

海藻青醬

青醬是一種漿泥或醬汁，也可以說是油的乳化物。其名稱源自義大利文中的"pestare"，意思是「壓碎」。正宗的青醬是將新鮮羅勒、大蒜和松子一起搗碎，再拌入橄欖油，也可以加一些磨碎的帕瑪森乳酪。青醬裡植物食材的顆粒大小適中好嚼，因此吃起來有種融合為一的柔軟口感。青醬可以塗抹在麵包上，或做為義大利麵的醬汁。

· 海藻放入滾水中煮 10 分鐘。
· 預留一部分的南瓜子備用。
· 將海藻和其他材料混合攪打成滑順的漿泥。
· 裝盤上桌前拌入預留的南瓜子增添脆粒感。

製作出的成品約 **200**克（7 盎司）

這份海藻青醬食譜由丹麥廚師安妮塔·狄茲（Anita Dietz）提供，她很熱衷研發各種海藻料理。

· 乾海藻（可混用闊葉巨藻、齒緣墨角藻〔serrated wrack〕、翅藻和海帶〔sea tangle〕）20 克（0.7 盎司）
· 南瓜子 50～100 克（1¾～3½ 盎司）
· 酪梨 1 顆
· 紫洋蔥 1 顆
· 蒜瓣 1 個
· 續隨子 20 克（1½ 大匙）
· 磨碎的帕瑪森乳酪約 1 克（¼ 大匙）
· 新鮮巴西利或菠菜少許
· 橄欖油 30 毫升（2 大匙）
· 鹽和胡椒

海藻青醬。

葡萄乾西米甜湯

- 製作前一天，預先將葡萄乾浸泡於馬德拉酒裡。
- 檸檬皮切大片。
- 將切片檸檬皮加入水中煮滾後，將西谷米灑入鍋裡，用力攪拌。
- 蓋上鍋蓋，讓西谷米燜煮 15～20 分鐘。撈除檸檬皮。
- 將蛋黃和⅔的糖充分攪拌直到呈極淺的黃色。在蛋液裡加入一點西米湯，再將蛋液分數次拌入西米湯裡讓湯變濃稠。用剩下的糖、檸檬汁和泡葡萄乾的馬德拉酒調味。讓甜湯保持溫熱，注意不要加熱至沸騰。
- 拌入用酒泡軟的葡萄乾，趁西米甜湯溫熱時立刻上桌。

4～6 人份

- 葡萄乾 100 克（⅔ 杯）
- 馬德拉酒 45～75 毫升（3～5 大匙）
- 有機檸檬汁及皮 1 顆
- 水 1.5 公升（6 杯）
- 西谷米或小顆粉圓 80 克（2¾ 盎司）
- 蛋黃 3 或 4 顆
- 糖 100 克（½ 杯）

葡萄乾西米甜湯。

他種脂肪可以讓漿泥更軟綿。

　　不過有些植物部位特別堅硬，可能很難打成極細的漿泥，但像鷹嘴豆泥（hummus）這樣有顆粒感的質地也可以很迷人。製作漿泥時，可先將生鮮食材煮熟，讓細胞結構變鬆散。如果是澱粉含量高的食材，搗壓得太用力可能會將澱粉顆粒搗成碎屑，質地反而變得耐嚼有彈性，例如壓搗過頭的馬鈴薯泥。不同水果的細胞結構各異，壓搗成泥或煮過後製成漿泥的質地也不一樣，主要由水果的果膠含量決定。

　　同一種食材，也可以做出兩種口感截然不同，甚至讓人覺得味道也不同的漿泥。番茄醬就是個好例子，還有花生醬，滑順版和顆粒版給我們的味覺印象就很不一樣。

　　漿泥裡的粒子如果不會太大，加在醬汁裡也有增稠和穩定的效果。含有澱粉或果膠的小粒子可以結合更多水，而且比較不容易沉澱。如果漿泥還是有分離的現象，可以煮濃一點讓部分水分蒸發，所以很細的漿泥也可以做為硬化劑和膠凝劑。

　　番茄醬的質地滑順、富含鮮味，已成為幾乎普及全世界的調味料。番茄醬的前身原是亞洲的一種魚露（fish sauce），由英國水手傳入歐洲，材料裡增加了蘑菇、核桃、酒醋和各種辛香料，逐漸演變出不同風貌。在 1750 到 1850 年間的英格蘭，"ketchup"一詞泛稱多種成分裡有蘑菇的濃稠褐色醬汁，直到 19 世紀初才開始加入番茄，據說也是英國人首創。到了約 1850 年，醬汁裡魚的成分越來越少，傳到美國則調整成甜味和酸味都較重、且質地更濃稠的醬料。

脆粒感冰品

　　製作冰品的方法有千百種，但所有冰品都是冰晶、氣泡，和未結凍的糖溶液組成的複雜混合物。此外，冰品裡可能含有小顆的固體果粒，或其他可增添風味的成分。

　　傳統的冰淇淋是用牛乳、鮮奶油和多種呈味物質製成，可能還會加雞蛋。品質優良的冰淇淋應該質地綿密，不含任何咬起來會咔咔響的粒子，但也有很多冰淇淋裡，還加了巧克力脆片、果乾、焦糖、牛軋糖或堅果等增添質地用的元素。據說美國著名品牌班與傑瑞（Ben & Jerry's）的冰淇淋，特別製作成每一口都可以吃到脆粒，是因為創辦人之一班・柯恩（Ben Cohen）患有嗅覺缺失症（anosmia）。柯恩出於補償心理，便親自坐鎮研

格陵蘭北部的美味饗宴：北極圈極北地帶的質地體驗

　　伊盧利薩特一行有許多特別之處——無論這個地方或這次經驗，都是得用最高級來描述的極致境界。伊盧利薩特是卡蘇伊特薩普（Qaasuitsup）的主要城鎮，而卡蘇伊特薩普位在格陵蘭北部，佔地 660,000 平方公里（255,000 平方英里），比法國的總面積還大，是世界上面積最大、位置最北的自治區。伊盧利薩特位於北極圈以北 350 公里（220 英里）、伊盧利薩特冰峽灣（Ilulissat Icefjord）的出海口，峽灣風景壯闊瑰麗、震懾人心，於 2004 年由聯合國教科文組織登錄為世界遺產。由此峽灣出海的瑟梅哥‧庫雅雷哥冰河（Sermeq Kujalleq）是世界上最活躍的冰河之一，崩解出高達 1,000 公尺（3,280 英尺）的巨大冰山，巍峨浩蕩地由伊盧利薩特啟程漂入無邊汪洋。

　　伊盧利薩特擁有世界上最純淨、汙染最少的水源和自然環境，由海洋和岩地採集的食材獨具特色，海味如比目魚、蝦、鯨魚肉和海藻，來自陸地的則有麝香牛、馴

鹿、地衣、岩高蘭、當歸屬植物（angelica）和野生極地香草植物，皆可成為餐桌上獨特的極地風味。

鎮上的極地旅館（Hotel Arctic）據稱是全格陵蘭最頂級的旅館，由主廚耶彼‧尼爾生（Jeppe Ejvind Nielsen）掌勺，旅館附設的烏洛餐廳（Ulo）備受好評，曾被描述為世界上與大自然最接近的一間餐廳。這裡可說是「當地食材愛好者」（locavore）的夢幻餐廳：耶彼以善用當地食材的高超廚藝贏得多個獎項，由此也可看出他的飲食觀。對他來說，烹飪的重心放在純淨的空氣、峽灣和岩地，以及格陵蘭的新鮮在地食材。這種純淨在菜色中以練習回歸簡樸單純來呈現，每道菜最多只有四到五種味道，反映這塊土地的荒瘠。透過他的料理，可以看見自然，並且體會自然的滋味，而口感就在其中扮演舉足輕重的角色。

2015 年 1 月，筆者之一歐雷受邀前往伊盧利薩特參加工作坊，參加者包括極地旅館的主廚以及來自其他國家的主廚。工作坊的目標是促進該地區的經濟發展，以及開發利用格陵蘭食材製作食品的新方法，以增加當地工作機會。我們很快就將目光投注在當地生長的多種海藻，目前大部分皆未充分運用，用在格陵蘭料理中的機會也不多。經歷 3 天的腦力激盪，我們設計出十二道創意海藻料理的食譜，全都符合工作坊要求達到的條件：作法簡單、運用當地食材，而且口味上乘，具有推廣至全球市場的潛力。

在工作坊結束的閉幕晚宴上，其中幾道料理登上了當晚的菜單，讓廚師有機會示範耶彼烹調格陵蘭料理的風格，尤其是結合純淨和單純的手法。這頓晚餐呈現了耶彼如何用當地食材製成多道菜色，並在口感塑造上盡情發揮。

菜單上共有七道菜。用餐時搭配的白麵包，酥脆外皮無懈可擊，鹽味調得格外宜人適中，祕訣在於麵團中加了新鮮海水：最單純的鹽味。

第一道菜著重海水乾淨自然的味道——格陵蘭食譜作家安索菲‧哈登堡（Anne Sofie Hardenberg）烹調的醃比目魚。做法是將比目魚用鹽和當地香草植物醃製 2 天，讓肉的質地變得較軟且像果凍一樣彈嫩，但還是保有一點硬度。生比目魚和其他種類的鰈魚（flatfish）一樣，醃製幾天後魚肉會因本身的酵素作用而變軟，此時的質地最佳。這種方法和日本傳統的「活締處理法」（ikijime）有異曲同工之妙。

第二道菜的上菜方式令人驚奇。主廚每人手持兩把料理用瓦斯噴槍，左右開火現場炙燒新鮮比目魚，搭配主菜的是蘋果和芹菜，以及用格陵蘭當歸調味的香蒜蛋黃

醬。這道菜外觀乾淨優雅，在一片白和淺綠色調中，穿插著邊緣微焦的小塊魚肉和蘋果丁，幾乎像是漂浮在峽灣中的冰山碎塊。柔軟的比目魚，與鮮脆的蘋果和芹菜丁是最完美的組合。

接下來輪到菜單上的「主廚特製驚喜料理」登場，由兩位國際知名的主廚丹尼爾‧伯恩斯和弗洛宏‧拉旬，他們分別來自紐約布魯克林的極奢餐廳（Restaurant Luksus）和法國北部的青山餐廳（L'Auberge du Vert Mont）。兩位來自米其林一星餐廳的主廚發揮創意，以小里肌肉、馬鈴薯、比目魚乾，及工作坊期間設計的一種海藻粗粒為材料，調製出一盤格陵蘭韃靼生牛肉。比目魚乾（ræklinger）是當地特產，將新鮮的比目魚肉條掛在戶外，在極乾冷的極地空氣中風乾而成。即使氣溫低到-25℃（-13℉），從風乾棚直接取下的魚乾還是柔軟多汁有彈性，這是因為比目魚肉含有大量多元不飽和脂肪。

第四道菜是用長鬚鯨（fin whale）肉製作的炙烤生魚片（tataki），將新鮮泛紅的鯨肉略微炙燒而成，搭配以醬油醃漬的海帶、醃紅蔥頭和燻墨角藻，澆淋的格陵蘭風味高湯，則是用烤比目魚湯、炙烤洋蔥、鱈魚乾、醬油和海帶熬煮成的。鯨魚肉柔嫩但帶些硬度，醃海帶如果凍般軟彈，而燻墨角藻吃起來仍帶韌度，咬嚼時煙燻味更為濃厚。

接著享用的是鹽醃羔羊心佐常溫蛋黃、油炸黑皮波羅門參（black salsify root）、炙烤芹菜泥和海藻鹽。這道菜具有多重口感：羊心很有彈性但好嚼，黑皮波羅門參外微韌內脆。蛋黃本身獨具口感，戳破外層薄膜後，流到其他食材上的蛋汁則在口中綻出一股鮮味。

結束一連串前菜之後，終於來到重頭戲。主菜用的是格陵蘭南部飼養的一種體型迷你、刻苦耐寒的德克斯特牛（Dexter cattle），每年僅宰殺 25 頭。牛肉塊以培根裹覆後油煎，佐以甜菜和菊芋（sunchoke）。這時雖然開始覺得有點飽，我們還是盡情享用柔嫩無比的牛肉。耶彼最後的擺盤點綴看似隨意，實則畫龍點睛且優雅不俗——他在整道菜最上面放了一對烤至酥脆的翅藻莖。

甜點呈現了新一輪的質地印象——蜂蜜口味軟冰淇淋佐冰凍去殼斯佩耳特小麥粒（spelt）和糖漬翅藻，和用採自格陵蘭山上的杜松針葉製作的義式冰沙。硬實的結凍小麥粒和柔軟冰淇淋的結合，帶來的感官印象已經相當愉快討喜，加上糖漬翅藻更添樂趣。義式冰沙則讓我們聯想到漂浮在峽灣中的小塊浮冰。耶彼藉由這道甜點，呈現格陵蘭北部冬季景緻的精髓——盛於碗中的冰峽灣。

伊盧利薩特隆冬裡的太陽，及閉幕晚宴的各式佳餚。

北極質地多重奏

伊盧利薩特的極地旅館附設烏洛餐廳主廚耶彼‧尼爾生設計的這道冰品，是貨真價實的質地多重奏。這份冰品結合了佐冰凍去殼斯佩耳特小麥粒（spelt）和糖漬翅藻的蜂蜜口味軟冰淇淋，和採自格陵蘭山上的杜松針葉製成的義式冰沙，最上面灑了加格陵蘭啤酒和蜂蜜去烤的綜合脆穀（crüsli）。硬實的穀粒，酥脆的糖漬海帶、義式冰沙和綜合脆穀，加上柔軟的冰淇淋，不啻將質地並置對比的精采習作。

甜點裡使用的蜂蜜由歐雷‧古戴爾（Ole Guldager）提供，他的蜂巢在格陵蘭南部的納薩克（Narsaq）。這種蜂蜜的花香味鮮明強烈，與杜松的松針香味交織瀰漫，為甜點賦予獨特的個性。還有一點也值得注意：冰淇淋部分必須在上桌之前攪打製成才會是軟的，但去殼小麥粒和綜合脆穀都必須保持硬脆，如此組合才能造就冰品的獨特口感。

製作冰淇淋

- 將牛乳、鮮奶油和蜂蜜煮至沸騰後離火。在另一個平底鍋裡加入蛋黃。
- 將煮沸的混合料慢慢拌入蛋黃裡攪打混合。將混合料倒入 Pacojet 冷凍機的專用鋼杯裡急速冷凍。或者也可以用小火煮至濃稠後離火，待冷卻後放入一般冰淇淋機，按說明書操作製作成冰淇淋。成品保持冷凍，上桌前才取出。

製作綜合脆穀

- 將啤酒、蜂蜜和奶油放入鍋裡，加熱將奶油煮至融化。
- 先拌入乾的材料，再加入打發的蛋白。
- 在烤盤上鋪烤盤紙，將拌好的穀片在上面鋪成薄薄一層。以 130℃（250℉）烤 2～3 小時，或烤至乾燥。掰成小塊，存放在密閉容器裡備用。

製作去殼斯佩耳特小麥粒

- 在鍋裡放入小麥粒並加水至剛好蓋過，煮至變軟。
- 放涼後放入冰箱冷凍。

製作義式冰沙

- 將杜松針葉放在冷水裡浸泡整晚。
- 撈起針葉瀝乾，加水、糖和檸檬汁一起煮。
- 將混合物冷凍結冰後，再用叉子戳攪成細碎冰晶。

8～10人份

蜂蜜軟冰淇淋
- 牛乳 250 毫升（1 杯）
- 鮮奶油（乳脂肪含量 38%）250 毫升（1 杯）
- 蜂蜜 100 克（¼杯＋1 大匙）
- 蛋黃 100 克（⅓ 杯）

綜合脆穀
- 深色濃烈啤酒 20 克（4 小匙）
- 蜂蜜 20 克（1 大匙）
- 奶油 15 克（1 大匙）
- 粗壓燕麥片（rolled oats）20 克（¼杯）
- 斯佩耳特小麥片 10 克（2 小匙）
- 小麥片 10 克（2 小匙）
- 榛果片 10 克（2 小匙）
- 葵花籽 10 克（2 小匙）
- 蛋白 25 克（將近 1 盎司），打發

去殼斯佩耳特小麥粒
- 去殼斯佩耳特小麥 25 克（5 小匙）

杜松針義式冰沙
- 乾燥杜松針葉（可用紅茶葉替代）10 克（2 小匙）
- 水 500 克（2 杯）
- 砂糖 75 克（⅓ 杯）
- 檸檬汁 10 克（2 小匙）

糖漬海藻
- 大片新鮮或冰凍翅藻葉 2 片
- 水 100 毫升（6½大匙）
- 糖 30 克（2 大匙）

製作糖漬海藻

· 將海藻中央類似莖幹的部位切除，葉片浸入沸水中 2～3 分鐘，泡到變軟後撈出瀝乾。

· 海藻藻葉加水和糖煮至水完全蒸發。

· 將海藻在矽膠烤盤墊上鋪平，放入食物乾燥機以 40℃（105℉）烘 8～10 小時，或直到乾燥。

· 將糖漬海藻壓碎成粗塊，存放在密閉容器裡備用。

擺盤上桌

· 待裝冰品的碗皿預先冷凍。預留少許綜合脆穀和糖漬海藻。另外準備一個碗隔著冰水放置保冰，先將大部分綜合脆穀、糖漬海藻和去 斯佩耳特小麥粒放在碗底，再放上冰淇淋。

· 將組合好的整份冰品移至經冷凍的碗皿，放上義式冰沙碎粒做為裝飾，再灑上前一步驟預留的少許穀片和海藻。

北極質地多重奏。

發，確保每種配方都具有豐富的質地和有趣的口感。

其他類冰品如雪酪和義式冰沙的特色，則是多顆粒的結構。雪酪通常是用果汁、果泥、水和糖或糖漿製成，義式冰沙和雪酪有點類似，但冰晶顆粒通常更大，且製作時會加酒。兩種冰品的水分含量都很高，也成了特別適合許多小冰晶生成的環境，是靠糖分和製作時不停攪動，來控制冰晶顆粒不會過大。雪酪裡的氣泡比冰淇淋少，因此口感較不綿密。果膠或明膠等膠凝劑可以和水結合，因此雖然提高抗凍性的功效有限，但加入之後會讓雪酪口感更綿軟。

雪酪和冰淇淋即使溫度相同，不含脂肪的雪酪吃起來感覺比較冰，這是因為脂肪能發揮隔絕溫度的效果。然而，如果冰淇淋在製作過程中，因溫度的關係容易形成細小冰晶，那麼雪酪可能反而沒有那麼冰。這是因為極小的冰晶入口之後較快溶化，會從舌頭和上顎吸走較多熱量，冰淇淋吃起來也就特別冰。

食物裡的泡沫

製作成食物的生鮮食材裡，可能內部包住空氣形成小氣孔，或在細胞中含有空氣。我們往往不會注意到，而且很多食物感覺相當密實。所以如果告訴大家：鮮脆的蘋果裡有約 25% 是空氣，而梨子則為 5～10%。可能會讓很多人大吃一驚。

我們在烹調時喜歡將「空氣」攪拌或攪打在食物裡，因為可以製作出令人歡快驚喜的口感。這類型的食物種類繁多，包括泡沫、打發鮮奶油、舒芙蕾、膨鬆甜點和蛋白霜。在其中一些例子如鮮奶油和蛋白等流質食物，呈氣泡形式的空氣可以讓食物硬挺。當食物接觸舌頭和上顎，氣泡會破掉並聚結在一起，原本的硬挺感就消失不見，於是食物在口中流動，帶來一種極綿密的口感。泡沫裡充滿空氣的氣泡則含帶許多香氣物質，於泡沫在口中破碎時釋放出來。在最先進前衛的廚房裡，基本上所有食物都有可能在主廚巧手之下變成泡沫。

維持泡沫穩定

按照科學定義，泡沫是某種氣體在液體裡分布形成的氣泡。原則上在任何一種液體裡都有可能製出泡沫，但是大部分泡沫形成沒多久，就會迅速破

瓶中泡沫

從前是藉由反覆手動攪打將氣體拌入液體，現在通常會讓電動攪拌器代勞。一般食物調理機不具這樣的功能，因為沒辦法打進大量空氣，除非是用手持式電動攪拌棒且只需攪打液體表面。還有一個替代方案是：使用裝了高壓氣體的密封瓶，即俗稱的奶油槍或奶油發泡器，氣瓶裡裝的是二氧化碳（CO2）或氧化亞氮（N2O），都是對人體無害的無味氣體。利用奶油槍打製食物泡沫，優點是瓶內氣體不像空氣裡含有游離氧，比較不容易造成脂肪氧化和酸敗。但選用二氧化碳也有缺點，因二氧化碳會在液體中形成碳酸，打出的氣泡就會略帶酸味。此外，二氧化碳比氧化亞氮更容易溶於水中，因此製造氣泡所需的時間較長。氧化亞氮則有特別的優勢，因為它比二氧化碳更易溶於脂肪。

製作泡沫時，先將要打出泡沫的液體倒入瓶中，高壓氣體則是用膠囊狀的氣彈來填裝，氣體會在瓶內高壓下溶於液體。在壓力下將液體擠出噴嘴時，氣體會自動形成氣泡，液體就成了泡沫。

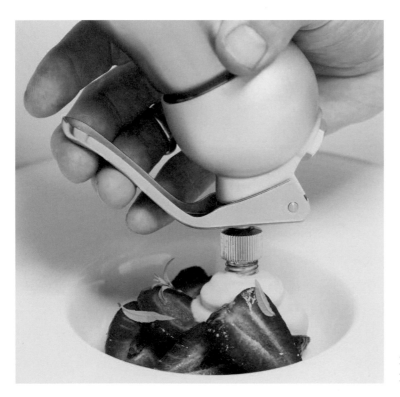

草莓泡沫與裹蜂蜜、灑馬鞭草葉的新鮮草莓。

碎消失。因此要看到泡沫，一般必須讓泡沫表面像肥皂泡泡一樣維持穩定，也就是降低水和空氣之間的表面張力。泡沫裡的氣泡通常很大，直徑約 1 毫米，而氣泡壁則極薄，厚度僅數微米。

當然，我們不會用肥皂讓食物裡的泡沫維持穩定，而是用其他物質如可食雙親分子來降低表面張力。這類分子和乳化劑一樣有很多選擇，而從某方面看來，泡沫也可以說是一種用乳化劑將氣體和液體混合的乳化物。我們可以用冷或熱的牛乳，因為其中的乳蛋白具有乳化劑的功效，或用分別含有卵磷脂或雙親蛋白質的蛋白或蛋黃；也可以加入純乳化劑如大豆卵磷脂（soy lecithin），或為了特定用途以化學方法製造、效果絕佳的乳化劑。

在一些情況下，單純加入乳化劑還不足以維持泡沫穩定。泡沫會破碎，也可能是液體因本身重量開始分離所造成，這正是肥皂泡泡破掉的原因。由於水分流失或蒸發，氣泡壁變得越來越薄，最終破碎。所以為了防止食物的水分分離，可以加入適當的膠凝劑。常見的膠凝劑如洋菜、澱粉、果膠、膠類和明膠，此時又能再次發揮所長，在使用上則需特別注意各種膠凝兼增稠劑的適用溫度。

如果泡沫變得不穩定，罪魁禍首通常是脂肪。脂肪能夠以小滴的形式分布在氣泡壁之間，形成類似相鄰氣泡的氣孔間的疏水橋。這會讓氣泡易於聚集形成越來越大的氣泡，最後就破掉了。而乳化劑有助於解決這個問題。

有二氧化碳溶於其中的碳酸飲料，例如氣泡水、啤酒和氣泡酒，裡頭的氣泡穿過液體向上昇時，也可能形成一層泡沫。如果液體裡或氣泡表面含有足量能穩定界面的物質，例如蛋白質或脂質，就會形成一層由含有二氧化碳的氣泡構成的泡沫。這些氣泡裡也含有揮發性的香氣物質，會在氣泡破碎時釋放出來。這就是為什麼泡沫也是品飲經驗裡很重要的一環，特別是啤酒最上面那層泡沫。氣泡酒或氣泡水的氣泡也會形成泡沫，但很快就會消散。

厚壁氣泡構成的泡沫：冰淇淋、打發鮮奶油、慕斯和舒芙蕾

有些富含脂肪的食物，不需借助其他物質就能形成泡沫，像是鮮奶油、脂肪含量高的乳酪甚至肥鵝（鴨）肝皆屬之。這種食物所形成的泡沫裡，氣泡因脂肪而維持穩定，且彼此之間離得很遠，和一般的泡沫很不一樣。打發鮮奶油、冰淇淋、打發的天然和人造奶油都屬於這類，上述幾種食物皆包含高達 50% 的空氣。

打發鮮奶油比其他鮮奶油都更加複雜，因為它其實是氣泡緊實堆積構成

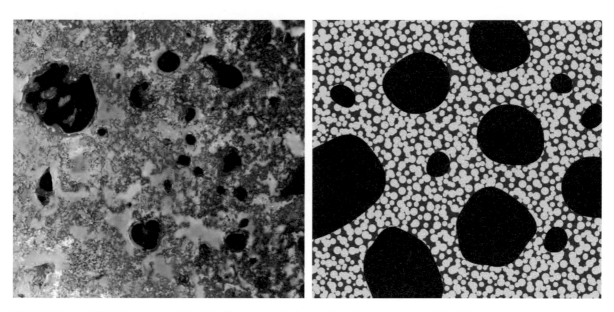

顯微鏡下的打發鮮奶油（左）；和內部結構示意圖（右）。大泡泡是空氣，而泡泡彼此之間的氣泡壁主要由脂肪和少許水分交雜構成。氣泡直徑通常在 10～100 微米之間。

的網絡，由附著在氣泡表面的小脂肪球來維繫支撐。打發鮮奶油甚至可能打成和固體一樣硬。因為是脂肪讓鮮奶油聚結在一起，所以只要鮮奶油裡的脂肪粒子比例夠高，達到 30% 甚至更高，就有可能製出非常穩定的泡沫。此外，鮮奶油裡的脂肪粒子較大，必須打碎成較小的粒子才容易讓氣泡吸附。打碎脂肪粒子的過程中，也會將原本存在脂肪球裡的乳蛋白釋放出來，於是原本的脂肪球變得較不穩定，容易形成較大的脂肪粒子。所以必須將鮮奶油打發，也就是攪打至脂肪粒子碎成很小粒，在氣泡形成硬挺網絡之前都不會重新聚結的程度。這也是為什麼溫度很重要——溫度較低時，鮮奶油的脂肪粒子比較不容易聚結。除了攪打之外，也可以用裝有氧化亞氮的高壓瓶（俗稱奶油槍或奶油發泡器）來打發鮮奶油，瓶內的氧化亞氮（N_2O）在高壓下融於鮮奶油的脂肪球，壓力下降時就形成含有大量氣泡的綿密奶泡。

　　其他由厚壁氣泡構成的泡沫形態食物，包括麵包、慕斯、舒芙蕾和蛋白霜。麵包裡的二氧化碳氣泡是因為加入膨鬆劑，或酵母發酵作用而形成，另外原本麵團裡的小水泡，也會因為水分在烘焙過程中蒸發而留下氣泡。等烘焙產品變硬之後，即使冷卻，這些氣泡也不會破碎消散。

　　如果是成分包含巧克力的慕斯，氣泡之間的厚壁，是由打發的蛋白和糖與來自融化巧克力的可可粒子一起形成。慕斯冷卻之後，這些厚壁會變得更

堅實，讓慕斯更硬挺穩定。將慕斯放進口中之後，巧克力的可可脂會在氣泡破開的同時融化，也是慕斯這種甜點獨一無二的口感來源。

　　所有種類的泡沫裡最神祕，也最難以預料何時會塌陷的，大概非舒芙蕾莫屬——其實沒有不會塌的，只是快慢問題。有很多不同的舒芙蕾食譜，使用的材料五花八門，味道印象也各不相同。舒芙蕾可以是甜點，也可以是鹹的菜餚，基本配方都是在蛋黃和其他成分的混合料裡，以切拌方式拌入打發至硬挺的蛋白，再放入烤箱烘烤。混合料內部經加熱會產生蒸氣，形成膨起凸出烤皿上緣的泡沫。烤好的舒芙蕾，其特性依烘烤溫度會有些不同：用較高溫烤出來的舒芙蕾，頂層會形成酥脆外殼，內部則溼潤；用較低溫烤出來的，則從裡到外都偏硬實。烘烤過程中如果因為誤開烤箱或其他因素導致溫度忽然下降，可能會造成已膨起的舒芙蕾崩塌。

彈性泡沫

　　一顆顆的棉花糖裡也充滿氣泡，是將空氣攪打入含糖或糖漿的黏稠明膠溶液（有些配方會加蛋白）而形成。明膠有助於保持氣泡穩定，也讓棉花糖具備典型的彈性質地。

蛋白霜

　　蛋白霜可分成數種，通常是將蛋白加糖之後打發形成的泡沫。其中一種稱為法式蛋白霜（French meringue），是先利用蛋白裡的蛋白質維持泡沫穩定，再將蛋白霜烤到半乾或全乾。烘烤過程中水分蒸發，糖分則集中分布在氣泡壁，最後形成屬於堅實的玻璃態、硬挺穩定的泡沫。如果水分並未完全蒸發，蛋白霜外表會保持硬挺酥脆，但內裡會有點溼潤，口感就會非常有趣，柔軟中可能還帶點嚼勁。

　　要將蛋白霜烤至乾透，必須以低於 105℃（221℉）的低溫長時間烘烤，確保蛋白霜在不含水分的情況下形成玻璃態。由於蔗糖的熔點較高（185℃〔365℉〕），糖會在較低的溫度脫水變乾。因此用糖粉製作蛋白霜的效果可能較好，可以避免糖晶未在形成玻璃態前融化，造成吃起來有粗粒感。

　　法式牛軋糖則是在充滿空氣的蛋白霜裡加入堅果，再將暖熱的糖漿拌入，製作出堅實耐嚼的質地。

酸刺氣泡

飲料和特製食物泡沫裡的二氧化碳氣泡，皆有一種物理層面的特殊口感，氣泡破掉時則會略帶酸味。此外，氣泡實際上產生的小小爆炸，都會帶來一種觸覺印象，加強了嘴巴裡、上顎上甚至深入鼻孔裡刺刺的感覺。這些刺刺的氣泡對於味道和口感而言極為重要，因此為什麼很多飲料一旦跑氣，馬上就變得單調乏味──誰想喝沒氣的汽水、啤酒或香檳？

一窺香檳和健力士啤酒細小氣泡的祕密

香檳或健力士啤酒最吸引人之處就是口感，而造就迷人口感的祕密，無疑是酒飲裡氣泡變化多端的特殊狀態。含有香氣物質的氣泡和泡沫只要大小適中，喝下去時不僅口感柔軟，甚至會有接近滑順的感覺。細小的氣泡會帶來最柔軟悅人的口感，而氣泡水裡較大顆的氣泡則讓人覺得太硬。

影響香檳和其他氣泡酒中氣泡大小的因素，至今已有許多討論。有很長一段時間，大家認為主要造成影響的因素，是二氧化碳的量和在酒裡的分布情況。近年來科學家才發現，其實氣泡大小取決於融在酒裡的**鹽類**、**二氧化碳分子**和**礦物質**。

就健力士啤酒而言，要探究的對象是由大量細小氣泡組成的綿密啤酒泡沫。還有更神祕的現象，就是為何靠近玻璃杯壁的氣泡會向下降，而杯子中央的氣泡會向上昇。後者比較好理解，因為氣泡比司陶特啤酒輕。但要怎麼解釋向下移動的反常現象呢？原來和啤酒一點關係都沒有，答案是因為裝健力士所用傳統啤酒杯的特殊造型──中間最寬而上下較窄。因此，杯子中央會形成較多氣泡，這些氣泡像泉水一樣向上噴湧，就將沿著杯壁形成的氣泡都推擠下移。

香檳酒裡裝飾用的海藻葉在氣泡中悠然漂動。

讓舌頭刺刺癢癢的跳跳糖

二氧化碳也可以和糖結合，再在糖於唾液中融化時釋放出來，就能讓舌頭有刺刺癢癢的感覺，這種碳酸糖也稱為跳跳糖粉（popping sugar）。跳跳糖粉不融於脂肪，所以可以加在巧克力和各種冰品甜點裡，吃的時候就會突然冒出來。跳跳糖粉的製作方法是在高壓下將二氧化碳打進流動的糖漿，再將糖漿快速冷卻後製成粉末，就能在粉末裡保存部分二氧化碳。

二氧化碳氣泡在味覺感知上其實分成兩個層面：三叉神經會對氣泡有反應，另外味蕾上一種稱為 Car4 的特殊受體則感知到酸味。

二氧化碳的水溶性在低溫環境會比高溫佳，$5{}^{\circ}\text{C}$（$41{}^{\circ}\text{F}$）下的溶解量是 $20{}^{\circ}\text{C}$（$68{}^{\circ}\text{F}$）下的兩倍。如果要用蘇打瓶（soda siphon）將二氧化碳打入水中，先將水放入冰箱冷藏降溫，會比直接用室溫下的水效果更好。

碳酸飲料如汽水、啤酒和氣泡酒是以高壓封入瓶中，所含的二氧化碳有部分以分子形式存在，有部分形成碳酸。打開飲料瓶時，二氧化碳分子立刻自動聚集成氣泡，氣泡的成形速度和上昇到飲料表面破掉之前的大小，很大程度上取決於溶於液體裡的粒子、倒入的玻璃杯裡有什麼瑕疵，以及杯子的乾淨程度。只要在氣泡水裡灑一點鹽或糖，就可以觀察到這些效應。酒吧裡的酒保在倒啤酒前，通常會用水沖一下啤酒杯內部，讓玻璃上的刮痕或汙漬變滑溜，以免影響氣泡或杯緣那層啤酒泡沫的形成。如果玻璃杯很乾淨，氣泡會集中在杯子中央，而非杯壁。塑膠杯則剛好相反，因為其杯壁具疏水性，因此氣泡反而會沿杯壁形成。這就是為什麼用塑膠杯喝氣泡酒的口感，和用乾淨香檳杯的體驗大異其趣，而用專用的香檳杯喝氣泡酒，幸運的話甚至可以看到氣泡整齊地從杯子中央昇起的景象。

另一個舉足輕重的因素，是液體中油水兩親物質如脂肪、蛋白質等的含量多寡。液體中這類物質越多，氣泡就越少，也可以維持較長的時間才破掉。這是因為雙親物質會聚集在氣泡表面，減低表面張力，也會造成細小氣泡發出嘶嘶聲。有些碳酸飲料裡會加入瓜爾膠以抑制這種效應，賦予這些細小氣泡比較柔軟綿密的口感，有點類似健力士牌司陶特啤酒（Guinness stout）的質地。

輕盈酥脆的多層式麵包糕點

有很多麵包糕點的典型特色是輕盈、多層的質地，由於結合了多重硬脆的纖薄片層，和穿插其中的空氣層，因此口感非常特別，吃起來有種柔軟又有點彈性的感覺。這類甜點是用一種稱為起酥皮（feuilleté或 puff pastry）的麵團製作，其脂肪含量很高，通常約35%。

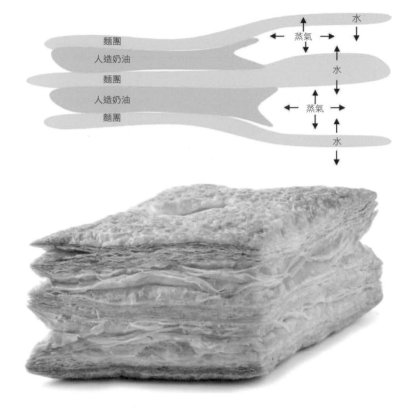

水

麵團

蒸氣

人造奶油

水

麵團

人造奶油

蒸氣

麵團

水

酥皮麵團的薄片結構示意圖：烘焙過程中，水氣將麵團和奶油或人造奶油的片層撐開（上）；千層派（下）。

　　這類酥脆多層的烘焙食品裡，最具代表性的當屬可頌麵包（croissant）、丹麥奶酥和法式千層派（mille-feuille）。其中只有千層派的多層是由奶油構成，可頌和丹麥奶酥的麵團裡則含有蛋、糖和膨鬆劑，因此層片較柔軟，沒有千層派那麼脆。

　　要製作出口感完美的千層派，祕訣在於以重複摺疊、擀薄、再摺疊方式將奶油疊入麵團。於是層片數量不斷增加，每層也越來越薄，厚度多半不到百分之一毫米，或相當於麵粉裡澱粉顆粒大小。藉由反覆摺疊，就能製作出多達幾百層的麵團，已知曾有人做出高達一千四百五十八層！但製作過程非常耗時。

　　製作質地最佳的起酥皮，很重要的一點是**脂肪必須是可塑的**，而且質地必須相當硬實且不黏、易於和入麵團，但又不能硬到在反覆摺疊和擀開時突出麵團。但脂肪如果太軟，就很容易融化在麵團裡，會讓成品過硬且脆度不足。使用奶油的話，必須是溫度不高於 20℃（68℉）的冰涼奶油，揉和摺

疊的過程中也必須讓麵團保持冰涼。

脂肪如果結晶化，就無法達到最佳的可塑性，因此可借助適當的乳化劑來預防脂肪結晶。如果是用脂肪含量較低的脂肪如人造奶油，就必須特別注意這點。

烘烤麵團的過程中，多重層片中的水分形成蒸氣將層片推開，於是成品就變得輕盈多層。蒸氣也會在層片之間的脂肪周圍流動，將脂肪撐破但不會讓成品塌陷。在烘焙過程中，麵團的厚度會膨脹成原本的數倍。

從軟至硬，由硬復軟

很多食物在醃漬、乾燥或發酵等製造過程中，質地都會產生劇烈變化。有些軟的食材會變硬，甚至硬到必須經過再次處理，才能變回可食用的軟度。所有加工處理的過程通常都會影響食材的營養價值和味道。

傳統日本料理中有多種食品，就是將魚和海藻等取自大海的食材以上述方式加工製成，其中最令人驚奇的兩種食品，莫過於類似鯖魚和鮪魚的鰹魚（bonito），以及稱為昆布的大型海藻。前者經處理之後硬如鐵石，而後者則比羽毛更輕軟──它們絕對稱得上是全世界最硬的食物；以及全世界最軟的食物。

鰹魚在經過煮熟、鹽醃、乾燥、煙燻和發酵五個步驟之後，製作出的成品即為柴魚或鰹魚乾（katsuobushi）。在這段漫長且嚴謹小心的處理過程中，水分含量達 70% 的新鮮魚肉，逐漸轉變為乾燥密實、堅硬如岩的魚片，含水量則降到低於 20%。要食用或利用這些乾魚片製作高湯，必須再將其刨成比髮絲還輕薄、厚度僅約 20 微米的片屑。刨出的柴魚片質地柔軟輕盈，幾乎是入口即化。

剛採收的新鮮昆布含有 90% 的水分，但經過陽光下晒乾，並置於特製的低溼度地窖熟成之後，含水量會降到 20～30%。乾燥後的昆布非常硬，無法直接食用，必須浸在水中泡軟並讓其釋放出鮮味物質。乾昆布也可以和柴魚一樣，利用銳利的特殊刨刀切削成極薄輕透的片屑，稱為細絲昆布（tororo konbu）或手工細絲昆布（oboro konbu），口感極為柔軟細緻，同樣入口即化，可加在湯裡或用來拌飯或麵。

新鮮食材從採收或捕獲、加工處理到包裝成烹調用品的過程，充分體現了如何提昇食材的美味價值，進而讓食材的獨特口感更上一層樓。

全世界最硬的食物

日本飲食文化經過長久發展，特色之一是善用取自海洋的食材如魚類、貝類和海藻。海味食材的採收、處理和製備方式高度精緻化，能夠充分發揮食材的味道和質地，經典產品之一鰹魚乾，是公認全世界最硬的食物。

鰹魚乾是經過很長時間才發展出來的一種特殊魚類製品，簡單來說是乾燥的鰹魚片（鰹魚是類似鯖和鮪的魚類）。鰹魚乾的日文"katsuobushi"在 8 世紀時是指魚乾，而現今鰹魚乾製法的起源，據說是 1675 年在土佐國（Tosa；今高知縣），一個名叫土佐與一（Yoichi Tosa）的人發現將魚乾煙燻，讓魚乾長出一種真菌之後的味道更好而流傳下來。現今日本多個港口城市，包括靜岡縣燒津市（Yaizu, Shizuoka Prefecture）、高知縣土佐市（Tosa）和鹿兒島縣枕崎市（Makurazaki），都是生產鰹魚乾的重鎮。

筆者（歐雷）滿懷好奇，想要獲得製造鰹魚乾的第一手資訊，於是啟程前往號稱「日本漁業中心」的燒津市。由東京搭乘新幹線列車前往燒津市，車程僅約 1 小時。為我們擔任嚮導的二宮久美子博士（Dr. Kumiko Ninomiya）是日本研究鮮味的重要學者，拜她在燒津的人脈網絡所賜，我這個外國人才得以進入港口區，並由鰹魚技術研究所（Katsuo Gijutsu Kenkyujo）的富松徹所長（Tooru Tomimatsu）帶我們參觀一間名為柳屋本店（Yanagiya Honten）的柴魚工廠。

我們運氣很好，抵達那天剛好看到冷凍鰹魚自大型漁船卸貨的實況。這艘遠洋漁船先前 1 個月都在海上，最遠航行至南太平洋和密克羅尼亞（Micronesia）周圍海域，以捕捉經濟價值極高的鰹魚。

漁獲全都以-30℃（-22℉）冰存至堅如鐵石，每尾鰹魚重 1.8～4.5 公斤（4～10磅）。在碼頭卸貨後當場分類，一開始用機器自動分類，接著由整隊工人接手，小心翼翼地重新分揀。分類完的鰹魚接著運送到工廠，等待後續加工處理。

第一步是用充滿氣泡的水將魚解凍。溫度不能高過 4.4℃（40℉），以免肌苷酸（inosinate）分解，肌苷酸是鰹魚乾裡鮮味的重要成分，是最重要的呈味物質。將魚解凍後，先用機械切下魚頭和除去內臟，切除的部分磨成泥狀之後會用來製作魚露。接著將魚肉放入鹽水加熱，在 98℃（208℉）的水溫下小滾近 2 小時。煮魚的鹽水會反覆使用，因此為成品賦予鮮美滋味的精華物質都會累積在鹽水裡。煮過的魚肉接著由人工切片、修整、去骨去皮。

接著是製作過程中最重要的一環：將魚肉先以烘乾和煙燻，有些情況下再加上發酵的方式脫水，讓魚肉的水分含量降到 65% 至 20%。

製作鰹魚乾真正的奧祕，在於如何燻魚。我們來訪的時機實在很剛好：才抵達四層樓高的煙燻間所在區域，就看到負責煙燻的師傅，正準備在每座爐子底下稱為「火床」（hidoku）的特殊位置生火。我們輕鬆穿過地板上的活板門，沿著陡直的梯子向下爬，剛好趕得及看到師傅在堆滿柴薪的一長排煙燻盆裡點火。我們在煙燻間底層壓低身體，堪堪避過最濃重的煙霧，在短短一瞬間，親身體會開始煙燻時，木柴著火燃燒那一瞬間空氣中的張力。我們接著要煩惱的，就是如何在偌大的活板門關上之前，快速竄上梯子爬出煙燻間。

煙燻的柴薪只用枹櫟（konara）和麻櫟（kunugi）這兩種櫟樹的硬木，因為可以燻製出日本人偏好的那種煙燻柴魚味。燻煙用的柴薪每天要補充四次，並重新點

火。這家製造柴魚的公司很審慎保護商業機密，煙燻間內部是唯一不開放拍照的地方。

上面鋪滿魚肉的網盤，會先堆疊於煙燻間底部乾燥約 1 天的時間，將水分含量降低至 40%。所有網盤接著會移到煙燻間最上層燻 10 天，將水分含量再降低至 20%。製作到這個階段的魚乾稱為「荒節」（arabushi），是鰹魚乾的一個種類，這就是全世界最硬的食物。一片荒節堅硬可比木椅腿，大家可能會懷疑，這麼硬的東西怎麼可能拿來吃？我們稍後就來回答這個問題。

荒節可再進一步加工處理，利用發酵再脫水，過程非常耗時，但製作出的成品「枯節」（karebushi）會具有更濃烈的味道，價格更高但也更受消費者青睞。很可惜這次前往燒津沒機會看到枯節的製作過程，以下仍簡單介紹製作過程。

經過長時間煙燻，荒節外表覆滿一層焦油，首先要將焦油層削或刮除，再在 28℃（98℉）的環境中灑上灰綠麴黴（Aspergillus glaucus）。接下來數個星期中，黴菌孢子會長滿整片魚乾，菌絲也會深入魚乾內部。等魚乾長滿黴菌之後，再將

魚乾移至陽光下晒乾，將所有黴菌刮除。將魚乾放回黴菌室，再搬到陽光下晒乾的過程要反覆進行 1 到 2 個月，每次循環都會讓魚乾的品質更優良。

「枯節」其實分成兩種：一種是用整塊魚乾製成，味道較苦；另一種味道比較溫和細緻，因為會先去除魚骨周圍那塊偏深紅色、腥味較重的血合肉。

當天行程是參觀完工廠之後，前往燒津首屈一指的餐廳吃午餐，這家位在港口的餐廳外觀低調樸素，有很多漁民都常光顧。在離開工廠之前，我們很快參觀了巨大的冷凍間。準備製成鰹魚乾的鰹魚，要保存在-30℃（-22℉）的低溫，而要製成生魚片的鰹魚，則要以-60℃（-76℉）冷凍，所有分解作用在這個溫度都會停止。在另一個冷凍間裡，我們看到全世界最貴的頂級鮪魚，或許可以說牠們全都在冬眠，等待國際市場開出最好的價格。

「荒節」通常磨成粉末使用，大部分用於製作烹大師鰹魚粉（hon-dashi），這是日本很多高湯塊、加工食品和各種調味料的重要成分。烹大師由日本食品加工業巨頭味之素公司製造，配方是根據味之素創辦人之一池田菊苗教授（Kikunae Ikeda）的專利研發。池田菊苗首先從昆布萃取物分離出麩胺酸鹽，並提出「鮮味」（umami）一詞來描述這種基本味道。

魚乾加工處理的過程越漫長繁複，製作出的「枯節」就越乾燥且越少裂痕，刨成柴魚片的時候也越不容易崩裂開來。

堅硬的魚乾放在特製的刨盒上，利用像是倒反的平面刨出極細的柴魚片。「枯節」以現刨的滋味最佳。柴魚片非常纖薄，實驗發現其肌苷酸含量可以高達 98%。柴魚片加上乾昆布，就能熬煮出無比鮮美的日式高湯（dashi），是日式料理中不可或缺的元素。現在市面上已可買到各種真空充氮包裝的柴魚片，還有不同厚度可供選擇。一般來說，越薄的柴魚片，釋放可口的鮮味物質的速度就越快。

柴魚片也可以灑在湯、蔬菜和飯上。乾燥的柴魚片屑碰到熱燙食物冒出的蒸氣，會像跳舞一樣收縮扭動，所以日文中就描述成「跳舞的柴魚片」。

柴魚片的滋味究竟如何？首先，是最明顯的溫和煙燻味，然後可以吃出有一點鹹，最後就是鮮味。還有相當突出的苦味，則來自組胺酸（histidine）。柴魚片結合其他含有麩胺酸鹽的食材如昆布時，就能完全凸顯出本身的鮮味。

全世界最軟的食物

為了尋訪全世界最軟的食物，筆者之一（歐雷）遠赴歷史悠久的重要港口城市堺市（Sakai）。堺市鄰近日本第二大都會區大阪，從前以製造武士刀聞名全國，如今是日本製造主廚刀和其他廚用刀具的中心。製刀產業之外，堺市也是昆布這種可食大型褐藻的重要產地。

從 14 世紀開始的數百年來，京都就是長達 1,200 公里（745 英里）的「昆布路」（Konbu Road）的終點站。在日本北部的北海道採收並乾燥的昆布，經由海路運往港口城市敦賀（Tsuruga），在此熟成 1 到 2 年，接著經陸路運輸至琵琶湖（Lake Biwa），再由船舶載運到京都。17 世紀海運航線延伸之後，終點站轉移至堺市，堺市從此成為昆布產業的首要重鎮。

加工處理海藻的場所一般不對外開放，但筆者此行有幸進入其中一處參觀，全賴在紐約市開設高檔刀具和餐廚用品店的川野作織女士（Saori Kawano）居中聯繫堺市產業振興中心（Sakai City Industrial Promotion Center）。在該中心的山中裕樹（Hiroki Yamanaka）熱心安排之下，我和同事木下浩二博士（Dr. Koji Kinoshita）前往參觀生產上百種昆布產品的松本公司（Matsumoto）。

山中裕樹先生帶我們前往偌大的倉庫，請松本公司總經理松本勉（Tsutomu Matsumoto）幫我們導覽。松本先生滿懷熱情地講解生產過程，介紹昆布如何經過熟成，而這個過程對於成品的質地和味道都會產生非常大的影響。昆布儲存在溫度設定在 15°C（59°F）、溼度也受控制的環境裡，整個倉庫瀰漫著最迷人的海水味。

接著我們跟著松本先生進入工廠，觀看特製機器的尖銳刀片劃過用米醋醃漬後壓縮得很密實的大捆昆布，削出近乎透明纖維的寬大淺綠薄片。削出的成品柔軟如絲而且輕如羽毛，稱為「細絲昆布」（tororo konbu）。

細絲昆布從前是手工製作，用尖刀順著海藻的長形葉狀體，刮出一層又一層輕透如皺紋紙的薄片，用這種古老方法製作的成品是「手工細絲昆布」（oboro konbu）。我一直很想親眼看看這種古法的操作過程，可惜先前詢問時得悉不開放參觀。

儘管如此，後續仍有其他參訪行程。松本先生打電話替我們安排參觀鄉田商店（Goda Shoten）。這家小小的工廠從開業至今，就使用傳統工藝製作昆布這種全世界最軟的食物，連接待我們的山中裕樹先生也從未親眼看過製作過程。

參觀鄉田商店是真正的未知冒險，可說是堺市之行的壓軸好戲。鄉田商店位在堺

市舊城區其中一間風格獨具的小房子，我們爬上狹窄樓梯到了 2 樓，進入一個很小的房間，房裡有兩位先生、三位女士在工作。他們坐在鋪了壓平紙箱的地板上，忙於製作手工細絲昆布，採用的古法已有將近 500 年的歷史。

製作手工細絲昆布所用的是「真昆布」（ma-konbu），葉片比其他種類昆布更狹長，約長 1～1.5 公尺（3¼～5 英尺）。整捆乾燥的昆布會先放入米醋稍微浸泡約 10 分鐘，每次浸泡都是用同樣的米醋，整桶米醋會因飽含昆布釋出的麩胺酸而具有強烈鮮味。最後製作的手工細絲昆布之所以具有酸中帶甜的鮮味，祕訣就是浸泡用的米醋。昆布預先浸泡之後，靜置 24 小時讓其軟化，再由技術純熟的匠師將昆布削成厚度約 50 微米的薄片，是機器製作的細絲昆布的兩倍厚。將昆布葉片最外層刮除之後，留下的淺綠色葉芯，就是昆布中的高級逸品「白板昆布」（shiraita konbu）。白板昆布強韌有彈性，但又柔軟如絲緞，可用來製作大阪一帶特產的醃鯖魚壽司（battera）。工作室的牆上掛著大小不一的長方形木板，專門用來客製化削切指定大小的白板昆布，提供給各家餐廳客戶製作鯖魚壽司。

堺市從前曾有約一百名能製作手工細絲昆布的匠師，如今只剩八位！

一般的細絲昆布可以機械化生產，但是手工細絲昆布只能以手工製作。松本先生的工廠每天可生產將近 90 公斤（200 磅）的細絲昆布，而鄉田商店的師傅們每天僅能製作出約 10 公斤（22 磅）的手工細絲昆布。但即使這麼小量的成品，製作時仍需消耗大量勞力。

那麼將昆布削製成薄絲的這種特殊刀具又是怎麼製成的呢？削製昆布需要用到一種特別的刀刃，毫無意外是在以製刀聞名的堺市鑄造。山中裕樹先生在鄉田商田的工作室打聽到一位製作這種特殊刀具的匠師，打了幾通電話聯絡之後，安排我們拜訪製刀界公認手藝精湛的大師利生和泉（Izumi Riki），讓我們有機會獲得啟發。我們前往利生先生的店鋪拜訪，這位老師傅很有意思，他對美食很有興趣，還說他曾和山塔那合唱團（Santana）一起表演，他擔任的是薩克斯風樂手。

利生先生的店裡琳瑯滿目全是刀刃，席地而坐的工匠，忙著將刀刃裝上握柄和依照訂單包裝出貨。店面樓上有一大區擺滿傳統日本廚具，還有一個井然有序的大廚房，利生先生就在這裡和廚師合作示範如何正確使用他製作的刀具。

終於到了要親眼一見削製細絲昆布用刀刃的時候。利生先生不慌不忙地解釋，這種刀刃必須用一種經過熱處理、軟硬適中的特殊碳鋼製作，此外刃鋒必須有一點弧

度，才能削下薄薄的一層昆布而非切入昆布葉片。但要削製手工細絲昆布，仍須具備豐富的實做經驗和純熟手藝。

我請替我們口譯的接待人山中先生，代為婉轉詢問能否讓我們購買一片專用刀刃。利生老師傅很客氣地拒絕了，因為這些刀刃不提供販售，而且只能由真正的手工昆布細絲製匠使用。我可以感覺到，他們是因為對專業十分自豪才有所堅持，我也有點後悔，竟會動念請他們將專門刀具賣給外國人。

細絲昆布柔軟細緻、略呈牽絲狀，最適合加在湯或豆腐料理裡頭調味。手工細絲昆布同樣柔軟，因為是沿著昆布纖維割下，故質地較堅實，可用來包飯糰或加在烏龍麵裡。

全世界最軟的食物究竟味道如何？初入口的味道印象，是鹽和米醋微酸底韻的細緻結合，接著登場的當然是鮮味，而最有趣也最令人驚喜的，是獨一無二的口感──和棉花糖一樣，幾乎觸舌即化。

Making Further Inroads into the Universe of Texture
進一步深入質地的世界

　　口感的世界提供了無窮盡的探險機會，我們在本章中挑選了多種食材，有些如豆科植物（legumes）、葉菜和穀物等，是大部分讀者熟悉的重要食材；也有些如章魚、水母和海藻，對部分讀者而言可能比較陌生。我們將探索如何在鹹食和甜點中運用這些食材，並改變其質地。本章最後一部分聚焦於動物皮、骨等較冷門的食材，以及會在口中迸發出滋味的特殊料理。

豆類、大豆與芽菜

　　豆科植物是開花植物裡成員第三多的大家庭，有幾種通常直接生吃，另外數種必須將乾燥種子晒乾後煮熟食用的，在英文裡統稱「豆類」（pulses）。大豆雖然也是豆科植物，但由於富含油脂，因此國際上歸類為油籽（oilseed）而非豆類。豆類和其他植物種籽很適合乾燥後長時間儲存，只要存放在適合的環境，一定時間之內仍然能夠發芽，成為具有獨特質地的新鮮食物。

　　聯合國將 2016 年訂為國際豆類年（International Year of Pulses），目的在於向大眾推廣豆類具有極高的營養和經濟價值，其生態足跡（ecological footprint）遠小於供應等量動物性蛋白質的食材來源，很適合做為永續作物。

乾豆、鷹嘴豆與扁豆

　　以適當方式烹調豆子，就能呈現多采多姿的質地：可能堅硬、酥脆、咬起來有脆粒或硬韌，也可能柔軟、綿密或吃起來沙沙的。當然，豆子也是植物性蛋白質的重要來源，其中含有大量人體不可或缺的胺基酸，綜合蛋白質含量可能多達米麥等穀物的三倍。此外，豆子也含有大量可溶性纖維、碳水

煮豆小祕訣：加鹽、加酸或加鹼

　　為了避免將豆類和扁豆煮到稀爛，可以在煮豆子的水裡加一點氯化鈣，比例為每120 毫升（½ 杯）的水加大約 1.25 克（¼ 小匙）。氯化鈣的功能是幫助豆子外層的細胞相互附著，同時豆子內部會在烹煮下變軟。如果煮豆水是硬水，即含有過多鈣鹽類，可能很難將豆子煮至熟透，此時可在水裡加一點食鹽，其中的鈉離子有助於替換鈣離子和鎂離子，有助於加快煮熟的速度。但鹽也會讓豆子裡的澱粉比較難糊化，煮好後比較不綿密且顆粒感明顯。

　　加酸也可以達到類似效果，且能促使果膠分子聚結。有一招古老的烹飪祕訣，是在鍋裡放一顆很熟的番茄和豆子一起煮，番茄的酸能讓熟豆的外皮保持硬脆，內部的口感則變得粉粉的。同理，煮熟的乾豌豆瓣只要加一點醋就會帶點綿密口感，完全不用加油或其他脂肪。

　　要縮短烹煮鷹嘴豆等豆類的時間還有一招，就是將煮豆水調整成鹼性，例如加點小蘇打粉。鹼的效果和酸剛好相反，會讓果膠分子分離，軟化其細胞壁，讓豆子能更快煮到完全熟軟——製作鷹嘴豆泥時就非常方便了。

化合物和膳食礦物質。

　　有些豆科植物要趁幼嫩時食用，有些可以生吃，有些則必須煮熟才能食用。大家較熟悉的幾種包括四季豆、花豆（runner bean 或 scarlet runner bean）、黃莢菜豆（wax bean）、硬莢豌豆（garden pea）、軟莢豌豆（snow pea）和甜豌豆（sugar snap pea）。除了硬莢豌豆是去莢只吃豆仁，其他都可連莢帶豆一起食用。

　　大部分豆類在烹煮之前必須先泡水，而製作豆類料理時，其實有較長的時間是在浸泡豆子，烹煮反而不需花太久的時間。這是因為乾豆外表沒有孔隙，水分只能經由內凹側的小孔進入。較大的豆子通常需要浸泡至少 12 小時，較小的則時間較短，之後烹煮需要 1 小時左右。乾豌豆瓣（split pea）和扁豆的種皮較薄，可不浸泡就直接烹煮，但先泡 1 小時可以大大縮短烹煮時間。還有更節省時間的做法：先將乾豆煮沸後瀝乾，再放入清水裡浸泡，或用壓力鍋煮豆子也很省時省力。而豆類煮熟後的質地主要取決於烹煮時間長

---

* 譯注：「羊羹」最早於鎌倉時代由中國傳入日本，羊羹在中國原是濃稠如膠凍的羊肉羹湯，在日本則改用豆類製作素羊羹做為點心，後來受西洋傳入甜點和砂糖普及的影響，羊羹才慢慢演變成甜點。

日本古代甜點：以豆代糖

　　日本古時沒有砂糖，傳統料理中就連糕餅甜點、茶道菓子都不加糖，而是改用豆泥來提供甜味。將紅豆或其他豆子煮熟後磨成泥狀，就能做為糕餅甜點的帶顆粒填餡，也可以用來製作稱為羊羹（yōkan）的硬實膠凍狀點心。製成條塊狀的羊羹裡可能會加入綠茶粉調味，現今在日本食品店鋪裡的糖果區皆有販售，也有高級甜點鋪提供精緻版的羊羹。*

類似甜果凍的紅豆羊羹。

短，以及煮豆子的水裡加了什麼配料。

質地新奇的創意料理

　　大豆的用途特別多元，可以製作出形形色色的食物，每種都有獨特的滋味和質地，最常見的是豆漿製成的豆腐，與用牛乳製作的新鮮乳酪有異曲同工之妙。豆漿裡含有蛋白質，加入硫酸鈣（calcium sulfate；即石膏）或氯化鎂（magnesium chloride）等鹽類後會凝結成塊，將凝塊壓擠在一起即成固態的豆腐。豆腐的質地可能軟綿絲滑，也可能像有些乳酪一樣硬實，端看發生凝塊作用的環境條件和擠出的水量多寡而定。

　　將新鮮豆漿慢慢加熱，表面會形成一層薄膜，這種質地更細緻的產品就是豆皮（也稱為腐竹）。豆皮相當輕軟，剛從豆漿表面撈起時幾乎吹彈可破。豆皮經過乾燥之後，可加在湯裡增添口感，或包小黃瓜等蔬菜製成豆皮捲。

　　相較於極軟嫩的豆皮，也是有極硬實的大豆產品。例如類似素乳酪的發酵豆腐乾（即豆腐乳），其質地比豆腐硬乾，跟熟成乳酪一樣帶有濃烈氣味。

腰豆拌漬菜

生腰豆含有一種稱為植物血球凝集素（phytohemgglutinin）的有毒物質，必須經由煮熟，將此物質分解之後才可食用。熟腰豆外硬內軟，吃起來可能有點粉粉的，是這道簡易豆類沙拉的主要成分。製作這道菜一點都不費力，手邊如有冷卻的熟豆或腰豆罐頭會更輕鬆。加入口感嫩脆的日式漬菜，在質地上就能增加對比的趣味。

- 沖洗腰豆並用濾網將水瀝乾。
- 將漬菜切成薄片或細條。
- 混合腰豆和漬菜，淋上準備好的醬料。

4 人份配菜

- 煮熟腰豆 250 克（1 杯）
- 日式漬菜（醃蘿蔔、球莖甘藍、小蕪菁或小黃瓜）75 克（2½ 盎司）
- 柚子醋*

腰豆拌漬菜（漬菜選用日式醃蘿蔔）

還有一種稱為天貝（tempeh）的發酵豆製品，通常是用新鮮大豆製成，也可以用其他豆類或預先浸泡的穀物製作。傳統天貝的製法，是將大豆泡水去皮後煮至半熟，加入菌種讓大豆發酵，長出的菌絲會交織形成蛛網般的纖維，將大豆粒織結成塊。大豆會保有本身略微硬實的結構，造就了天貝非常獨特的口感，在柔軟如絲絨的菌絲中藏著有嚼勁的大豆粒。

大豆製品中質地最不尋常的是納豆（nattō），即加入菌種發酵的大豆團塊，取用整顆豆子時會拖著細絲，帶有強烈的鮮味。納豆的氣味刺鼻，對第一次吃的人來說可能是種挑戰。

豆類和扁豆是幾乎全世界都可找到的食材，可水煮或製成豆泥，廣泛用

---

* 如果買不到柚子醋（ponzu），也可以自行用柴魚高湯或味噌、檸檬或日本柚子汁、料理用清酒和醬油調製醬料。

於製作湯、醬汁、燉菜和沾醬。常食用的豆子除了黑色、紅色和褐色，還有鷹嘴豆和扁豆。

印度的豆泥（dal）可以用豆類、扁豆或鷹嘴豆製作，是將食材燉煮成濃稠泥糊，搭配米飯或印度烤餅（naan）食用。

鷹嘴豆是用途很廣的食材，常用於製作肉類替代品、醬汁和沙拉醬。乾鷹嘴豆烹煮前必須先浸泡至少一夜，在水裡加小蘇打粉可將烹煮時間縮短20到40分鐘。將鷹嘴豆煮成漿泥狀後，拌入中東芝麻醬（tahini），就成了很油且口感綿密的鷹嘴豆泥。如果想要製作比較有嚼感的豆泥，只需在煮豆子時留下較多完整顆粒。鷹嘴豆泥是中東料理和蔬食料理中常見的主菜，多半做為沾醬或麵包抹醬。

芽菜

豆科植物和蔬菜等的乾燥種子，如果獲得水分供應，再加上置放於適當的基質如土壤、棉花或凝膠上，就有可能發芽。芽的主要構造是莖梗和一小片子葉，有些植物如甜菜的芽可能很細長，豆芽就顯得相對粗短。

有些種子生命力非常強，幾乎在任何環境都可以發芽，例如十字花科植物的種子。而有些種子就比較挑剔，一定要在水分剛剛好的環境才會發芽。不同種子長出的嫩芽維持嫩脆到開始凋萎的時間有長有短，通常最好是連芽帶種子一起食用，因為種子除了發芽，也會長出可食的細根。

植物的新鮮嫩芽十分鮮脆，不需另外烹調，淋一點沙拉醬即可上菜。

小麥芽和大麥芽會帶有一股甜味，因為種子浸過水之後，裡頭的酵素會將澱粉轉化為醣類，以供應植物發芽所需的能量。

有點嚼勁的蔬菜

「蔬菜」一詞通常涵蓋各種可食的植物部分，諸如根、莖、葉、花和果實，但植物的種子則自成一類。植物特定部分的質地反映了生物上的功能，但我們在廚房裡很少嚴格區分。比如我們習慣的整顆花椰菜或整根蘆筍，其實包括莖和最上方的花朵兩部分，或在歐洲常用來製作果醬和水果派的大黃，其實是吃莖部。此外，我們也常忘記番茄和甜椒其實是果實，而玉米是一種穀物。

根部的功能是讓植物能穩固地抓附土地，吸收甚至儲存養分，因此其中

鴨舌佐紅點豆和朝鮮薊

- 豆子用水浸泡至少 12 小時。
- 將鴨舌清洗並處理乾淨後，灑上鹽，加蓋放入冰箱冷藏至少 12 小時。
- 將泡豆子的水倒掉，豆子放入鍋裡，加入約為豆子體積兩倍的 水量。用手壓破熟番茄，和風輪菜跟鹽一起放入鍋裡。小滾約 1 小時後將湯水部分濾除。
- 鴨舌用水沖過後，和煮過的豆子、紅蔥頭及小番茄一起放入鍋 裡。以小火燉煮讓鍋內小滾約 1.5 小時，煮到鴨舌變軟、豆子 口感略粉，整鍋質地類似蔬菜燉肉（ragout）。
- 剪去朝鮮薊外層所有硬苞片的上半部，視情況剝除一部分的硬 皮梗，將朝鮮薊縱切成細長條狀。
- 用橄欖油將朝鮮薊苞片和絨毛部分全都煎至酥脆，用鹽和胡椒 調味。

擺盤上桌

- 將溫熱或已放涼的鴨舌裡細小骨頭一一拔除。
- 整鍋紅點豆先酌予調味，再舀出與酥脆朝鮮薊條一起擺盤。

4 人份

- 乾紅點豆（borlotti bean） 400 克（14 盎司）
- 新鮮鴨舌 200 克（7 盎司）
- 鹽 30 克（5 小匙）
- 熟番茄 2 顆
- 風輪菜 2 株
- 小番茄 800 克（1¾磅）
- 紅酒醋 100 毫升（6½大匙）
- 水
- 新鮮朝鮮薊 2 顆
- 紅蔥頭 100 克（3½盎司）
- 橄欖油
- 鹽和胡椒

鴨舌佐紅點豆和朝鮮薊。

的硬纖維有些區域，在生長季節中會累積澱粉。根部的口感也就依植物的年歲而定，年輕的澱粉含量低、吃起來嫩脆，較老的則澱粉含量高，口感硬韌如樹皮。

莖的角色則是支撐植物挺直好吸收陽光，並作為植物體內養分和水分的運輸徑道。因此莖具有硬挺的纖維，和利用壓力運輸水分的管狀系統。這類植物靠著管狀系統保持直挺，而在新鮮莖梗的典型口感，是咬下時會先發出清脆的斷折聲，再迸出大量汁液。缺乏膨壓（turgor pressure）的莖或葉子會變得又乾又韌，有些老掉的莖梗浸在冰水裡會恢復鮮脆，必要時可將莖梗的最外層剝掉，讓水分更容易滲入。冰鎮法不只適用於莖梗類蔬菜，其他像胡蘿蔔絲、白蘿蔔和甜豌豆，浸過冷水之後都會變得非常嫩脆。

葉子是植物最嬌嫩的部位，烹煮時一不小心，質地就可能從新鮮可口變成難以下嚥，烹調包心菜、萵苣、菠菜、豆芽菜和很多香草植物時都需要特別留意。葉菜類的水分很容易逸散，很快就會乾萎，加熱或烹煮時很容易煮得太過軟爛。

蔬菜裡還有一些果實如番茄、黃瓜、甜椒和酪梨，越熟就會越軟、越甜。有些果實如番茄和酪梨，我們喜歡吃熟果的柔軟質地；有些如櫛瓜（夏南瓜）和茄子，我們則偏好未熟時硬脆的質地。

會入菜的花朵，幾乎都是因為顏色和形狀誘人。但櫛瓜花碩大多汁，花瓣口感精緻如絲絨，油炸後外酥脆內柔滑，是少數以口感取勝的食用花朵。

不經烹煮的生食

近年來興起一波追求生食飲食（raw foodism，或譯「裸食主義」）的風潮，奉行者吃全素或蛋奶素，以全生的蔬菜、水果、堅果和種子為主食，即使吃加熱的食物，溫度也不能超過 40～42℃（104～108℉）。生食運動的基本概念似乎是生食對人類來說更加自然原真，是對健康有益的一種生活方式。一般人會覺得生吃水果和漿果很健康正向，也很享受新鮮蘋果的嫩脆質地。但在一些地區，未熟的果實也可能是珍饈美味，例如還未成熟的李子和杏仁果，吃起來既鮮脆又不會太酸。

如本書先前所討論，人類加熱食物已有至少 190 萬年的歷史，而將植物和動物食材烹煮成的熟食，是智人演化的要件之一。從這個角度來看，似乎沒什麼有力理由可以支持人類回歸生食飲食的想法。42℃（108℉）的溫度限制是為了保留生鮮食物裡的酵素，這一點正確無誤；但要探究食物對健康

在中東地區會將未熟的杏仁果和李子沾細鹽吃。

可能有什麼益處，應該要看食物進入消化系統後，其中的酵素和蛋白質都會遭到分解的這段過程。根據營養學專家的研究，只吃可生食的食物，會讓人體無法攝取到足夠的維生所需養分、礦物質和維生素，反而有可能生病。

　　話雖如此，生鮮蔬菜仍會與煮熟菜餚形成有趣的對比，而且能帶來嫩脆多汁、咬起來有脆塊感等令人著迷的質地。

烹調蔬菜

　　烹煮蔬菜時要記住，多汁的蔬菜可能會釋出水分。取自植物的硬質食材經加熱後會變軟，因為分散在硬挺細胞裡的果膠和半纖維素會溶在水裡，至於發生的情況和快慢會因水的成分而有差異。例如在鹼性的水裡，豆子的果膠和半纖維素就會很快溶解，因此豆子會快速變軟，甚至變泥糊狀。酸性的水效果剛好相反，而中性的水效果則居中。加鹽和加酸的效果類似，因此用軟性的自來水煮蔬菜會更輕鬆快速。

　　有些植物以水煮熟或植物細胞遭切搗等動作破壞之後，細胞裡的部分澱粉會滲出，並與水結合形成黏稠團塊，其中較常見者如秋葵和黑皮波羅門參。如果想儘量保留蔬菜原味，採用真空烹調法比較能留住蔬菜本身的汁液。

　　蔬菜裡的果膠是一種多醣，烹煮時如果在水裡加入氯化鈣或檸檬酸鈣，

小朋友也愛吃的蜜烤蔬菜

・烤箱預熱至 275℃（525℉）。
・將胡蘿蔔削皮後略微沾裹蜂蜜，灑上芝麻、卡宴辣椒粉和鹽。
・放入烤箱烤 5 分鐘，或烤到表面出現焦痕但咬起來仍很硬脆。

小朋友也愛吃的蜜烤蔬菜：不同顏色的胡蘿蔔。

其中的鈣離子會讓果膠分子互相交聯形成硬挺的結構。烹煮豆子、馬鈴薯和胡蘿蔔等蔬菜時，只要加入極小量約 0.4% 的氯化鈣，就能讓蔬菜保持硬實不軟爛，在食品加工業中則應用於維持罐頭中番茄塊的形狀。同理，如果用鹽水煮蔬菜，加入海鹽或檸檬酸鹽等鈣鹽類也有助於讓蔬菜保持硬脆。

很多人對煮過的蔬菜興趣缺缺，很可能是因為烹煮蔬菜時常煮過頭，以至於失去原本的硬脆質地和天然顏色，連維生素、礦物質和可口的呈味物質都滲到煮菜的湯水裡。也難怪很多小孩都不愛吃青菜，畢竟過度烹煮完全抹煞了青菜的迷人特色。

採用炙烤或烘烤，有可能讓蔬菜在烤熟後仍保持硬脆。蔬菜的蛋白質含量很低，所以不會產生梅納反應，但蔬菜外皮仍會焦糖化。

「醃漬」這種將蔬菜料理成保久食品的方法，和加熱烹煮同樣歷史悠久。首先用鹽和醋逼出蔬菜裡的水分，再加入鈣鹽維持細胞壁硬挺，讓成品保持一定的脆度。在醃漬蔬菜裡加入足夠大量的鹽，也有助於抵抗真菌和細菌的侵襲，延長保存時間。

醃漬球莖甘藍

十字花科植物的根莖，如白蘿蔔、小蕪菁和球莖甘藍等，都可以參照這份食譜製成日式漬物。挑選嫩脆有彈性的蔬菜，小心地清洗乾淨，再切除頂端和根尖。如果蔬菜真的太大顆而且有點粗糙，才需要剝皮。這份食譜選用球莖甘藍，製成的醃菜很嫩脆，而且沒有十字花科蔬菜特有的苦嗆味。如果球莖甘藍上面還帶著一片新鮮綠葉，拔掉就太浪費了，菜葉裡含有珍貴的呈味物質，不妨和球莖一起醃漬。製作好的醃漬球莖甘藍放冰箱冷藏可保存 1 到 2 個月，質地也能保持嫩脆，可做為蔬菜或魚肉料理的配菜，或切碎和酪梨、腰豆或鷹嘴豆一起拌入生菜沙拉。

- 球莖甘藍 600 克（21 盎司，約 3 小顆）
- 鹽 25 克（5 小匙）
- 料理用清酒 250 克（1 杯）
- 乾昆布 1 片（約 10 克〔⅓ 盎司〕）
- 糖
- 醋或檸檬汁

- 將修整後的球莖甘藍切成兩半。放進食物乾燥機裡，以 50℃（125℉）烘乾 6～10 小時，根據蔬菜大小調整時間。乾燥後的重量應減至原本的一半。
- 若覺得有必要，可削除最外層邊緣過乾的部分，再將球莖甘藍切成厚約 6mm（¼ 英寸）的薄片。
- 將鹽溶於清酒裡，將昆布和球莖甘藍放入浸泡。
- 依個人口味加入糖、醋或檸檬汁。
- 放入冰箱冷藏。幾小時後即可食用，再繼續醃漬幾天會更入味。

另一種可保久的料理方法是用乳酸和鹽讓蔬菜發酵，德式酸菜（sauerkraut）和韓式泡菜（kimchi）都是利用這種方式製作，成品可保留一定的脆度。還有一種料理方法，是將蔬菜醃浸在味噌或清酒粕等發酵食品裡，或讓浸有蔬菜的湯汁發酵，例如最著名的日本「米糠漬」（nuka-zuke）就是用米糠來醃菜。日本料理中的「米麴」（koji）也是使用很廣泛的發酵菌種，是製作醬油和味噌的材料之一。

漬物：「蔬」脆的藝術

　　傳統的日本料理中有形形色色的醃漬食物，以蔬菜居多，也有李子和杏桃等有核水果，統稱為「漬物」（tsukemono）。漬物可分為兩類，一類幾天之內就要吃完，另一類可保存數個月之久，後者通常經過醃漬和發酵。醃製用的容器以有蓋陶罐最為理想，且罐蓋最好可以加重下壓，可確保食物完全浸在醃汁裡，並防止食物接觸到空氣或其他細菌。

　　好吃的漬物最令人驚喜的特色，是質地既嫩脆又彈韌，尤其是用小黃瓜和白蘿蔔製作的漬物。事實上，一口咬下這種高級醃菜，會發出幾乎讓人腦

日本菜市場販售的漬物。

各色漬物。

袋「嗡」的一震的清脆聲響。造就這種口感的祕訣在於製作方法：蔬菜在醃漬前多半先經過**晾乾脫水**，除去水分也是漬物能保存超過數天的關鍵。

如果是將食材放在戶外晒乾，即使天氣乾熱，也需要數星期才能讓水分含量減少至原來的一半。如果用食物乾燥機以約 50℃（122℉）烘乾，可以縮短至 4 到 10 小時。烘乾所需時間視蔬菜種類而定，小黃瓜只需要幾小時，大顆白蘿蔔需要至少 10 小時，乾燥後的蔬菜看起來乾癟瘦弱。

美味多汁的白蘿蔔

白蘿蔔雖然不怎麼受人矚目，但其實相當美味，可製成清脆無比、咬起來咔嗞作響的醃菜，或照這份食譜的做法煮至微脆多汁，可當成一道菜，也可以做為魚類料理的配菜。

6 人份

· 大顆白蘿蔔 1 顆
· 料理用清酒
· 水
· 醬油

· 將白蘿蔔削皮並橫切成厚約 3～4cm（1¼～1½英寸）的片狀。只取用圓厚的中段。
· 將蘿蔔片、清酒和水放入鍋中，加蓋煮至沸騰後小滾 20 分鐘，或煮到蘿蔔變軟。可用高湯取代清酒和水。
· 撈起蘿蔔片瀝乾後鋪於盤中。在每片中央處淋一點醬油，讓醬油沿纖維滲入整片蘿蔔。

乾燥後的蔬菜需切成適合醃漬的片狀。醃汁的材料包括清酒、糖、辛香料、醋和檸檬汁，幾乎一定會加一片含有鮮味物質的昆布，醃汁裡也需含有足量的鹽，以維持蔬菜在冷藏過程中不致腐壞。乾燥的蔬菜會吸收一點醃汁，但仍保持彈韌，每口咬起來都咔滋作響。

日式醃黃瓜

醃黃瓜可能很快就變軟，失去鮮脆迷人的味道質地，日本人解決這個問題的妙招是在醃漬之前先乾燥脫水，製作出的醃黃瓜可以保存數星期之久。

- 用冷水將小黃瓜徹底洗淨。縱剖成兩半，用湯匙挖除籽囊。
- 放入食物乾燥機，以 50℃（125℉）烘 3～4 小時，視黃瓜粗細調整時間。
- 將乾黃瓜斜切成厚約 6mm（¼英寸）的小片。
- 將鹽溶在清酒和水裡，放入昆布和黃瓜片。若想吃較重的口味，可酌量加一點醋或檸檬汁。
- 放入冰箱冷藏數小時之後即可食用。冷藏可保存 1 到 2 個月。

- 小黃瓜 2 根
- 料理用清酒 250 毫升（1 杯）
- 水 100 毫升（6½大匙）
- 鹽 36 克（2 大匙）
- 醋或檸檬汁
- 乾昆布 1 片（約 10 克〔⅓盎司〕）

日式醃黃瓜。

結蘭膠基質上的小麥嫩芽。

質地多樣的穀物和種子

穀物和穀片可以加工製成琳瑯滿目的食品，呈現的質地更是五花八門。世界各地料理中常出現的穀類包括小麥、大麥、燕麥、黑麥、稻米、玉米和小米，可以加工製成早餐穀片、麵粉、義大利麵、麵包、蛋糕、啤酒、麥片粥和許多其他食品。穀物裡含有的大量澱粉，不僅帶來很高的營養價值，也賦予食品多樣化的口感。

同一種穀物採用不同的烹調方式，可以造就多采多姿的滋味。以下會深入探討小麥和稻米這兩種在全世界分布最為廣泛的作物，兩種穀物所含的蛋白質和澱粉，是全世界大多數人口攝取蛋白質和熱量的最重要來源。接下來以小麥和稻米為例的討論，大致上可適用於其他穀物。

小麥：一種穀物，多種質地

小麥其實是一大群穀物的總稱，是用途非常多元的食材。未經加工的小麥粒堅硬難嚼，但以不同方式製備烹調，質地卻能產生無窮變化。

最簡單的方式是將小麥泡水後生食，吃起來硬實有彈性。還可以將泡過水的小麥放在適當的生長基質如結蘭膠塊上，讓小麥發芽。麥粒本身會變更軟且略微綿密，長出的綠色新芽則嫩脆多汁。去殼的小麥只保留部分麩皮（bran），俗稱去麩小麥粒（wheat berry），即使稍微烹煮或水蒸，仍能大致維持原本質地。或者可將泡過水的小麥粒以文火慢燉，煮成口感綿密、類似義式燉飯的小麥粥。

煮熟的小麥粒用處多多。醃漬或浸漬之後，可做為配菜或加在沙拉裡增添口感。乾燥的熟小麥粒經過膨化後會變得酥脆好嚼，可加在綜合穀片或甜點裡。也可以製成漿泥後過篩，做為烹製穀類糊醬的粥底。如果用和大豆相同的方式發酵，還可製作成類似天貝、質地軟綿多孔隙的食品。

小麥產品的形式多樣，質地依照碾磨方式不同，從很粗糙到極細緻的皆有。粗磨小麥粉例如碎麥粒（cracked wheat），煮熟做為主菜或加在沙拉裡，較細的麵粉則製成義大利麵或用於烘焙麵包糕點。

小麥麵粉裡的澱粉可以完全洗除，幾乎只留下蛋白質或麩質。在很多亞洲國家裡，會將留下的麩質部分揉捏成極具彈性的硬韌麵團，放進清高湯或水裡煮熟即成麵筋，由於質地與肉相近，也常製作成素肉。麵筋本身沒有什麼味道，但很有嚼勁，咬嚼時摩擦牙齒所發出近乎尖銳的聲響更加深了整體的味覺經驗。

綜合穀片變變變

大多數人熟悉的綜合穀片，是穀片、堅果和果乾混合成的乾燥食物，多半早餐時配牛乳食用，或灑在優格上增加酥脆口感。但綜合穀片一詞的原文"muesli"原意是：搗成漿泥或糊狀。因此在瑞士的傳統製法，是將粗壓燕麥片、堅果、種子和果乾混合後泡在水或果汁而成。其實綜合穀片的製法材料也可以天馬行空不受侷限——這份食譜就示範了如何揮灑想像。

- 將蘿蔔子和紫甘藍菜子分別放入不同的鍋裡，水煮 30 分鐘。
- 將種子鋪散開來，放入食物乾燥機以 50℃（125℉）烘 2～3 小時。
- 將蘿蔔子裝入耐熱濾勺，放入油溫 200℃（392℉）的熱油裡炸至發出嘶嘶聲（不超過 5～10 秒）。
- 按照上述步驟，以油溫 180℃（356℉）油炸紫甘藍菜子。
- 加熱 70 克（5 大匙）的楓糖漿、葡萄糖和油。拌入粗壓燕麥片和炸種子並均勻混合。
- 烤盤上鋪上烤紙，將混合料平鋪其上，以 160℃（325℉）烤 15 分鐘，不時翻攪一下。
- 將開心果仁切粗塊，拌入剩下 15 克（約 1 大匙）的楓糖漿，以 160℃（325℉）烤 10 分鐘。烤好後和穀片混合料拌在一起，裝入氣密式保鮮盒裡保存。

30 人份

- 蘿蔔子 100 克（3½ 盎司）
- 紫甘藍菜子 100 克（3½ 盎司）
- 味道不明顯的食用油，用於油炸種子
- A 級楓糖漿 85 克（6 大匙）
- 葡萄糖 30 克（2 大匙）
- 味道不明顯的食用油 25 毫升（1½ 大匙）
- 粗壓燕麥片 200 克（2½ 杯）
- 開心果仁 100 克（3½ 盎司）

綜合種子穀片佐甜菜根雪酪。

八種不同方式調理的小麥：（上排）浸泡後、膨化；（中偏上排）烘烤後、發芽初期生根；
（中偏下排）磨成麵粉、煮熟；（下排）烘烤並煙燻、完全發芽。

稻米：可硬可軟，也可以有點黏

現今至少有 40,000 種不同的米，根據米粒長度分成三大類。米粒長度和煮熟米飯的質地有非常密切的關係，長粒米煮熟後顆粒分明，米粒保持硬實和彈性；中粒米煮熟後較軟，比較容易黏在一起；短粒米煮熟後會變非常軟，且黏結得很緊密，因此常用來製作壽司、糯米飯和米布丁。

煮熟的米有多少「嚼勁」和飯粒黏結的程度，取決於澱粉裡的直鏈澱粉和支鏈澱粉這兩種碳水化合物之間的關係。短粒米含有較多支鏈澱粉，因此口感較軟，而含有較多直鏈澱粉的長粒米則較硬。富含直鏈澱粉的米需要較多的水才能溶解澱粉分子，因此煮長粒米的水量通常是短粒米的兩倍，而中粒米煮熟所需的水量則介於中間。含有大量支鏈澱粉的米也比較不容易「回凝」（即澱粉的分子鏈在冷卻時重新排列集結的現象）這就是為什麼壽司飯和米布丁冷卻之後不太會變硬，但冷掉的長米飯卻會變得硬韌難咬。

烹煮義式燉飯的挑戰，就是在兩種相異質地之間取得最佳平衡。好吃的義式燉飯應該是綿密、略微流動的固體，但是米飯粒粒分明，且嚼得到有點硬實的米芯，所以烹煮時溶解出的澱粉份量必須適中、不能太多。一般製作燉飯會採用特別品種的米，其中又以義大利的阿勃瑞歐（Arborio）、卡納羅利（Carnaroli）和維亞諾內（Vialone）最為著名。

以特定方式煮米可以讓米粒中的澱粉糊化，形成口感特殊的黏稠食物。例如中國料理中的糯米飯，就是將米粒煮至幾乎變成泥糊狀，並且黏結形成一大團。

日本的麻糬（mochi）則是將蒸熟的糯米捶搗成柔軟有彈性、可直接食用的黏團。麻糬裡也可再填入甜的豆泥製成甜點，例如包紅豆餡、形如小球的大福（daifuku）。大福外面還會裹上薄薄一層玉米澱粉或馬鈴薯麵粉，就不會沾黏手指，取食更方便，而入口之後會帶來你想像得到最軟綿滑順的質地。麻糬還可以放在烤架上烘烤成非常酥脆的米餅，即仙貝（senbei），傳統上也會在過年時烤麻糬當年糕，但也常常因此釀成不幸。據說日本每年新年期間都有幾位老人家吃烤麻糬時噎到，因為彈牙的口感太迷人，實在讓人很難耐住性子細嚼慢嚥啊。

脆口的膨化穀物和種子

乾燥的穀物和種子可以放進熱油裡油炸至膨化，即讓外殼突然爆開、種子內部外翻，而大家最熟悉的爆米花就是玉米膨化製成的。

尋找完美的壽司米

小野寺森博（Morihiro (Mori) Onodera）11 年來在洛杉磯西區經營一間小小的壽司店，這家森壽司（Mori Sushi）搏得多位食評家的最高讚譽，並於 2008 年獲得米其林一星。主廚小野寺森博認為，要做出美味的壽司，米飯品質最為重要。他對壽司米無比執著，甚至遠赴農耕環境與日本相近的烏拉圭，在那裡親自栽種壽司米。小野寺特別注重米飯的質地，開發出一套檢驗區別分辨壽司米優劣的特別方法。

優良的壽司米煮熟之後，米粒應該柔軟，但咬在齒間仍有一點堅實感。此外，壽司飯應黏結在一起，等放入口中才散開來。太黏糊的壽司飯會釀成慘劇，但飯粒太硬以至於捏壽司時無法黏結，同樣是場災難。

穀粒圓短的越光米（koshihikari），是小野寺心目中最接近完美的壽司米。他評判米粒品質的方法很簡單，在乾燥乾淨的白米粒上淋一點水，然後數數看米粒吸水後有幾顆出現裂縫。品質不佳的米，100 粒裡約有 7 粒會裂開，而品質優良的米 100 粒裡最多只有 1 粒會出現裂縫或裂開。

如果有米粒裂開，澱粉會滲入水裡，煮出來的飯就會太黏，造成口感不佳。基於同樣的理由，小野寺堅持洗米時要用乾淨冷水撥洗數次，去除碾米過程中殘留的澱粉粉末。此外在煮之前還要先浸泡 1 小時，才能煮出軟彈完美的壽司飯。

兩種品質不同的壽司米：（左圖）泡水後最多僅 1%的米粒出現裂縫，即屬品質最佳；（右圖）有 5～10%的米粒裂開則為品質中等。

義式燉飯丸裹貽貝粉佐菌茹和蠶豆

· 將乾燥菌茹泡水數小時，泡發後切成適合入口的大小，置於吸水性佳的紙巾上瀝乾。
· 在鍋中倒入橄欖油加熱，加入切碎紅蔥頭，以小火煮至紅蔥頭變透明。
· 加入燉飯用米，讓整鍋小滾數分鐘。
· 加入菌茹，再一點一點地加入雞高湯並緩緩攪拌。在 15～20 分鐘之間慢慢加入高湯，直到米粒完全吸飽湯汁。煮好的燉飯米芯應保有一點「咬感」。
· 加入蠶豆，拌入奶油和帕瑪森乳酪。灑一些鹽和現磨白胡椒調味，將燉飯調製成略微辛辣。
· 燉飯煮好放涼後，每 25 克（1 盎司）分成一份。
· 將分好的燉飯揉成球狀，放入冰箱冷藏 30 分鐘。
· 混合麵粉和貽貝粉。先將燉飯丸放入，滾一滾沾滿混合的粉料，再沾裹蛋白和麵包粉。放入冰箱冷藏。
· 擺盤上桌前，將油加熱至 165℃（329°F），放入燉飯丸油炸至外表酥脆且呈淺褐色。灑上少許馬爾頓天然海鹽。
· 盤中可加入醃漬紫洋蔥、醃蠶豆、黑蒜和薄荷等做為配菜。

可製作約 **50** 顆小燉飯丸

· 乾燥菌茹 20 克（¾盎司）
· 橄欖油少許
· 紅蔥頭 50 克（1¾盎司）
· 優質的燉飯用米 250 克（1 杯）
· 優良的雞高湯 1 公升（約 4 杯）
· 新鮮蠶豆或大豆 100 克（3½盎司）
· 奶油 75 克（5 大匙）
· 新鮮帕瑪森乳酪 75 克（2⅔盎司），磨成細粉
· 鹽和胡椒少許
· 馬爾頓天然海鹽

裹粉
· 中筋麵粉 100 克（¾杯+1 大匙）
· 貽貝粉 5 克（1 小匙）
· 蛋白，略微攪拌
· 日式麵包粉
· 味道不明顯的食用油 1 公升（1 夸脫），用於油炸

義式燉飯丸裹貽貝粉佐香菇和蠶豆。

不論膨化玉米或其他穀物，其特殊質地都來自種子外殼結構和溼潤內部之間達到的平衡。乾燥穀物的外表本來硬挺光滑，加熱後會變軟，同時內部的水分變成蒸氣逐漸累積，在種子內部產生越來越大的壓力。製作膨化穀物的關鍵就是找到壓力大到足以撐開外殼，但外殼又不會變得太溼軟的時間點。為了讓穀物內部有足夠的水分，可能必須先放入水中煮過，再在油炸之前將穀物外表徹底乾燥。

爆米花在世界各地都是當零嘴，但南美洲的吃法不同，該地區將這種酥脆的膨化穀物加在檸檬醃生魚裡當配菜。

爆米花的科學原理

兩名法國科學家研究爆米花的物理學，發現玉米粒爆開時，會在外殼炸開瞬間發出延續不到百分之一秒的聲音。在加熱過程中，玉米內部水分變成水蒸氣，逐漸累積壓力。等溫度昇高到約 180℃（355℉），外殼忽然炸開，裡頭白色部分外翻，形成較大的多孔隙結構。玉米粒甚至會像被踢了一腳似的飛出鍋外。

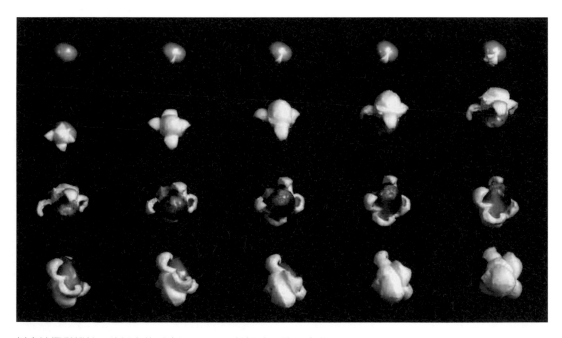

以高速攝影機拍下的爆米花形成過程，間隔拍攝時間僅 7 微秒。

料理一家親：南美檸檬醃生魚、日本天麩羅和英國的炸魚薯條

　　若要追查食物的發展脈絡和全球化軌跡，語言或許是最好的線索。即使離故鄉再遠，凡是人都得吃喝，而我們是天生的雜食者，不管食材看起來再怎麼怪異，還是樂意嘗試陌生的食材，並探索這種食材在當地飲食文化中扮演的角色。

　　很多人或許以為飲食全球化是新興的現象，但四處移動的旅人，不管是水手、商人或移民，其實一直在將自己的料理傳統傳播至各地。隨著時間過去，一些原本的食材有了替代品，食譜配方演變更迭，料理也在入境隨俗、落地生根的過程中逐漸改名換姓。美國學者任韶堂在著作《餐桌上的語言學家》裡，精闢生動地分析用來描述食物和味道的語言，以及語言如何反映料理的來源和演變。其中一個非常有趣的例子，是在探究一般認為源自祕魯和智利等南美洲國家的檸檬醃生魚、日本的天麩羅，以及屬於正宗英國料理炸魚薯條之間的關係。

　　三種料理都可以追溯至 6 世紀時波斯的一道古老料理「酸甜燉肉」（sikbāj）。這道料理是用肉加洋蔥和醋燉煮而成，裡頭完全沒有魚。然而這道料理最終向西傳入地中海區域，其名稱不斷演變，在那不勒斯方言裡稱為"scapece"，傳到西班牙改稱"escabeche"，主要材料由肉換成炸魚，但還是會加醋。最初將肉換成魚的很可能是水手，因為魚肉更便宜且容易取得。而炸魚（pescado frito）在歐洲信奉天主教的地區是很常見的食物，因為在大齋期（Lent）和很多節日期間都禁食肉類。

　　地理大發現時代，歐洲船隊將這道料理帶入南美洲，西班牙人發明了"ceviche"一字來稱呼以檸檬汁、洋蔥和辣椒醃漬的祕魯傳統生魚料理，料理的名稱再次改變。葡萄牙耶穌會傳教士朝另一方發展，將炸魚料理傳到日本，於是炸魚料理又變身成為天麩羅。也有一說是猶太人遭驅離伊比利半島時，將他們裹麵衣炸魚浸醋的傳統料理先傳到荷蘭，接著在 17 世紀末傳入英國。到了 19 世紀中葉，用烤肉滴下的油脂炸薯條的做法，由愛爾蘭或英格蘭北部傳入倫敦，很快就搭配炸好後淋一點醋趁熱上桌的麵衣炸魚成為經典菜色。

柑橘醃海鮮佐辣椒、爆米花和營養酵母片

製備爆米花

- 將油和玉米粒放入鍋中，蓋上鍋蓋後以中火加熱。
- 備妥鹽、酵母片和辣椒。
- 在玉米粒爆開的過程中，不時搖晃一下鍋子，直到全部爆完。
- 在爆米花上灑鹽、酵母片和胡椒，搖晃均勻後試試味道。調味好後盛入碗裡置於室溫下備用。

製備柑橘醃海鮮

- 蝦子去殼去腸泥並洗淨，放入 7% 鹽水裡醃 5 分鐘。撈起瀝乾後放冰箱冷藏。
- 將魚肉切成厚薄相同的魚片，切好後立刻放入另一個碗裡。
- 在魚片上灑一些細鹽，淋上日本柚子汁、萊姆汁和酪梨油。
- 紫洋蔥切碎後放入 5% 鹽水裡，醃 15 分鐘後撈起瀝乾。將蔥花和紫洋蔥也放入醃魚片的碗裡。
- 小顆番茄切大丁，加一點糖和鹽調味後，也放入醃魚片的碗裡。整碗放入冰箱冷藏。

擺盤上桌

- 將魚片、蔬菜和醃汁平均分裝於玻璃小碗，放上芫荽葉裝飾。
- 在熱平底鍋裡加入橄欖油，將蝦子放入快速翻炒，炒好後分別放在裝醃海鮮的碗皿裡，最上面灑一些爆米花。

6 人份

爆米花

- 油 10 毫升（2 小匙）
- 爆米花用玉米粒 20 克（1½ 大匙）
- 鹽 2 克（½ 小匙）
- 營養酵母片 1 克（¼ 小匙）
- 新鮮現切辣椒 1.5 克（⅜ 小匙）

柑橘醃海鮮

- 大尾蝦子 12 隻
- 7% 鹽水
- 肉質紮實的白肉魚 250 克（9 盎司）
- 細鹽
- 日本柚子汁 50 毫升（3 大匙+1 小匙）
- 萊姆汁 100 毫升（6½ 大匙）
- 酪梨油 25 毫升（1½ 大匙）
- 紫洋蔥 1 顆
- 5% 鹽水
- 蔥 1 根，洗淨切成蔥花
- 小顆熟番茄 300 克（10½ 盎司），儘量挑選多種不同顏色
- 糖和鹽少許
- 芫荽葉
- 橄欖油

柑橘醃海鮮佐辣椒、爆米花和營養酵母片。

醬汁的祕密

在世界各地的料理中，醬汁都扮演要角，是為食物增添味道、顏色和口感的液體調味料，很多菜餚更是因為加了醬汁才特別美味。醬汁雖然是液體，但質地上也有多種變化，往往有助於突顯食物的口感，可能形成對比或加以襯托。

醬汁的主要功能有二。一是含有更濃縮的呈味物質，可以讓菜餚的整體味道在口中縈繞滯留很長一段時間。二是醬汁的質地可以讓菜餚裡固體的元素更吸引人，而且更易於咀嚼吞嚥。醬汁有冷熱之分，熱醬汁如荷蘭醬或肉汁醬，冷醬汁則包括美乃滋和油醋醬。

舉凡肉、魚、蔬菜、澱粉類、沙拉或甜點，任何特定食物都可能有專門搭配的醬汁，醬汁種類之多也就一點都不令人意外了。每個地方的料理，其醬汁都具有鮮明風格，往往也是該料理的招牌特色。經典法式料理向來以豐厚的醬汁傳統著稱，而居功厥偉者首推為醬汁分類奠定基礎的法國名廚卡漢姆（Marie-Antoine Carême）。卡漢姆認為共有四種基本的母醬：番茄醬、貝夏美醬、絲絨醬（velouté）和西班牙醬（espagnole），後來另一位傳奇名廚艾斯科菲耶（Auguste Escoffier）加入了第五種：荷蘭醬，其他林林總總的醬汁都是變化版，可歸類為上述其中一種。

其實這個無所不包的醬汁分類系統可以簡化成兩大類：未增稠醬汁，和增稠醬汁。最簡單的未增稠醬汁是將開水混合果汁、肉汁和融化的奶油製成，有些很像湯。慢火熬煮至濃縮的肉湯釉汁（glace）就是很好的例子，其中含有豐富的呈味物質，可當成基底製作出更複雜的醬汁。肉湯釉汁裡含有明膠，因此會逐漸變稠，最後冷卻結成膠狀，結成的膠凍也稱為肉凍，溫度超過 37℃（99℉）時會再融解。明膠的融解特性和釋放出的呈味和氣味物質之間會相互影響，造就這類醬汁和肉湯釉汁的有趣口感。

未增稠醬汁也可能是未經乳化的油醋混合物，例如油醋醬。這類醬汁多半包含硬實的細小粒子，可能是分布在醬汁裡的肉類或蔬菜成分。將未增稠醬汁濃縮也可以達到某種程度的增稠，但醬汁會因為粒子和呈味物質濃度增加而變黏稠。將液體濃縮通常是靠加熱，但加熱時間太長會有不良影響，不僅呈味物質會產生變化，香味也會流失。

增稠醬汁有很多種方法，先前已提到可加入膠凝劑或澱粉。很多醬汁裡同時含有油和水，故可用乳化劑來增稠。可以扮演這種角色的除了美乃滋裡的蛋黃，還有糖、牛乳、鮮奶油、酸乳製品、漿泥，和加在辣味香蒜蛋黃醬

（rouille）裡的麵包屑。現今廚房裡多半不再使用傳統方式增稠醬汁，而是改用先前介紹陣容浩大的各式膠凝劑和膠類，來為醬汁增添新的質地元素。甚至將空氣攪打拌入液體或加入打發鮮奶油，也可以營造出濃稠感，只是增稠效果是靠擠在一起難以滑動的氣泡來達到，因此無法維持很久。

如果廚藝平平，可能會覺得醬汁是項艱鉅挑戰。但如果第一次挑戰，就能製作出美味而且滑順沒有結塊的醬汁，無疑是值得記上一筆的功績。

有些調味料如醬油、魚露和伍斯特醬統稱醬汁，但其實不是醬汁。另外像番茄醬、美乃滋和雷莫拉醬（rémoulade）都屬於醬汁，但一般講佐餐醬汁時通常不會想到這幾種醬。

西式料理中的經典醬汁如伯那西醬（béarnaise sauce）、荷蘭醬和波爾多醬，通常和搭配的菜餚分開製備，用途很多元。另外有些固定搭配某種菜色的醬汁，則通常是用烹飪過程中煮出的湯汁或肉汁為基底製作，幾乎皆經過增稠或乳化。最常見的製法是「刮鍋底」（deglaze），也就是在煎炒的菜餚起鍋後，倒一些高湯、果汁、鮮奶油、牛乳或葡萄酒，將鍋底剩下的湯汁渣末溶解刮起，加熱至濃縮後或再增稠就成了醬汁。這種醬汁調製好後，要搭配煎炒的菜餚一起立刻食用。

大多數醬汁的組成都很複雜，多半結合了以下要素：增稠、乳化，和眾多不同的懸浮粒子。

油醋醬

油醋醬這種未增稠的冷醬，是將油、葡萄酒醋、鹽、胡椒和其他辛香料混合攪打而成，依不同用途可能會加入芥末、檸檬汁和番茄泥等其他材料。最陽春的油醋醬未經乳化，部分的油和醋會分離，搖晃讓油分裂成細小液滴之後，會變得比較濃稠。但靜置一段時間之後，油醋醬的主要成分會再次分離，所以每次使用前都必須用力搖晃。

增稠醬汁

一般習慣用麵粉或澱粉來增稠，不妙的是用這種方式增稠的醬汁很容易

6
進一步深入質地的世界

結塊。為了避免結塊,最好先將增稠劑加在水或油脂裡,溶解後再加在要增稠的醬汁裡。

　　將任一種麵粉或澱粉加水,調成容易拌入液體裡的稀釋混合料,就是最家常的增稠劑。馬鈴薯粉的顆粒很大,用來增稠會形成較濃稠醬汁,但吃起來也可能有顆粒感。玉米澱粉或米穀粉的顆粒較小,因此調製的醬汁較滑順,且表面富有光澤。不論用哪一種粉來增稠,在混合時都必須用力攪拌,將澱粉顆粒打碎,才能製作出質地均勻的成品。由於麵粉裡含有些許蛋白質,因此用麵粉增稠的醬汁多半具有明顯顆粒感,表面的光澤也不如用純澱粉增稠的醬汁。

濃稠和稀薄的褐色肉汁醬。

　　混合麵粉和脂肪來增稠的醬汁稱為**油炒麵粉糊**,是歷史悠久的醬汁基底。油炒麵粉糊裡含有等量的麵粉和融化脂肪,口感極為滑順。製作時先將脂肪稍微加熱到融化,再拌入麵粉,接著加熱到混合料變成想要的顏色:白、金黃或褐色。此時可加入高湯、葡萄酒、水、牛乳或肉汁,需慢慢拌入以免結塊。油炒麵粉糊加熱越久,醬汁越不易結塊,麵粉中的蛋白質也比較不容易形成明顯顆粒,若以純澱粉取代麵粉即可完全避免這種情況。

　　白色的油炒麵粉糊再加入牛乳、鮮奶油或清高湯,即為貝夏美醬。金黃色的油炒麵粉糊可再加入蛋黃或鮮奶油,製成搭配小牛肉、禽肉或魚肉料理的絲絨醬。褐色的油炒麵粉糊則是製作西班牙醬的基底,但因為先前調製時

經過高溫加熱很長一段時間，因此比較難再增稠，多半用來幫其他醬汁上色。在西班牙醬裡加入馬德拉酒，可調製出半釉汁（demi-glace）。

有時為了調整褐色醬汁的味道，會加入用醋「刮鍋底」而成的糖醋汁（gastrique）。這種含醋和焦糖的糖醋汁口味酸酸甜甜，本身很黏稠，加在醬汁裡可達到增稠的效果。

在醬汁溫度低於沸點時，也可以加入奶油或鮮奶油等脂肪增稠。脂肪的增稠效果來自以細小球滴形式分布在醬汁裡，而且能讓味道更飽滿、口感更綿密。但脂肪也會結合部分呈味和氣味物質，可以多少蓋住醬汁裡的肉汁味。這類醬汁加入牛乳、酸乳製品和乳酪之後，味道會更加豐富。

乳化醬汁

大部分乳化醬汁都是水包油的乳化物。乳化物能夠結合油和水，因此醬汁入口之後會以令人愉悅的方式包覆口腔，食物在遭吞嚥之前，就有足夠的時間釋放呈味和氣味物質。

荷蘭醬是調製所有乳化醬汁的母醬，做法是利用蛋黃將加在清高湯（可加一點檸檬汁或不加）裡的融化奶油乳化。做為乳化劑的蛋黃要和清高湯和檸檬汁（有加的話）一起攪打，放進溫水裡隔水加熱，再分次一點一點加入融化奶油。荷蘭醬通常會加鹽、少許檸檬汁和卡宴辣椒粉調味，調製好後趁熱搭配魚肉、蛋和蔬菜食用。

伯那西醬是荷蘭醬加入辛香料及茵陳蒿和細葉香芹（chervil）等香草的變化版，通常搭配牛肉料理。製作可口且穩定性高的伯那西醬並不容易，如果醬汁產生凝塊，可以加醋增加酸度並用力攪拌，讓醬汁重新乳化形成均質液體。

美乃滋原則上也是乳化醬汁，但屬於冷醬，與荷蘭醬和伯那西醬不同。傳統的美乃滋是將植物油和檸檬汁或白酒醋混合，加入蛋黃做為乳化劑，並視個人口味以鹽、胡椒和辛香料調味而成。也可用芥末替代蛋黃。做法是混合檸檬汁或白酒醋和乳化劑，再慢慢將油滴入並持續攪拌。油加太快或混合料裡水分太少，都會造成美乃滋油水分離。品質優良的美乃滋裡的細小油滴聚集得非常緊密，因此質

伯那西醬

以丹麥科學家為首的一個研究團隊，於 1977 年提出讓伯那西醬保持穩定的理論。他們發現利用醬汁的膠態特性，就有辦法將凝塊的醬汁還原，重新乳化成均質細緻的醬汁。科學家檢視在乳化物的分子間運作的不同力量，發現如果多加一點醋，就能讓液滴相互排斥，進而讓混合物維持穩定，但加鹽的話就容易聚結成塊，另外也發現隨著醬汁逐漸冷卻，乳化物的狀態也越趨穩定。

地硬實，且口感略帶彈性。

香蒜蛋黃醬是常見的荷蘭醬變化版，在地中海地區常搭配海鮮和魚湯食用。另一種變化版是雷莫拉醬，是加入各種切碎香草和醃漬蔬菜調製，也可加入續隨子，在北歐很多地方常做為烤肉、魚肉和薯條的佐醬。

辣蒜蛋黃醬

辣味香蒜蛋黃醬可用麵包脆皮或隔夜麵包的碎屑增稠，通常淋在有魚和貝類的馬賽魚湯（bouillabaisse）上，既能增添滋味，也具有增稠效果。做法多半是將橄欖油、辣椒或卡宴辣椒、大蒜和番紅花一起拌成漿泥，再加入麵包脆皮增稠。有些食譜將辣蒜蛋黃醬視為香蒜蛋黃醬的變化版，是用變軟的隔夜麵包、大蒜和卡宴辣椒調製而成。

湯的口感

湯基本上是美味的液體，從肉、魚、貝類、蔬菜、穀物、豌豆、菇類、麵條、海帶、味噌到豆腐，幾乎什麼料都可以加在湯裡。湯可能煮得很稀，或煮成像醬汁一樣濃稠。一般很少討論湯的口感，但湯的特殊之處，其實正在於其口感和變化。特別是湯的流質元素和較硬湯料質地上的對比，更增添了品嚐的樂趣，湯液黏裹滿口的方式，也有助於增強固體粒子的味道。

高湯、湯底、清高湯和澄清湯

煮湯一般從高湯（stock）開始，將魚、肉、骨頭或蔬菜放進水裡，煮滾後濾去固體食材，留下的高湯主要是水，裡頭除了含有呈味和氣味物質，還溶有碳水化合物、蛋白質和脂肪。最純粹的高湯沒有什麼味道，如果加了鹽、胡椒和其他辛香料和香草調味，通常會稱為湯底（broth），或採用法文中的稱法：清高湯（bouillon）。高湯裡也可以再加入蛋白讓水溶性蛋白質凝塊，再煮至稍微濃縮即為澄清湯（consommé）。

上述所有湯品基底的質地都很水，通常不會特別黏稠，也不會黏裹在口腔裡；除非烹製時加入骨頭，骨頭釋出的明膠份量足以達到增稠的效果。雖然口鼻中的受體很容易就能接收到湯裡的呈味和氣味物質，但湯很好吞嚥，通常在味覺體驗獲得充分品賞之前就已經入喉。因此烹製湯品時需要增稠，並加入固體湯料，才能帶來有趣的口感。

增稠湯汁

湯和醬汁一樣,可加入澱粉、油炒麵粉糊、明膠、膠凝劑、蛋液、牛乳、鮮奶油、乳酪和漿泥等來增稠。為了感受到湯的有趣質地,和黏裹在口腔裡的愉悅感覺,增稠後的湯必須能和唾液充分混合。如果使用的增稠劑是澱粉或明膠,就能輕易達到這樣的功效。但用三仙膠或其他較複雜的多醣類增稠的湯,就比較不容易和唾液混合,於是唾液無法很快接收足夠的呈味物質,湯也會給人有點黏的感覺。

水果西米甜湯

斯堪地那維亞半島有一種傳統甜品,是用果汁和西谷米調成的甜湯。喝甜湯的時候,碗裡的西米粉圓就像盯著人看的玻璃眼珠子。西米粉圓吸水膨脹後,質地會變得硬韌略黏,是甜湯裡最獨特的質地元素。

增添質地

無論濃淡稠稀，真正讓湯變得美味可口的，是加入固體湯料所帶來的口感變化。由於湯料的製備方式往往和湯不同，或所需時間長短不一，因此烹煮時多半分開處理湯品基底和固體湯料。若求簡便快速，也可以改用現成的高湯塊、高湯粉或濃縮高湯罐頭，就能將湯料直接放進去烹煮。

利用各種不同的食材，就能烹調出質地多變的湯品，南法普羅旺斯地區的馬賽魚湯就是絕佳的例子。馬賽魚湯的食譜可說族繁不及備載，但全都以濃稠的魚高湯為基底。這種魚高湯是將多種質地各異的魚和貝類，與洋蔥、番茄、大蒜和香草一起放入加了白酒的大量橄欖油裡煮滾，其中魚骨釋出的明膠會讓湯變濃稠。整鍋煮至滾沸時，油會形成細小油滴，因為湯裡有明膠而乳化並變得綿密。傳統做法會將魚肉和貝類撈起分開盛裝，盛盤上桌時，先在湯碟裡放入一片用橄欖油煎過的麵包，再將湯淋於其上，為這道湯品的口感增添新的面向。馬賽魚湯一上桌就要儘快食用，以免油湯分離。有些配方裡是用蝸牛取代海鮮。

有些湯在過去是農家的日常菜餚，裡頭多半加入穀物或其他含澱粉的食材，如西谷米、馬鈴薯粉和杜蘭小麥粉（semolina），本身富有營養之外，也能達到增稠的效果。這類湯品吃起來很有飽足感，其中最受歡迎的包括用羔羊和大麥烹煮的蘇格蘭濃湯（Scotch broth）——大麥片將多種材質結合在一起，讓湯的口感更加順口。另外像麥片粥、稀飯等常做為貧窮人家主食的各種稀粥，也可以歸在湯這個大類之下。

從有嚼勁的麵團到酥脆的麵包

烘焙麵包原則上是讓麵團裡的澱粉糊化。在加熱過程中，麵團裡麵包芯原本硬韌的糊化結構，會轉變成新出爐麵包的招牌質地。也就是說，麵包芯的特性改變了，從硬韌變得堅實且膨鬆多孔隙，同時外皮也變得硬脆。麵包芯聚結的緊密程度，取決於使用的膨鬆劑、發酵的時間長短，以及麵粉的麩質含量。

麵包的特性視所用麵粉的種類及組合，以及揉捏方式而定。利用酵母製作的麵包，與利用菌種如酸酵頭（sourdough starter）製作的麵包之間就有極大的差異。

麵包：從酥脆柔軟變成又老又乾

新出爐麵包的酥脆外皮可說令人難以抗拒，但吸收溼氣變得軟韌之後卻魅力全失。前者的口感咬起來有脆粒感，黃褐色的外表讓人期待吃起來酥酥脆脆，還有烘焙時因梅納反應生成物質所釋出的焦香美味。

麵包最新鮮時的滋味最佳，無懈可擊的酥脆外皮，搭配輕盈膨鬆、柔軟悅人的內部，這時候的口感最為完美。但放了幾天之後，麵包的硬皮不再酥脆，內部也變硬。我們覺得整塊麵包變得又老又乾，但實際發生的變化恰恰相反。儲存麵包的環境的溼度通常高於新鮮麵包的內部，因此麵包其實會從外在環境吸收水氣，此時裡頭的澱粉會結晶（即回凝）並變硬，就像之前麵粉裡的澱粉在烘焙過程中結晶，所以麵包吃起來會變得很乾硬。

如果麵包久放之後因澱粉回凝而變質，回烤至 60℃（140℉）會讓澱粉結晶再次融化，可以多少補救。而在麵團裡加入蛋黃等乳化劑，即可避免產生回凝。

將麵包放在低溫環境裡，例如放入冰箱冷藏，反而會加快澱粉顆粒回凝的速度，這就是為什麼麵包通常以常溫保存。但是將麵包以低於-5℃（23℉）的溫度冷凍，就能成功防止澱粉結晶，最理想的冷凍保存法就是烤好麵包之後立刻冷凍。

麵包即使久放變老也不用丟棄，可以掰碎製成沾裹食材的麵包粉，或是加在辣蒜蛋黃醬或其他醬汁、沙拉醬裡增加口感。

扭結餅和貝果：酥脆硬皮和新奇造型

扭結餅和貝果的口感很獨特，因為它們同時具有兩種迥異的質地：外殼薄硬，內部則很柔軟。

扭結餅有一種特別的鹹味，是將硬挺麵團揉出扭結造型之後，快速灑上水和鹼液（氫氧化鈉）混合成的鹼性溶液。鹼液會和空氣中的二氧化碳結合，形成一層碳酸鈣硬殼，這個過程稱為鈣化。烘烤時烤箱裡的熱氣和水分會讓扭結餅麵團表面的澱粉糊化，這層外殼在高溫烘烤下，會變得堅硬富光澤。硬殼上的梅納反應在鹼液加速之下，會讓扭結餅的外殼會呈褐色且味道更濃郁。接著再將烤箱的溫度調低後繼續烤，直到扭結餅內部完全乾燥，但仍分布許多細小氣泡。除了利用鹼液，也可採用其他較溫和的方式讓外殼鈣化，例如改用小蘇打粉替代。

真正老派脆皮酸麵種麵包

酸酵頭是生長在麵粉和水構成介質裡的活乳酸菌種，理論上這樣的菌種只要適當照顧就能無限增生。作者之一（克拉夫斯）目前就有養了 8 年的酸酵頭，他精心地為這團麵種取名瓦德瑪（Valdemar），要製作麵包時就取一部分做為天然膨鬆劑。

有些人可能會覺得，幫做麵包用的酸酵頭取名簡直太瘋狂了。其實一點都不瘋——當你和有名字的另一方建立起私人情誼，就會忍不住關心起這群迷人的小生物。

自己養瓦德瑪一點都不難，就從製作黏軟的麵種開始吧。

可製作 **2** 條麵包

· 水 1.2 公升（5 杯）
· 中筋麵粉 625 克（5 杯）
· 筋性高的小麥麵粉如高筋麵粉 625 克（5 杯）
· 馬爾頓天然海鹽 35 克（2 大匙），另加一些最後灑在麵包上
· 酸酵頭 30 克（2 大匙）
· 橄欖油

麵種

· 將自來水和品質優良的全麥或中筋麵粉混在一起，讓微生物盡情生長！混合物的質地應像是滑順的粥糊。
· 用廚房布巾蓋住麵種，靜置於溫暖的地方 2～5 天。等麵種開始冒出小氣泡，就表示菌種活躍起來了！在這個階段，每天應丟棄原本麵種的 80%，換上等量的水和麵粉。持續更換水和麵粉，直到麵種開始散發微酸的氣味，而且發展出某種規律，就表示每次餵它都會發酵一點。
· 完成後可將麵種保存於陰涼處，將餵養麵種的間隔延長至每 2～3 天一次。

麵包

· 用攪麵勾攪打製作麵包的材料至出筋。用保鮮膜蓋住麵團，於室溫靜置 2 小時。
· 將麵團放進冰箱冷藏 15 小時。
· 在平台上灑些麵粉，將一半麵團放在上面。重複摺疊四次形成共八層。
· 用抹刀將麵團翻成上下顛倒，放進鋪了烤紙的烤盤或抹油的麵包烤模。
· 按照同樣步驟處理另一半麵團。
· 蓋住兩塊麵團，讓它們發酵 1～2 小時，依室溫調整時間。
· 烤箱預熱至 240℃（475℉）。
· 用廚房剪刀在麵團上各剪出六道切口。在每道切口上滴幾滴油，灑上少許海鹽。
· 完成前一步驟後立刻放進烤箱烤 20 分鐘。接著將溫度調降至 175℃（350℉）再烤 25 分鐘。
· 烤至麵包外表形成深色的厚層脆皮後，從烤箱端出烤盤或烤模。取出麵包置於網架上放涼。

真正老派脆皮酸麵種麵包。

貝果。

貝果是東歐的傳統環形麵包，是將麵粉揉成硬實麵團發酵後製成，一大特色是先將麵團煮沸再烘烤。貝果配方有很多不同的變化，其中最經典的蒙特婁貝果（Montreal bagel）內部密實略黏，外表硬脆光亮。

麵包脆餅、口糧餅乾和義式脆餅：烘烤兩次，乾硬無比

有幾種烘焙產品的口感特別乾，通常是因為製作時經過兩次烘烤，或烘烤一次之後再乾燥脫水以延長保存期限。這類產品在一些語言裡常稱為"biscuit"和"zweiback"，其實分別源自古法文和德文，都是指「烘烤兩次」，而在英文裡則常稱為麵包脆餅（rusk）、硬餅乾（biscuit）或脆餅乾（cracker）。

有一種特殊的麵包脆餅稱為口糧餅乾（hardtack），原本是單純用小麥麵粉或裸麥（黑麥）麵粉加水和鹽製成。其歷史十分悠久，由於不易腐壞，在古羅馬軍團時期即做為可靠的軍用口糧，後來在航海時代則成為長途航行中的糧食。口糧餅乾歷經時代更迭，在不同國家發展出許多形式，但現今主要做為軍隊和緊急救援行動中的救生口糧。還可以將口糧餅乾掰碎，加在海鮮巧達濃湯或其他湯裡增添質地。

扭結餅

- 將麵粉過篩到攪拌盆中，在中央處留一個凹洞。
- 加熱 85 毫升（⅓杯）的牛乳至微溫，將乾酵母溶於其中後，倒入麵粉堆的凹洞。
- 將奶油切成丁狀，和鹽一起分鋪在麵粉堆周圍。
- 蓋住攪拌盆，靜置 20 分鐘。
- 加熱剩下 165 毫升（⅔杯）的牛乳，倒入攪拌盆，將混合料捏成質地滑順的麵團。
- 將麵團平均分成十等份，蓋住後靜置於溫暖的地方，讓麵團發酵 20～25 分鐘。
- 將十份麵團捏塑出經典的扭結餅造型後放在烤盤上，進行時將先捏好的蓋住。
- 旋風式烤箱預熱至 160℃（325℉），在烤盤上鋪好烤盤紙。
- 混合水和小蘇打粉，加熱至沸騰。
- 小心地將扭結餅麵團浸入加了小蘇打的滾水，每次只放一個，浸泡 20～30 秒後取出放在烤盤上。
- 用刀在麵團較厚的部分劃出口子，灑上海鹽。
- 放入烤箱正中間的位置烤 15～20 分鐘，直到麵團外表呈金褐色。
- 置於網架上放涼，仍溫熱時是最佳的品嚐時機。

可製作 **10** 個扭結餅
·中筋麵粉 500 克（4 杯）
·牛乳 250 毫升（1 杯）
·乾酵母 10 克（2¼小匙）
·奶油 50 克（3½大匙）
·鹽 10 克（2 小匙）
·馬爾頓天然海鹽
·水 1 公升（1 夸脫）
·小蘇打粉 38 克（3 大匙）

扭結餅。

洋蔥辣肉腸火焰薄餅

火焰薄餅（tarte flambée）是法國亞爾薩斯（Alsace）地區的特色料理，底層是烤得硬脆的麵餅，上面覆滿新鮮乳酪、洋蔥和培根，這道食譜則以辣雞肉腸（chicken chorizo；辣肉腸也稱為西班牙臘腸）取代培根。火焰薄餅有點像披薩，但餅皮比較薄，而且麵團裡不加任何膨鬆劑。顧名思義，火焰薄餅通常是放入燒木柴的窯爐裡烘烤而成，餅皮可能硬脆到一咬就咔嗞作響。但也可以改用石砌烤爐，再加上以木柴生火，薄餅就會充滿美妙的煙燻味和木頭香。

最早的烘焙食物是用兩塊石頭磨出粗磨麵粉，加一些水製成麵團並擀平之後，放在用明火加熱到發燙的石頭上烤成的麵餅，和現今的火焰薄餅可能非常相似。

製備餡料

· 洋蔥去皮切半後，切成細絲。
· 鍋內放入奶油，用小火將洋蔥絲煮軟，儘量煮久一點但不要煮至變褐色。
· 將辣肉腸切成薄片。
· 混合白乳酪、酸奶油、洋蔥絲、肉豆蔻粉、鹽和現磨胡椒，接著拌入辣肉腸片。

製備麵團

· 將麵粉放入攪拌盆或食物調理機，分次一點一點將油拌入，接著再加水和麵。
· 用保鮮膜包住麵團保溼，靜置 1.5 小時。
· 將麵團擀開，分出數片很薄的麵皮，平攤在烤盤紙上。

製備火焰薄餅

· 在麵皮上將餡料鋪滿到接近邊緣，移到溫熱的烤盤上，放入預熱至 280～300℃（540－570℉）高溫的烤箱裡烤 8～10 分鐘。應烤到麵皮邊緣呈褐色，且有些地方幾乎烤焦。

4～6 人份

餡料

· 黃洋蔥 500 克（1 磅又 2 盎司）
· 奶油 25 克（5 小匙）
· 辣雞肉腸（chicken chorizo）或培根 150 克（5¼ 盎司）
· 法國白乳酪（fromage frais）150 毫升（⅔ 杯）
· 法式酸奶油（乳脂肪含量 38%）150 毫升（⅔ 杯）
· 整顆肉豆蔻 1 顆，磨成細粉
· 鹽
· 現磨胡椒

麵餅

· 中筋麵粉 500 克（4 杯）
· 油 100 毫升（6½ 大匙）
· 鹽 12 克（2 小匙）
· 溫水 300 毫升（1¼ 杯）

洋蔥辣肉腸火焰薄餅。

脆麵包丁

· 將麵包撕或切成大小差不多、約 1～2cm（⅜～¾英寸）小塊。
· 在平底鍋裡倒一點橄欖油，將大蒜拍碎後，百里香一起放進鍋裡用小火加熱。
· 用高溫將麵包塊煎至變金黃色，最好邊角還有點焦黑。但注意麵包塊中心要保持柔軟，才能保持口味豐富。裝盤時挑除大蒜和百里香。

· 放置隔夜的可口麵包
· 橄欖油
· 大蒜
· 百里香數株

脆麵包丁。

世界各地的飲食文化都發展出形形色色的餅乾，其中源自義大利的杏仁脆餅（biscotti 或 cantuccini）通常含有整顆杏仁果，做法是將以發粉發酵的麵團稍微擀平後第一次烘烤，烤好後橫切成片，再將切片的麵團以較低溫第二次烘烤至非常乾硬。杏仁脆餅並不好啃，啃斷牙齒的意外事故更是屢見不鮮。要讓脆餅的口感更柔軟多汁，試試看將脆餅先在咖啡或稱為聖酒（vino santo）的微甜白酒裡浸一下再吃。

脆麵包丁（crouton）的做法是將久放變老的白麵包或麵包皮先用奶油或油煎過，放涼之後切成適合佐菜的大小，咬起來很硬脆，因此加在湯和沙拉裡會形成質地上的對比，有時甚至能帶來意想不到的滋味。上下臼齒咬嚼脆麵包丁時，發出的震口響聲會在頷骨和頭蓋骨之間傳遞，讓整體的味覺經驗更臻完美。

皮脆骨酥

很多人一定同意：沒有什麼比烤雞、烤豬或煎魚的脆皮更香酥美味；同理，也沒有什麼比溼軟的烤雞皮或硬韌難嚼的烤豬皮更令人失望了。烤肉的脆皮一定要乾燥酥脆，咬嚼的時候在咔嗞聲中碎裂，而且入口之後絕不能變成硬韌的一團。

烤肉或烤魚時最大的挑戰，就是將皮烤得酥脆完美，而肉也恰到好處不會乾柴。準則是外皮必須乾硬酥脆，內裡必須柔軟多汁。

皮的最外層約有 50～80% 是水和主成分為膠原蛋白的結締組織，膠原蛋白會形成一層柔軟有彈性的凝膠裹住一切。魚皮、豬皮或禽類的皮（特別是鴨皮）之下，多半還有脂肪和結締組織構成的厚厚一層。這兩層的厚度依不同種類動物而異，魚和豬的胸腹側周圍皮下脂肪層都特別肥厚。

皮膚的功用是保護生物體，因此在自然狀態下相當硬韌，食用前必須先處理至變柔嫩。皮經過加熱會收縮，因此要烤出一塊整塊帶皮的烤肉，必須在加熱前就先將皮修整成可以蓋過肉塊邊角的大小。此外也要注意，皮收縮時不會每邊都很平均。

為了烹調出完美的脆皮，必須遵守以下三項原則。第一，不能烤到皮的最外層所有水分都蒸發，必須留下部分水分，蒸發後留下的氣孔和小泡是美味脆皮，尤其在烤豬皮上，這是很重要的環節。第二，必須將結締組織烤到軟嫩，讓膠原蛋白轉化成明膠。第三，最外層之下大部分的脂肪必須精煉處理，大家都認同這部分不僅質地不怎麼吸引人，熱量更是高得驚人。

酥脆禽皮

不同禽類的皮的主要差異，在於皮下那層脂肪的厚度，例如雞的皮下脂肪層相對較薄，而鴨子的就厚很多。因此料理帶皮鴨肉時，很難烹調到鴨皮很酥脆，同時又確保鴨肉也達到柔嫩多汁的完美程度。

肉塊的皮如果很厚，可能很難烹調到皮層只剩少許水分，皮下的肉又不至於烹調過頭。要解決這個難題，必須先想辦法減少皮裡的水分，例如用電風扇吹乾放入冷凍庫。製作北京烤鴨的前置處理通常是用冷凍，才能烤出名聞遐邇、無比酥脆的外皮。另一種方法是將皮與肉稍微剝離，讓熱比較難傳入肉裡。

烤出酥脆禽皮的第一步，是先讓皮變軟嫩和讓膠原蛋白膠化，而皮層裡必須留有一些水分。在皮變軟、最外層的結締組織膠化之後，還不需煩惱如何將皮烤得酥脆，下一步是要先除去皮裡的脂肪層。在加熱肉塊的過程中，水分會持續蒸發，而脂肪會融化滴出，但這樣還不夠，因為在膠原蛋白構成的網絡裡還有脂肪牢牢附著。以高溫燒烤可以破壞這個結構，但多半會對肉本身的味道造成負面影響。運用現代的先進技術，可以輪流加熱和用液態氮冷卻皮層，就能解決這個問題。最後一步是以高溫烤很短的一段時間，可能將烤架放在肉塊上炙烤，讓皮層冒泡變脆。

禽類皮層的水分含量低於豬或其他動物，因此不會像烤豬肉一樣冒很多小泡。這也是為什麼雞皮和鴨皮裡的脂肪，可以確保最後步驟中烤出酥脆外皮。皮裡的脂肪會從皮下向外滲出，如果先在皮上用叉子戳洞或劃幾刀，效果會更顯著。如果三不五時將烤肉滴下的油脂澆淋在肉上，成品質地會更完美。同時，這層脂肪有助於將輻射熱從周圍空氣傳導到皮層，也能讓膠原蛋白充分膠化。

總括來看，烤出完美的脆皮可說是一門取得平衡的藝術。一不小心，可能會烤出軟韌如橡皮的外皮，或是硬韌乾柴的肉塊。如果很幸運能烤得恰到好處，還必須送上餐桌立刻食用，否則外皮就會因為吸收肉塊本身的肉汁而變得軟韌。

為了烤出完美的酥脆鴨皮，《現代主義烹調》作者納森・米佛德和克里斯・揚恩（Chris Young）設計出一套優雅但頗為複雜的烹飪方法。箇中訣竅是將鴨肉連同最外層的皮反覆冷凍數次，如此一來，鴨肉本身在減少外皮水分和加熱融化脂肪的過程中就不會受到太大的影響。

超脆豬皮

關於烤豬肉時如何烤出完美脆皮，坊間充斥許多迷思，而大廚們多半有自己的配方和一套為何這麼做的理由。待克服的難題仍舊相同：如何大幅減少豬皮的水分含量，讓膠原蛋白膠化，讓大部分脂肪融化滴出，同時確保豬

脆皮烤雞肉串

　　雞鴨等禽肉料理稱得上是可簡可繁、豐儉由人，從雞塊、週日專屬烤全雞、有機雞肉、橙汁鴨肉到耶誕節火雞，家常菜到高檔料理一應俱全。可惜的是，很多人採用的部位僅限於好煮的雞胸或雞腿——其實雞身上還有不少部位的肌肉也非常可口，而用鴨胸絕對可以料理出比皮韌肉柴的鴨肉塊更美味的菜色。

　　美食圈到目前為止，對於常見的禽肉如雞和鴨仍舊興趣不大。但近幾年來，幾位日裔美國主廚從日本料理汲取靈感，相準了雞和鴨，發明了多道皮酥脆、肉多汁的禽肉料理。

　　筆者之一（歐雷）前往紐約時，有幸參與專門推廣日美廚師交流合作的五絆協會（Gohan Society）舉辦的大師級烹飪課。那天的課程以肉為主題，由兩位名廚指導十二位主廚，傳授用雞鴨胸肉製作烤肉串的廚藝。烤雞肉串的日文"yakitori"一詞中的"yaki"是指燒烤，"tori"則指雞肉，製作這道菜的特殊日式烤法原本只用來料理雞肉，但後來也用來燒烤其他肉類和菇類蔬菜。由於食材全都串在烤肉串針上，所以在一些歐美國家的菜單上就稱為「串燒條」（sticks）。

　　授課主廚之一河野睦（Atsushi Kono）來自日本，他在紐約開設一家充滿故國風情的鳥心餐廳（Tori Shin），另一位主廚艾瑞克・貝茨（Erik Battes）在美國習藝，兩人都曾與首先將現代日本料理傳入美國的名廚森本正治（Masaharu Morimoto）共事。艾瑞克深受日本的烹飪古法吸引，結合西式食材另闢蹊徑。西式與日式料理大異其趣，兩位主廚卻能結合兩者，創作出令人驚奇的菜色，而且他們都同樣熱愛使用日本獨有的備長炭。

　　備長炭不是普通的木炭，是用橡木蒸燒而成、格外堅硬的特殊木炭，而且和大多數人想像的完全不同，備長炭用於燒烤時的溫度並不特別高，大約只有 760℃（1,400℉），但卻能散發遠紅外線而效率卓著。用備長炭燒烤時，肉品受熱均勻且快熟，外層經炙燒所以能鎖住肉汁。烤爐中的備長炭要堆積得很緊密，在氧氣供應有限下，而廚師就能利用爐側的風門控制火力。備長炭燃燒速度很慢，整爐備長炭可連續燃燒 6 到 8 小時。備長炭燒烤的另一個優點是幾乎無煙，而且不會散發任何異味。不過艾瑞克表示，要在餐廳裡設置備長炭烤爐，必須和消防隊來點專業交流。

　　活力十足的河野主廚以靈活手勢比畫著，開始示範如何宰切看起來健康美味的有機農場雞隻。烤雞肉串原是街頭小吃，因此傳統做法是利用雞的所有部位，包括雞皮、雞脖、雞屁股和內臟。每塊小肌肉都有名字，而且各有值得重視的特殊味道和質

於紐約五絆協會舉行的烤雞肉串製法教學現場。

地。主廚將全雞分切成多塊，大小不一的肉和皮分別用長木籤串起，有些圓有些方，各有不同用途。

由於時程緊湊，河野主廚監在學員的工作台之間來回走動，督導來受訓的十二位廚師，迅速有效地給予指點。這種教學模式在某種程度上參考了日本歷史悠久的師徒制，由學徒觀摩師傅操作之後練習實作。

分切過程的大部分時間，都花在辨認和切下雞腿上最珍罕的一塊部位：「雞生蠔」（soriresu）。此詞源自法文的"sot l'y laisse"，意為「傻瓜才不吃」。這個部位特別多汁，嚐起來有點像牡蠣而得名。

串好的雞肉串上面灑一點鹽後，即可放在烤架上。開始燒烤之後，主廚會將一些肉串浸刷一到三次燒烤醬汁（tare），這種醬汁通常是由醬油、味醂、清酒和糖混合而成。燒烤師傅不僅會挑選偏好的鹽，使用的醬汁配方更是不外傳之祕。

嚐起來究竟味道如何？且待稍後分曉。我們先來看看如何料理鴨胸。

艾瑞克精神抖擻開始一展身手，所用方法在某種程度上可說和傳統串燒製法背道而馳。他只用鴨胸，但這塊胸肉取自俗稱紅面鴨的番鴨（Muscovy duck），皮不會太厚，看起來著實美味！艾瑞克將胸肉切下，將鴨皮修整成超出肉塊邊緣，如此烤好內縮後仍足以蓋住肉塊。從現在開始的目標，是儘量減少鴨肉裡的水分，燒烤時才能儘量昇至最高溫。

烹調鴨胸是按照宗師級主廚森本正治所研發的食譜，共有二十二個步驟，非常費工，但成品絕對值得花上這番心力。食譜並非採用傳統日本料理手法，但備長炭在其中扮演要角。

身材高大的艾瑞克，夾帶一股天生的威嚴氣勢，開始一場魔幻廚藝秀。他演示了如何切肉，又示範了整份複雜食譜的其中幾個步驟，但並未逐一示範，部分原因是時間考量，步驟中包含風乾 18 小時，以及用油浴法加熱 40 分鐘。如前所述，這些步驟都是為了在開始烤肉之前，將鴨肉的含水量降至最低。

但首先要分小塊處理鴨皮，先用料理用瓦斯噴槍炙烤，再立刻用液態氮噴罐噴出極冰冷的氣流加以冷卻，這個階段的重點是絕不能讓熱穿透稍後才要烹調的鴨肉內部。處理好鴨皮後，主廚將鴨胸放在架在大醬汁鍋上的網架，鍋裡味道不明顯的食用油則加熱至230℃（446℉）。接下來主廚反覆舀起熱油澆淋鴨胸，中間穿插以液態氮冷卻，熱冷交替進行。最後終於要烹調鴨胸本身，是將鴨肉浸入加熱至 60℃（140℉）且不斷循環流動的油裡，以油浴法慢煮 40 分鐘。

接著將鴨胸肉切成兩塊，各穿入三根金屬烤肉串針形成類似扇子的形狀，帶皮的一側朝下放在烤架上燒烤。烤好的鴨胸絕不能沾染任何烤肉的煙味。等鴨皮烤至酥脆且呈現誘人的栗棕色，再翻面將胸肉底部稍微烤幾秒鐘。最後，將鴨胸放進已置入點燃的蘋果樹木柴屑的密閉箱裡煙燻。

坦白說，這份食譜極為繁複，足以挑戰任何人的耐心，但成品保證值得。烤出來的鴨胸是獨一無二的極品珍饈，絕對是筆者這輩子吃過最好吃的一塊鴨肉。

森本正治的二十二步驟完美鴨胸食譜

1. 將全鴨放入大量滾水裡汆燙 10 秒鐘。

2. 從滾水取出全鴨後立刻浸入冰水。

3. 將全鴨以鴨翅在背上的方式倒吊起來。

4. 準備液態氮噴罐。*

5. 將全鴨鴨背朝下放平，每次只處理一小塊鴨皮：先用料理用瓦斯噴槍炙烤，再立刻噴液態氮冷卻，重複進行直到整片鴨胸都變成淺金色。

6. 用湯匙刮鴨皮讓毛孔張開。

7. 將全鴨置於空氣流通、溫度等於或稍低於室溫的地方風乾 18 小時。

8. 切下鴨翅和鴨腿。

9. 除去鴨背。

10. 在大醬汁鍋裡注入味道不明顯的油（例如葡萄籽油），加熱至 230℃（446℉）直到油開始冒煙。

11. 在鍋子上架一個大小蓋過一半鍋口的網架，將鴨胸置於其上。

12. 舀出熱油澆淋鴨胸，接著噴液態氮冷卻，重複交替進行。*

13. 持續進行直到鴨胸皮變成金褐色。

14. 在循環式的油浴鍋槽注入味道不明顯的油，加熱至 60℃（140℉）。

15. 將鴨胸放入油裡煮 40 分鐘。

16. 取出鴨胸，用乾淨的布擦乾。

17. 用刀將胸肉從胸骨上削下，切成兩半。

18. 在兩片胸肉的皮與肉之間，分別穿進三根烤肉串針形成扇子狀。

---

* 液態氮噴罐不是大多數家庭會常備的廚房用具，必須尋找其他可以快速冷卻鴨胸的方法，才能做到只加熱鴨皮卻不讓熱傳到下方鴨肉。

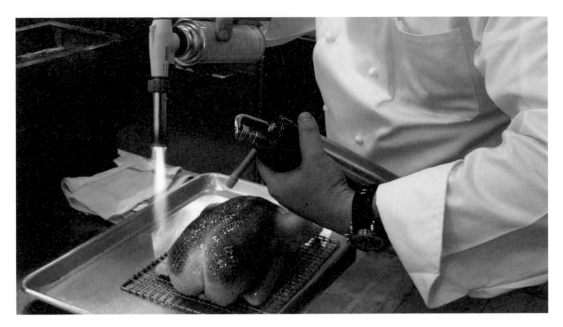

交替進行炙烤和冷卻，以烹製口感完美的鴨胸。

19. 在胸肉兩面灑上鹽和胡椒，主要灑在較厚的部分。
20. 帶皮面朝下，在備長炭上以中溫燒烤，直到鴨皮變成栗棕色。再翻到不帶皮的那一面烤數秒鐘。
21. 放進密閉箱裡煙燻，燻材可使用稻草或蘋果樹木柴的木屑。
22. 取出鴨肉後靜置幾分鐘，切片之後立刻裝盤上桌。

　　筆者當時下定決心，全世界最重要的事（至少在那個時刻）就是要品嚐到河野主廚的串燒料理，而我那趟去紐約的最後一餐，一定要選在近三年連續獲得米其林一星的鳥心餐廳。但倉促之間，要怎麼在市區裡最熱門的串燒鋪訂位、一嚐獲得米其林星級殊榮的街頭小吃呢？

　　很幸運地，我與川野作織女士相熟，她是五絆協會的會長，在紐約開設的高檔刀具店光琳（Korin）為紐約一流主廚供應刀具，是我非常喜愛的一家店。在川野女士熱心說情和牽線之下，我得以順利預約當天晚上的桌位。

　　我抵達餐廳，發現串燒師傅身前吧台周圍三側高朋滿座。河野主廚表示希望親自為我料理餐食，我便等候吧臺區空出座位，等待時還獲店家招待自製漬物、無比酥脆

紐約鳥心餐廳的串燒吧台。

的小塊雞皮,和三種軟乳酪。在日式餐廳吃乳酪似乎是少有的經驗,但這裡是紐約,而且其中一種乳酪加了昆布。

當然了,這頓晚餐是無菜單料理(omakase),菜色完全交由主廚決定。各式串燒一份接著一份陸續上桌:雞腿肉佐柚子胡椒醬(yuzukosho)、雞里肌佐山葵、雞里肌佐綠紫蘇和梅乾、脆皮「雞生蠔」、杏鮑菇、烤竹筍、雞肝、綠甜椒、雞肉和鴨肉丸配生蛋黃,還有好幾種主廚特別讓我試嚐味道的小量菜色,所有串燒都可搭配多種醬料、日本海鹽,或鹽和木灰顆粒混合成的沾料。

品嚐過程中,河野主廚也露了一手特殊的灑鹽技巧。只見主廚優雅地將大盒海鹽高舉半空中,鹽粒就如雨滴般紛紛灑落在成排串燒和桌面上。

最後送上的一份是真正的壓軸大作——這串緊挨在一起的小巧肉塊在日文裡的意思是「心之根元」(hatsumoto),其實是從雞的心臟左側伸出、將充氧血運送至全身的粗大動脈。我眼前這串雞動脈至少有十顆雞心的份量,味道強烈、質地可口,吃起來有點像是硬實的乳酪,需要稍微嚼一下,但在咀嚼過程中,口裡會充滿貨真價實的美妙鮮味。

串燒料理充分呈現不同部位雞肉各有其獨特美味,香脆的外層和多汁的內部之間的平衡無懈可擊,備長炭燒烤確實有其獨到之處。

這頓大餐適合搭配什麼飲料呢?答案是日式綠茶和涼冷的清酒。餐後則以清爽的綠紫蘇義式冰沙作結。

烤肉學問大：豬皮最怕滾水燙？

　　有一個流傳已久的烹飪小訣竅，是在烤豬肉之前，先將豬皮朝下放入少許滾水裡燙一下，就能烤出最香脆的豬皮。這個訣竅可能源於以前的豬隻是養到比較老才宰殺，因此豬皮較硬韌。現今供售的豬肉通常來自年齡較小的豬隻，但這個小訣竅仍有其參考價值。剛開始烤肉的時候，水分會讓豬肉保持較低的溫度，不需加熱到很高溫，部分脂肪就能融解滲出。但問題在於豬皮可能會吸收太多水分，造成豬皮烤至硬脆的程度時，水分卻仍未充分蒸發。

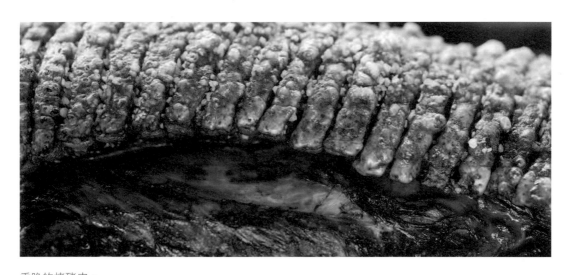

香脆的烤豬皮。

肉柔嫩多汁。而大眾對烤豬的期待更超過烤雞，所有人都認為美味的烤豬皮，吃起來要真的能發出響亮的咔嗞聲。

　　在豬皮上抹鹽可以吸除一些水分；在豬皮上劃出刀痕，也有助於讓水和脂肪在烘烤時散出。古老的烹調祕技是在烤肉上澆一點蒸餾水果酒（schnapps），據傳酒精成分可能可以融解掉一些脂肪。也可改淋一點醋和檸檬汁，用酸來破壞膠原蛋白的網絡，膠原蛋白就比較容易分解形成明膠。

　　烤肉進入最終階段，真正決定脆皮完美程度的，就是豬皮裡殘餘的水分是否足夠。這些水分以小水泡的形式留在皮層，水分蒸發變成蒸氣時就會脹起冒泡。要達到最理想的效果，是利用預熱的烤箱（180～200℃〔356～

油煎脆豬尾

現今吃豬尾巴的人並不多，即使在古代，豬尾多半也僅出現在農家的餐桌上。實在很可惜，雖然豬尾的皮相對較厚、含有較多膠原蛋白且質地有點水水的，但靠近骨頭的肉其實相當柔嫩且美味多汁。這道食譜用鴨油煎豬尾，並將皮的部分分開油炸成香脆豬皮。

- 豬尾巴 2.5 公斤（5½磅），有機肉品較佳
- 鴨油 2 公斤（4 磅又 7 盎司）
- 胡椒粒 20 克（¼杯）
- 大蒜 6 瓣
- 月桂葉 6 片
- 整顆肉豆蔻 1 顆，稍微壓碎
- 片狀鹽

- 除去殘留在豬尾上的剛毛。
- 先保留一些鴨油待用。將豬尾、剩下的鴨油、胡椒粒、大蒜、月桂葉和肉豆蔻碎塊封入真空袋，以 100℃（212℉）蒸 8 小時。
- 趁豬尾溫熱時縱切開來，小心地依序挑去骨頭、肉和脂肪，只留下豬皮。
- 將肉和脂肪抹在鋪了烤盤紙的烤盤上，形成厚約 1cm（⅜英寸）的一層。再蓋上一張烤盤紙，放上重物稍微壓住，放入冰箱冷藏。
- 將肉脂層切成面積相當的小方塊，加一點鴨油以大火煎至呈金褐色。灑上片狀鹽即為美味小點，亦可做為配菜。
- 將取下的豬皮放入加熱至 180～190℃（356～374℉）的油裡油炸，成香脆豬皮。

油煎脆豬尾佐碎橄欖乾。

392℉〕）或只用上火烤（broil），以熱輻射方式加熱豬皮。放置烤肉時需讓表面多少平攤，以達到均勻受熱。

　　還有其他幾種方法，同樣可以製作出皮脆肉嫩的烤豬肉。一種方法是挑選特定部位，例如肋排或頸肉，這些部位的肌間脂肪（marbled fat，或稱大理石紋）較多，即使烹調時間較長仍能保持溼潤，烤出的豬皮也會相當酥

脆。另一種方法是皮和肉分開處理，此外也移除皮與肉之間的部分脂肪，盛盤上桌時再將烤好的豬皮放回肉塊上面。

薄脆魚皮

魚皮不是大眾心目中的珍饈美味，很多人甚至認為魚皮不能吃。其實魚皮的脂肪含量達 10%，比魚肉更高，而且共有兩層，外層較薄、內層較厚，內層即由大量結締組織構成的真皮層。很多種魚都長有大片魚鱗，烹調前必須先刮除，另外在魚皮表面常有一層黏液，其中含有醣蛋白和其他成分，功用是保護魚類不受微生物攻擊。

如果是將魚蒸熟，因結締組織裡含有膠原蛋白，魚皮會變成黏稠的膠狀層，讓人興趣缺缺。然而，膠原蛋白也是讓炸魚或烤魚魚皮變得酥脆可口的功臣。此外，魚皮黏液裡的醣蛋白經過加熱後，會釋出水分，形成富光澤的誘人表層。

有幾種方法可以將魚皮處理成適合油炸或燒烤。如果魚鱗較小，而且預備以很高的溫度炙烤，就不用刮除鱗片，例如葡萄牙人製作沙丁魚就採用此法。其他魚類如鯖魚和鯡魚，在鱗片下方有一層很韌的薄膜，剝去這層薄膜後露出的第二層魚皮就和魚肉一樣柔嫩。其他像革平鮋（ocean perch）、梭鱸（pike perch）和海鱸（sea bass）等魚類，在刮除鱗片後汆燙一下就能讓魚皮變軟。

鮭魚皮在去除鱗片之後，特別適合單獨燒烤。從鮭魚肉上削下魚皮時，應削出一層約 1～2 公釐（$\frac{1}{32}$～$\frac{1}{16}$ 英寸）的厚度，在魚皮上留一些結締組織和魚肉，為下一步驟預留足夠的脂肪。將魚皮放在熱平底鍋上，油多的一面朝下，逼出夠多魚油之後再翻面續煎。至於最後的炙燒步驟，壽司店師傅多半會用含丁烷的料理用瓦斯噴槍，將鮭魚皮燒烤得酥硬香脆，由於魚皮含有大量脂肪，又兼具滑潤多油的口感。

如果是脂肪較少的魚如鱈魚魚皮，也有可能烹調出更乾酥爽口的質地。鱈魚皮和鰻魚皮油炸之後，就成了最美味的酥脆點心。

來自鱈魚內臟的驚喜

鱈魚的內臟裡藏著一個趣味十足的小驚喜——就在胃和脊骨之間，有一層包覆魚鰾的白色厚膜。這層厚膜全由膠原蛋白構成，原本非常堅韌，但烹煮之後會流失部分明膠，再拿去油炸就成了一道美味可口的香酥鹹點。

香烤脆鱈皮

・從新鮮鱈魚肉上取下魚皮。
・將魚皮放進食物乾燥機，以 70℃（158°F）乾燥 12 小時。將乾魚皮掰成較小塊後，放入加熱至 180℃（356°F）的油裡油炸。
・將炸魚皮置於廚房紙巾上吸除多餘油份，灑鹽後立刻送上桌。

・新鮮鱈魚皮
・味道不明顯的油炸用油
・馬爾頓天然海鹽

香烤鰻皮乾

・剝下鰻魚皮後切成小塊。
・將魚皮放進食物乾燥機，以 70℃（160°F）乾燥 3 小時。
・將乾魚皮切成想要的大小後，放入加熱至 180～200℃（356～392°F）的油裡油炸。
・將炸魚皮置於廚房紙巾上吸除多餘油份，灑鹽後立刻送上桌。

・新鮮鰻魚皮
・味道不明顯的油炸用油
・馬爾頓天然海鹽

烤得酥脆的鰻魚、鱈魚和鮭魚皮。

鱈鰾脆片

· 用剪刀從鱈魚脊柱上剪下魚鰾。用紙巾擦去魚鰾兩面的薄膜以
  及殘留的血跡和內臟。
· 將魚皮放進食物乾燥機，以 60～70℃（140～160℉）乾燥約
  12 小時，可依魚鰾厚薄調整時間長短。將乾魚鰾切成小塊。
· 將魚鰾塊放入加熱至 180℃（356℉）的油裡油炸 10～20
  秒，灑鹽後立刻送上桌。

· 取自大隻鱈魚的魚鰾 1 個
· 味道不明顯的油炸用油
· 細鹽

新鮮鱈魚鰾乾燥後油炸成的酥脆膨鬆小點心。

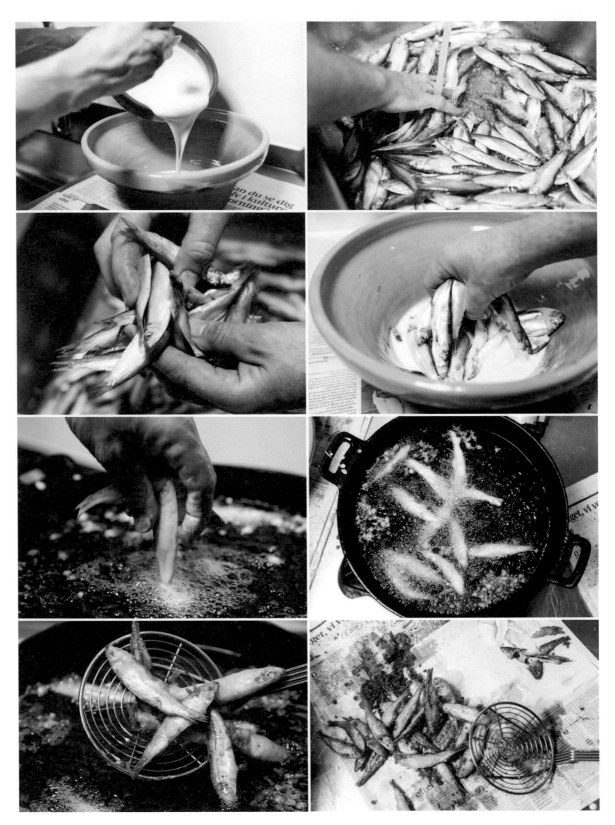

酥炸黍鯡。

酥炸黍鯡

- 將黍鯡浸入鹽水醃 5 分鐘，取出靜置瀝乾。
- 混合製作麵衣的材料，不要過度攪拌以免麵糊變太硬韌。如用一點啤酒或含酒精液體取代部分的水，炸出來的麵衣會更脆。
- 攪拌好的麵糊在使用前需注意保冷，最好在攪拌盆下放些冰塊。
- 將油加熱至 165～175℃（329～347℉）。
- 黍鯡沾裹麵糊後，很快放入鍋中油炸至變金黃色。麵衣有點斑駁疏落、沒有完全包覆魚身也沒有關係。
- 將炸好的黍鯡置於廚房紙巾上以吸除多餘油份，酌量灑些鹽。

- 新鮮黍鯡（小鯡魚）1 公斤（2¼磅）
- 鹽水：每 1 公升（4¼ 杯）水加 50克（3 大匙+2 小匙）的鹽
- 味道不明顯、適合油炸的油

油炸麵衣
- 玉米澱粉 80 克（½杯）
- 高筋麵粉 80 克（½杯+1 大匙）
- 發粉 1 克（¼小匙）
- 冷碳酸水 200 毫升（¾杯+1½大匙）
- 味道不明顯的食用油 10 毫升（2 小匙）
- 鹽 1.5 克（¼小匙）
- 卡宴辣椒粉一撮

硬脆魚骨

　　魚骨裡的膠原蛋白含量低於魚皮，但有些魚的魚骨仍含有足量的膠原蛋白，油炸後可以當成點心。較小的魚如黍鯡（小鯡魚）和鯖魚，連魚頭和魚鰓都可以食用。

　　在日本及亞洲其他國家，會將炸魚骨加上甜醬油或其他佐料調味製成零嘴。軟骨多的魚類如魟魚和鰻魚，特別適合油炸，炸好後咬起來極為酥脆。

　　有些日本餐廳會用新鮮竹筴魚（horse mackerel）特製一魚兩吃套餐，讓顧客品嚐同一隻魚烹調後的多種質地。第一種吃法是竹筴魚製成柔軟綿密的生魚片，是將非常新鮮的魚身上所有肉，連同魚頭、魚尾和魚鰭，都從脊椎骨上削下，切成薄片後再放回去組成魚身。生魚片會插上細小竹籤支撐，讓整尾魚看起來好像即將躍出水面一樣鮮活如生。第二種吃法是等顧客吃完生魚片之後，將魚頭、魚尾和魚骨送回廚房，油炸成酥脆點心再送上桌。

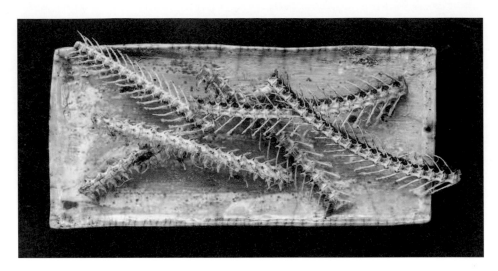

油炸鰻魚骨。

變質腐敗形成的食物質地

食物的質地主要取決於烹調方式，但也受到其他因素影響，諸如：生鮮食材自然熟化（ripen）、陳化（mature）、熟成（age）、發酵和分解時產生的各種變化。生物轉瞬即逝的無常本質，就是因為會發生這些變化，這也意味著食物是會變質腐敗的。但正因為食物會變質腐敗的特性，讓食材的很多成分能夠轉變成養分，讓我們更容易吸收並在體內轉化為能量。

這些變化過程會改變食材的質地和味道，讓食材變得與原本截然不同。我們對這些現象習以為常，以為食物的狀態變化就是如此：新鮮的肉熟成之後會變軟，牛乳和乳酪嚐起來一點都不像，口感也完全不同等等。

即使很多變化過程會造成食物的味道和質地劇烈改變，仍然有助於延長食物的保存時間。在冰箱和冷凍庫普及之前，我們迫切需要想出保存食物的方法，因此很習慣將特定幾種食物與特定的質地連結在一起。老派的鹽醃鯡魚就是很好的例子，將鯡魚放入木桶裡用鹽醃數個月，讓整尾魚的魚肉都在內臟裡的酵素發揮作用之下變軟。

生鮮食材經過烹煮、熟成、發酵等方式處理後，變化最大的基本味道是鮮味。無論烹煮、燉煮、煎炒、炙烤、乾燥、放置熟成、醃漬，或利用酵母或酵素發酵，都會引出明顯的鮮味，而人類從大約 190 萬年前開始用火烹煮時，就學會製造和欣賞這種味道。

在所有變化過程中，連同熟成和熟化一併發生的發酵作用，不僅是製造

香酥魟魚骨

- 將新鮮魟魚翅切成大小適中的連皮小塊。
- 混合水、醋和鹽後煮至沸騰。分次煮熟魟魚翅，每次放一片煮1～2分鐘。煮過後用刀即可輕鬆刮去魚皮。
- 將魟魚翅塊沾裹麵粉，以鹽和胡椒調味，用奶油煎至變金黃色。將魚骨兩面的魚肉削下，可用來製作其他料理如烤魟魚翅佐葉用甜菜。
- 在醬汁鍋裡倒入食用油，加熱到175℃（329℉）。
- 將魟魚翅骨沾裹麵粉，放入熱油裡炸至酥脆。灑些鹽後配一些魚翅肉立刻送上桌。

- 魟魚翅 1 片
- 水 1 公升（4¼ 杯）
- 醋 100 毫升（6½ 大匙）
- 鹽 18 克（1 大匙）
- 中筋麵粉
- 鹽和胡椒
- 奶油
- 味道不明顯的食用油

香酥魟魚骨。

鮮味最有效的方法，也是改變食材口感最有效的方法。

熟化可食或腐敗不可食

　　法國重要人類學家克勞德・李維史陀（Claude Lévi-Strauss）曾提出所謂食物料理三角形（the culinary triangle）的理論，描述食材如何從自然狀態

烤魟魚翅佐葉用甜菜

- 將葉用甜菜清洗乾淨，放入食物乾燥機以 30℃（90℉）烘至整株縮小為原本的一半大，約需 10～15 小時，時間長短依葉用甜菜大小而定。
- 將魟魚翅切成連皮的大片。
- 混合水、醋和鹽，煮至沸騰。
- 分次煮熟魟魚翅，每次放一片煮 1～2 分鐘。煮過後用刀即可輕鬆刮去魚皮。削下魚骨上的魚肉。
- 將魚骨放置在陰涼處，待稍後油炸製成配菜。
- 製作小塊脆麵包丁，將新鮮辣根磨成泥，切碎巴西利，洗淨續隨子並瀝乾。
- 混合雞高湯和鮮奶油，熬煮至湯汁濃縮為原本的三分之二。
- 取 100 毫升（6½大匙）的湯汁煮成 15 毫升（1 大匙）的釉汁，剩下的湯汁保留備用。
- 將魟魚翅塊沾裹麵粉，以鹽和胡椒調味，用奶油煎至金黃色。
- 最後再將脆麵包丁和辣根泥、巴西利和續隨子一起放入大量奶油裡煎，完成後在上面灑一些檸檬皮屑。

擺盤上桌

- 將魟魚翅片放在盤中。在預留的湯汁裡加入大豆蛋白後手動攪拌混合，淋在魚片周圍，再將濃縮的釉汁淋在四周。在盤上另一邊排放葉用甜菜，上面灑些香草調味脆麵包丁和煎麵包丁用的奶油。最後灑一撮馬爾頓海鹽和少許現磨胡椒。

- 幼嫩紅莖或綠莖葉用甜菜 4 株
- 帶骨魟魚翅，每人份 200 克（1¾磅）
- 水 1 公升（4¼杯）
- 醋 125 毫升（½杯）
- 鹽 18 克（1 大匙），外加調味用的鹽
- 可口麵包製作的小粒脆麵包丁
- 新鮮辣根
- 巴西利
- 續隨子
- 雞高湯 200 毫升（¾杯+1½大匙）
- 鮮奶油（乳脂肪含量 38%）50 毫升（3 大匙+1 小匙）
- 中筋麵粉
- 鹽和胡椒
- 奶油
- 大豆蛋白粉 2.5 克（½小匙）
- 馬爾頓天然海鹽
- 胡椒
- 檸檬皮屑

烤魟魚翅佐葉用甜菜。

（生食），經過製備（烹調）變成可食之物，或經過微生物活動轉變成腐敗不可食之物。從李維史陀的觀點來看，生食和熟食狀態之間的差異，即是自然和文化之間的差異，但生食和熟食之間的界線卻模糊了。在不同文化，甚至同一文化在不同時期，對於如何劃定界線的看法都不一致，於是也無從定論究竟什麼可食，什麼不可食。

我們一方面認為發酵和微生物活動是好的，可以將食材轉變為美味可口的食物，讓食物裡的蛋白質和碳水化合物變得容易消化，另一方面又認為讓食物腐敗的變化過程是不好的。「貴腐物」（noble rot）和「腐壞物」之間的界線並不明確，而且一直是移動的標靶。發酵和熟化會釋出各種呈味和氣味物質，但是連帶發散的氣味或味道多半非常難聞可怕，讓很多人避之唯恐不及。

禽畜魚肉的熟成

從前的人認為捕捉到雉雞、野兔等獵物之後，要吊掛起來讓肉自然熟成，而且要熟到肉從掛鈎上掉落的程度。現在很可能沒有人會這麼做，因為在讓肉達到足夠熟成，和肉遭細菌侵襲造成腐敗之間的平衡十分微妙，很難加以人為控制，特別是溫度太高時更是困難。不過野味的肉，尤其獵物如果比較老，可能非常硬韌，確實需要經過熟成。

有人將肉的熟成稱為「經過控制的腐敗」，這樣的描述其實相當精確，因為熟成就是讓肉裡的天然酵素分解組織，肉才會變得更軟嫩。有些酵素會降解肌肉裡的蛋白質，還有些酵素專門分解結締組織。於是，煎肉或用其他方式烹調時，就能縮短所需時間，也就是說可以保留肉裡大部分的水分。一塊經過適當熟成並煎至一分熟的牛肉，可能既柔嫩又多汁。

熟成也會促進多種可口的呈味物質生成。肉裡的蛋白質會分解成具鮮味的胺基酸，例如以麩胺酸鹽形式出現的麩胺酸；脂肪會分解成美味的脂肪酸；碳水化合物如肝醣會分解成味甜的糖；核酸分解出核苷酸（nucleotide），其中的肌苷酸能夠增強鮮味。

有些魚的肉在熟成之後，質地也會變得更美妙。脂肪少的鰈魚類如大圓（turbot）和菱鮃（brill），置於 0～2℃（32～36℉）的溫度熟成 2 天後，會達到味道和質地的最佳組合。如果是將削下的魚肉片放置熟成，務必先將所有血跡和體液清理乾淨。

豬肉和雞肉所含的不飽和脂肪多於牛肉，長時間熟成可能會造成脂肪酸

熟成豬里肌佐蘆筍和「解構伯那西醬」

本食譜將傳統中混合在一起製作伯那西醬的材料分別烹調呈現。

烹調豬肉

・用刀在肉塊的皮脂部分劃出菱格紋。

・在醬汁鍋裡加水煮沸。用烤肉夾夾住肉塊，浸入滾水裡 1～2 分鐘讓脂肪融化。取出肉塊，用乾淨的布或不會掉屑的紙巾擦乾。

・用鹽和胡椒醃浸整塊肉，確定鹽從劃出的紋痕滲入肉裡。

・烤箱預熱至 90℃（200℉）。在烤盤上放置格柵烤架，上面先鋪一層迷迭香，再放上肉塊，整盤放入烤箱。

・烤 15 分鐘後將肉翻面。開始監控肉塊內部的溫度，依據肉塊厚薄不同，應在 15～20 分鐘後達到 62～75℃（144～167℉），最理想的溫度視想要的熟度而定。

・裝盤上桌前，先將迷迭香和豬肉用鋁箔紙包起，豬肉到上桌時應降至適合裝盤的溫度。

・剝去白蘆筍的皮，浸入冰水裡。

烹調「解構伯那西醬」

・將雞蛋放入恆溫水浴機裡，以 63.5℃（146℉）加熱 1.5 小時。加熱鵪鶉蛋的時間減半。

・小心地剝除蛋殼和蛋白，留下完整的蛋黃備用。

・如果沒有水浴機，先分開蛋白和蛋黃，將蛋黃放在烹蛋杯裡，放入烤箱以 65℃（150℉）加熱 1.5 小時。

・從茵陳蒿莖梗上剝下葉片。

・攪打奶油，加入白脫奶，持續攪打至呈白色膨鬆狀。裝入擠花袋。

組合裝飾、擺盤上桌

・在平底鍋裡加熱橄欖油至冒煙，將肉塊帶皮面朝下放進鍋裡，煎至變金黃色。

・很快煎炙肉塊四面。注意只需煎至每面均勻上色，不可煎太久。

・將水煮滾後加一點鹽，放入白蘆筍汆燙 2～3 分鐘至嫩脆。取出蘆筍瀝乾水分。

・將白蘆筍擺放在盤上，旁邊擠一些打發奶油，放上蛋黃，灑上碎紅蔥頭、細葉香芹和茵陳蒿。最後灑一點醋粉和卡宴辣椒粉。

・肉塊橫切成帶一小片脆皮的厚片，鋪排於盤上，酌量灑些海鹽。

---

2 人份

・整塊熟成豬里肌 400 克（14 盎司）

・鹽和胡椒

・迷迭香 1 把

・粗胖白蘆筍

・橄欖油

解構伯那西醬

・鵪鶉蛋 1 顆和雞蛋 1 顆（每人份）

・茵陳蒿半把

・細葉香芹半把

・紅蔥頭 1 顆，切碎

・奶油 100 克（7 大匙）

・白脫奶 30～45 毫升（2～3 大匙）

・醋粉 5 克（1 小匙）

・卡宴辣椒粉少許

・馬爾頓天然海鹽

熟成豬里肌佐蘆筍和「解構伯那西醬」。

敗，因此熟成豬肉並不常見，但上等的牛肉一般皆經過熟成，而且熟成時間往往長達數週。小牛肉的熟成時間通常是 10 到 12 天，羔羊肉則更短，約 5 天左右。工廠生產肉品的熟成時間則極短，甚至不及從屠宰、分切到運送至消費者端的時間。

肉品熟成可分為乾式和溼式。乾式熟成（dry-aging）是將肉放在溼度經控制的熟成室裡，讓肉裡的汁液蒸發，最後減輕的重量多達 20%。此外，在吊掛熟成之後，肉塊最外層會因真菌和細菌活動而腐敗，脂肪可能會酸敗，清理過程中也會減輕一些重量。

也可以將肉塊封入塑膠真空袋，讓肉在溼潤環境中熟成。最典型的就是超市販賣的肉品，肉品出了包裝廠之後，可能會在貨架上放置多達 10 天。溼式熟成的肉會變較軟，但不會形成和乾式熟成同樣濃烈的味道。包裝在真空袋裡熟成的好處是：肉不會因為接觸空氣中的氧和外在環境中的細菌而腐敗。

除了乾式和溼式熟成，還有一種方法可以讓肉變軟：利用木瓜酶和鳳梨酶等酵素來催熟肉塊。這些酵素會分解肉裡的蛋白質，讓肉變柔嫩，但過程中很難控制讓肉均勻地變軟，所以味道表現仍不如自然熟成的肉品。

熟成牛肉

以 1～3℃（34～37℉）的低溫和 70～80% 的相對溼度熟成的牛肉風味最佳，溼度的重要性在於讓肉不會太快乾掉，並確保牛肉的每個部分都同樣硬實。在低溫環境中，讓肉熟成的酵素較不活躍，且細菌無法大量繁殖。

傳統上牛肉的熟成時間是 3 到 4 週，但有些牛肉部位可吊掛熟成長達 90 天甚至更久，是老饕趨之若鶩的珍饈。長時間熟成的牛肉變得極為柔嫩，顏色很深，與熟成時間較短的牛肉相比，多了一股發酵後的微甜堅果味。

熟成豬肉

豬肉的熟成時間通常僅 2 到 3 天，很少超過 6 天。在戶外放養的豬隻比圈養的豬隻長得慢很多，肉質也比較硬韌，因此需要熟成較久讓肉變軟。現在有些豬肉的熟成時間甚至多達 20 天。

還有一種截然不同的做法，是用少量鹽醃生豬肉後風乾製成火腿。最登峰造極的火腿產於西班牙和葡萄牙，豬肉取自放養於伊比利半島山區、自由取食森林裡植物的黑蹄豬。長達 18 個月的製作過程中，結合鹽醃、風乾，

並利用取自自然環境的天然真菌讓肉熟化變軟，造就不可思議的美味。最上等的伊比利火腿質地既堅實又柔嫩，均勻分布的大理石紋主要由不飽和脂肪構成，將一塊極薄的火腿含入嘴裡，絕對稱得上入口即溶。

味覺挑戰：幾種特別的海鮮

海洋中有許多大家覺得稀奇古怪的生物，雖然有些人視為珍稀海味，但不常出現在一般人家的餐桌上。最特別的幾種如魷魚、章魚、海膽、海參、海星和水母，當然也包括大型海藻，分布世界各地的大型海藻超過 10,000 種，在亞洲很多地方都做為日常食材。這些在海洋生長的獨特生物是具有濃烈海味的食材，尤以特殊質地最受青睞。

頭足類動物：章魚、魷魚和墨魚

頭足類動物的學名源自希臘文的「頭」和「足」，而頭足動物製成的食物裡，大家最熟悉的應該是裹麵衣的炸花枝圈。吃花枝圈時品嚐到的，主要是麵衣的味道，裡頭的肉多半很韌，完全失去原本精巧的口感。或者大家也可能想到切成小塊沾義式紅醬（marinara sauce）、咬起來像橡皮的章魚肉。

章魚以很難烹調著稱，因為牠們的肌序（mucuslature）特殊，所有肌肉纖維從各種方向形成交聯。地中海沿岸國家的漁夫捕到章魚時，常常將章魚摔在岩石上，讓肌肉纖維和肉質變鬆變軟。

料理魷魚和章魚時務必謹守以下要訣：只加熱很短時間，或熬煮好幾個小時。其他任何煮法或加熱到超過 60℃（140℉），都會讓肉變得硬韌難嚼。

烹煮頭足動物時，可放入滾水或熱油裡燙 10 到 15 秒，或放在濾網上用熱油澆淋。肉會變得柔嫩多汁，但還是有點嚼勁。用這種方法小心烹煮，就連大隻墨魚的肉也不用擔心煮得太老。

魚湯佐炸魷魚和香煎海星卵。

魚湯佐炸魷魚和香煎海星卵

烹調魚湯

- 蔬菜切大丁。將橄欖油倒入醬汁鍋裡，加入蔬菜丁、大蒜、巴西利和番茄糊。不加水以蔬菜本身汁液熬煮，注意不要煮至焦褐。
- 將魚放血、去鰓、去內臟，切成大塊放在蔬菜上。
- 加入水、白酒和茴香酒，以及額外調味的香草包。
- 煮至沸騰，刮去浮起的泡沫，讓整鍋小滾 30 分鐘。
- 用大木匙將鍋裡的湯料略壓成泥狀。
- 再加熱至沸騰後離火，整鍋以濾網過濾。將固體的湯料也用力壓過濾網，儘量榨出最多湯汁，以及濾出碎軟的湯料讓湯更濃稠。
- 將濾出的湯再次加熱至沸騰且稍微濃縮。
- 依個人口味調味。

烹調魷魚

- 洗淨魷魚。抓緊頭部，抽出內臟和透明軟骨。搓去體腔裡的薄膜，撕下魚鰭，清理觸手。只留下身體、觸手和魚鰭。
- 將魷魚魚身切成寬約 6mm（¼英寸）的圈片，觸手和鰭切成長約 2～3cm（¾～1¼英寸）。
- 將魷魚圈和觸手放入鹽水醃 5 分鐘。取出擦乾。
- 油加熱至 175℃（347℉），將魷魚放在油炸籃裡，浸入熱油炸 2 秒鐘。
- 將炸好的魷魚置於廚房紙巾上以吸除多餘油份，置於一旁待裝盤。

烹調海星

- 海星殼朝上置於砧板，將腕足縱剖開來。
- 準備一個下面堆了冰塊的小碗，將海星的生殖腺和卵巢刮入碗裡。剩下的部分棄置不用。
- 在醬汁鍋裡融開一點奶油，放入海星生殖腺和卵巢煎至呈淺金褐色。最後，拌入蔥花，並加少許榛果油、細葉香芹、鹽和胡椒調味。

擺盤上桌

- 在湯盤中央放一小堆魷魚，再在周圍倒入熱騰騰的魚湯。
- 預留一點湯，用手持式電動攪拌棒攪打至表面出現泡沫後倒入湯盤。
- 舀一小匙煎海星卵放在最上面。

6 人份

魚湯

- 韭蔥 2 根
- 大顆洋蔥 1 顆
- 胡蘿蔔 2 根
- 球莖茴香 ¼顆
- 大顆熟番茄 4 顆
- 橄欖油 45 毫升（3 大匙）
- 大蒜 3 瓣
- 新鮮巴西利 100 克（1⅓杯）
- 番茄糊 48 克（3 大匙）
- 小尾全魚 2 公斤（4 磅又 6 盎司）
- 水 2.5 公升（10 杯）
- 乾型（不甜）白酒 200 毫升（¾杯 +1½大匙）
- 法國茴香酒（Pastis）15 毫升（1 大匙）
- 額外的調味料，例如蒔蘿 1 株、芹・菜葉、月桂葉和胡椒粒組成的香草包

魷魚

- 魷魚 150 克（6 盎司）
- 鹽水：500 毫升（2⅛杯）水加 50 克（3 大匙+2 小匙）的鹽
- 橄欖油，油炸用

海星

- 活海星 6 隻
- 奶油
- 蔥花少許
- 切碎細葉香芹少許
- 榛果油 5 毫升（1 小匙）
- 鹽和胡椒

水母、海膽和海星

　　如果本來就不太敢吃章魚和魷魚，要把水母和海膽、海星等棘皮動物也當成食物，可能是更大的挑戰。海膽和海星的體壁很厚，必須深入其中，才能發現美味可口的部分。

　　海膽唯一可食的部位稱為海膽黃，其實是黃褐色的精巢和卵巢，佔內臟體積的三分之二，光看外觀很難區分精卵。海膽黃的脂肪含量很高，約15～25%，因此口感極為綿密，此外所含的鹽、碘和溴帶來的強烈海味，更增強了這種綿密感。海膽黃的脂肪會黏裹口腔，讓強烈的味道在口裡長時間縈繞滯留，加在醬汁或湯裡也具有增稠的效果。

　　世界上僅有幾個地方將海星當成食材。有些海星含有毒素，厚層體壁裡

將海星切開後可以看到，每隻腕足裡都有美味的生殖腺和卵巢。

包埋許多細小的石灰質骨針，外表看起來實在不太像可食用的生物。但海星和海膽一樣具有柔軟的內部，在海星的腕足裡藏著生殖器官，刮出來油炸後的口感肥潤綿密。

水母

　　水母在英文中的字面意思是「果凍魚」（jellyfish），其實水母是貨真價實的凝膠，身體裡約 95% 是水，僅有 4% 的膠原蛋白、1% 的蛋白質和極少的碳水化合物，主要利用膠原蛋白聚結住全身。有些水母有毒，但像常見的海月水母（moon jellyfish）就可安心食用。在亞洲很多地方，包括韓國和日本，都將水母（海蜇）視為珍饈美味。

水母。

水母的乾燥處理法

　　這份乾燥處理水母的配方依循亞洲的傳統做法，配方本身很簡單，但總共需要鹽醃五次，而且要用到多種鹽類。從開始到完成約費時 2 週，意味著要將水母脫水處理成剛好的質地，其實並不如想像中的容易，不過每天勤換鹽醃料會有助於加快乾燥過程。水母經過乾燥處理後，重量會減輕 94%。

· 除去水母的胃臟、生殖腺和不需要的薄膜。以冷水徹底洗淨，除去所有殘留的沙粒。
· 注意：務必每隔 1 天更換鹽醃料。
· 第一次鹽醃：鋪一層水母、灑一層鹽，如此層層疊放並灑上明礬。
· 第二、三、四次鹽醃：加入小蘇打粉，每次將明礬的用量減半。
· 第五次鹽醃：只將水母和鹽層層鋪疊。置於很寒冷的地方可保存長達 1 年。
· 烹調前浸於水中泡發。

製作出的成品約 1 公斤（2 磅）
　　現捕的大隻活海月水母 10 公斤（22 磅，需自乾淨清澈的海域捕撈，因靠近海岸處的水母體內容易進沙）

第一次鹽醃料
　　鹽，每 1 公斤（2¼磅）水母需 120 克（6½大匙）
　　明礬，每 1 公斤（2¼磅）水母需 10 克（2 小匙）

第二次鹽醃料
　　鹽，每 1 公斤（2¼磅）水母需 120 克（6½大匙）
　　小蘇打粉 20 克（1½大匙）
　　明礬，每 1 公斤（2¼磅）水母需 5 克（1 小匙）

第三次鹽醃料
　　鹽，每 1 公斤（2¼磅）水母需 120 克（6½大匙）
　　小蘇打粉 15 克（1 大匙）

明礬，每 1 公斤（2¼磅）水母需 2.5 克（½小匙）

第四次鹽醃料

鹽，每 1 公斤（2¼磅）水母需 120 克（6½大匙）

小蘇打粉 10 克（2 小匙）

明礬，每 1 公斤（2¼磅）水母需 1.25 克（¼小匙）

第五次鹽醃料

鹽，每 1 公斤（2¼磅）水母需 120 克（6½大匙）

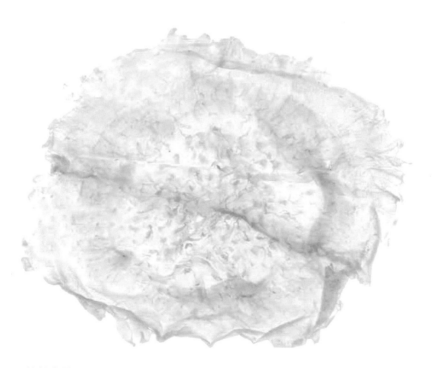

乾燥水母。

涼拌海蜇皮佐海藻、球莖甘藍、辣根汁和黑蒜

- 將乾燥水母浸於水中泡發，瀝乾切成細條即成海蜇皮。
- 用濃度 4% 的鹽水或乾淨海水沖洗新鮮海藻，小心移除其中夾帶的沙粒、貝殼等異物。
- 剝去球莖甘藍外皮，刨成細絲，放入冰水裡冰鎮以保持鮮脆。
- 用果汁機榨出辣根汁。
- 將海蜇皮和辣根汁一起封入夾鍊保鮮袋，靜置 1 小時。也可放入碗裡醃泡 1 小時。
- 將球莖甘藍絲放入蔬果脫水器裡濾乾，或用廚房紙巾拍乾。
- 將黑蒜切成薄片。

擺盤上桌

- 混合海蜇皮、球莖甘藍絲和海藻，分裝於小玻璃碗中。最上面放黑蒜片，並淋一些酪梨油。

6 人份

- 乾燥鹽醃水母 100 克（3½盎司）
- 新鮮海藻（石蓴〔sea lettuce〕或俗稱綠紫菜的緣管滸苔〔green string lettuce〕）40 克（1⅓盎司）
- 球莖甘藍 100 克（3½盎司）
- 新鮮辣根汁 15 毫升（1 大匙）
- 黑蒜 1 瓣
- 酪梨油 15 毫升（1 大匙）

涼拌海蜇皮佐海藻、球莖甘藍、辣根汁和黑蒜。

香炸水母串：當甘草遇上海洋

· 備妥三根烤肉串針。如使用竹籤或木籤，趁處理水母時先泡水
  20 分鐘。
· 將乾燥水母浸於水中泡發，瀝乾切成大小相當、最寬處約 3～
  4cm（1¼～1½英寸）的薄片。
· 將水母片和甘草一起封入夾鍊保鮮袋，冷藏 1 小時。
· 取出水母片，瀝除多餘水分，用烤肉串針串起。置於網架上晾
  乾 1 小時。
· 油加熱至 170℃（338℉），放入水母串炸 2 秒鐘。
· 炸好後立即食用，可當小點或做為烤魚等料理的配菜。

4 人份

· 乾燥鹽醃水母 100 克（3½盎司）
· 甘草粉一撮（1 克）或新鮮甘草汁
· 味道不明顯的油炸用油

香炸水母串。

所有生鮮食材裡，僅有極少數可說是只為了質地而烹調食用，水母是其中之一。水母本身除了鹹味之外，幾乎完全無味，所以說很像比較硬韌的人造凝膠。水母在捕獲後幾小時之內就會開始腐敗，必須新鮮現煮，烹調前要先將水母清理乾淨，除去胃部、生殖腺和不同黏膜，只留下傘部和口部周圍的觸手。在東南亞通常是將水母脫水保存，可能處理至完全乾燥，或至少鹽醃脫去90%的水分。

　　就質地而言，其實半乾燥水母的口感最有意思。半乾狀態的水母很酥脆，有點像在啃小雞的軟骨，不過要將水母製成美味的小塊海蜇皮絕非易事。

　　水母的乾燥處理一般是利用鹽、小蘇打粉和明礬來進行，傳統作法可能費時達2個月。鹽和小蘇打粉會將水分吸出，小蘇打粉有助於保持脆度，明礬則能消除難聞氣味。上等的水母質輕色白，等級較差的水母則為黃或褐色。水母的傘部最為珍貴，主要是因為形狀比觸手更齊整。

　　烹調鹽醃脫水後的水母，需事先泡水或用醋汁泡漬，再切成細絲加在涼拌菜裡或製作成小菜。

　　水母本身實在沒什麼味道，幾乎是純以質地取勝的食材，可用來吸附其他食材的味道，在烹調上提供了很大的發揮空間。

大型海藻

　　除了魚類和常見海鮮，以及被視為罕見珍饈的頭足動物、棘皮動物和水母，各地海洋中也生長著俗稱海菜的大型海藻，它們全都屬於藻類——這個地球上種類最多的生物大家族。藻類包含形態各異的生物，有些是只有用顯微鏡才能看到的微小單細胞，有些大型藻類可以長到60公尺（200英尺）

細緻精巧的海藻：雞冠菜和布海苔。

乾昆布。

長，是海裡最巨大的生物。

大型海藻在亞洲和玻里尼西亞（Polynesia）都是重要的食物來源，但世界上其他地區很少以海藻為食材。但就如先前所討論，自海藻萃取的褐藻膠、洋菜和鹿角菜膠用途多元，由食品加工業廣泛應用，在現代主義烹飪和分子料理中也佔得一席之地。

無論紅藻、褐藻或綠藻，數千種海藻裡供食用的只有數百種。另一方面，這些可食海藻其實用途很多，僅僅在質地方面，就能為食物帶來柔軟、酥脆、有脆粒感、硬韌、多汁或富彈性等各種口感變化。海藻的香氣和味道都非常迷人，而在亞洲料理中卻是因為質地獨特而大受歡迎。

有些海藻的葉狀體極薄，多半僅有幾個細胞加起來的厚度，晒乾烘烤之後會變得非常酥脆，很適合當成零嘴，像掌藻（Palmaria palmata）、紫菜（Porphyra）、裙帶菜（wakame; Undaria pinnatifida）、翅藻和大葉囊藻皆屬於這類。大葉囊藻是所有海藻中體型最為巨大者，但葉狀體格外纖薄。其他種類的海藻如昆布（Saccharina japonica）和海帶，都必須先烹煮才能食用。

常做為食材的幾種海藻中，特別是幾種紅藻，其葉狀體呈枝狀，相當硬脆易碎，入口後一開始會覺得不易咀嚼，接著咬起來就有脆塊感。在寒冷和溫暖水域皆可生長的江蘺屬（Gracilaria，或龍鬚菜屬）藻類可生食，而日本人視為珍饈的布海苔（funori；或譯海蘿）和雞冠菜（tosaka-nori；或譯雞冠藻）也都可生食。

由於海藻裡含有天然的膠凝劑，因此烘烤過的乾海藻如果接觸液體或置於溼高的環境，很快就會吸收水分再次變軟，製作「卷壽司」（maki-sushi）用的海苔就是如此。這種海苔片是用屬於紅藻的紫菜製成，經過乾燥和烘烤，必須保持得非常酥脆才能用來包壽司。由於海苔受潮變軟韌之後的口感會變很差，因此吃壽司很講究現包現吃，而美味壽司的招牌特色，就是硬脆海苔和軟彈壽司米之間的鮮明對比。

冰品：顆粒感、綿密或有嚼勁

頂級冰品的招牌特色，是味道、口感和溫度協同加乘達到最佳效果。冰品的質地多采多姿，可能是義式冰沙的脆塊感，雪酪的顆粒感，手工冰淇淋的綿密，或義式冰淇淋的極盡滑順綿軟。無論哪種冰品，都是冰晶、氣泡和不會結凍的糖溶液構成的複雜混合物，而品嚐時可以感覺到的多種特質，主

烏黑如甘草糖的昆布糖

有些大型褐藻如昆布和海帶，可調製成質地帶點彈性、類似甘草糖（licorice）的食品。這些海藻經熬煮後帶有一種特殊口感，幾乎會讓人誤以為裡頭真的含有甘草。

日本有一種常見的零嘴，是將乾昆布烹煮或泡水之後用米醋醃漬，還可另外加薑或其他香料讓味道更細緻豐富。成品的質地堅實帶彈性，咬起來甚至有點脆脆的。這種昆布零嘴因醃料的酸味而相當爽口，讓味道在口中縈繞片刻的滋味非常奇妙。

製備醃昆布其實相當容易。長條狀的乾昆布通常捆成整束販售，必須先在冷水裡浸泡約 1 小時，等水裡出現大量由昆布滲出看似黏液，其實是無害的多醣類，就可以換水，建議浸泡過程中換水數次。闊葉巨藻含有豐富的多醣類，製作出的昆布糖可能太黏，因此不是最佳選擇。

昆布泡完水瀝乾後，即可放入裝了清水的醬汁鍋，以小火煮至變軟。接著再將昆布瀝乾，然後切成細絲或寬 1～2 公分（½～¾英寸）的小塊。將昆布絲塊浸入混合好的醬油和味醂，熬煮至裡頭的糖分焦糖化，而昆布則變得幾近烏黑且富光澤。

熬煮過的昆布充滿鮮味物質，在熬煮時只要再加一點點磨碎的乾香菇，就能有效增強鮮味。成品如果有一點太黏，可以灑上少許米穀粉或甘草粉，就能當成零嘴輕鬆取食不怕黏手。

這種昆布糖的用途很廣，還可以切碎之後拌入香草冰淇淋，或加在整球冰淇淋上當灑料。昆布含有可結合水的多醣類，所以昆布糖即使接觸冰冷的冰淇淋也不會變硬。柔軟綿密的冰淇淋，結合硬實有嚼感、洋溢鮮味的昆布糖——兩者搭配在一起無疑是質地的天作之合。

三種昆布：醋醃昆布（左）；醬油醃昆布（中）；昆布用醬油醃過後乾燥並灑上米穀粉（右）。

糖漬掌藻冰淇淋

製作冰淇淋時加入掌藻會產生兩方面的效果，能夠減低冰品的熱量和增添質地。一方面，海藻裡含有鮮味物質，與糖和脂肪一起品嚐會有協同加乘的效果，因此三種成分都可以減量；另一方面，海藻裡的多醣類可做為膠凝劑，因此可按比例減少鮮奶油的用量，但成品仍會具有滑順的質地。

· 混合牛乳、鮮奶油和 100 克（6½大匙）的糖，煮至沸騰。
· 加入掌藻，稍微放涼後裝入真空袋，於室溫中靜置 30 分鐘。
· 將真空袋放入恆溫水浴機，以 60℃（140℉）加熱 40 分鐘。
· 在攪拌盆裡放入蛋黃，加入剩下的 50 克（3½大匙）糖攪打至膨鬆。
· 用極細的濾網過濾出牛乳混合料，然後加熱至 80℃（176℉）。
· 將溫熱的牛乳混合料分次加在蛋黃裡，一次加一點慢慢增加稠度。再加熱至 80℃（176℉）。
· 依照使用說明將混合料放入冰淇淋機攪動，或放入冰箱冷凍 12 小時。再放入 Pacojet 冷凍機裡急速冷凍。
· 裝碗後可在上面灑些糖漬掌藻。

8～10 人份

· 全脂牛乳 600 毫升（2½杯）
· 鮮奶油（乳脂肪含量 38%）400 克（1⅔杯）
· 糖 150 克（⅔杯）
· 掌藻 25 克（1 盎司）
· 蛋黃 6 顆

糖漬掌藻冰淇淋。

要取決於冰品的微結構。

冰品通常是用葡萄糖和轉化糖等一般的糖和甜味劑製成，以冰淇淋為例，糖分含量對於柔軟度以及基本質地都有非常大的影響。一般而言，冰品的糖分含量至少 15%，更甜的冰品當然含量更高。

綿密的冰淇淋

冰淇淋的原料包括牛乳、水、鮮奶油和糖，可能也含有蛋，最標準的質地應該是滑順綿密，完全沒有咬起來咔滋作響的冰晶。不管是冰淇淋或義式冰淇淋，其中細小的乳脂粒子會聚結在氣泡和糖溶液之間的界面。脂肪和牛乳及鮮奶油裡的蛋白質都有助於穩定氣泡，賦予冰品獨有的綿軟口感。

冰淇淋裡混合多種可溶成分，例如糖、鹽、酒精和呈味物質，因此冰淇淋裡的水的冰點會比平常的 0℃（32℉）來得低。優質的冰淇淋口感應該是冰涼微硬，入口後開始融化時變得柔軟綿密。如果是義式冰沙或雪酪，理想的質地應該是多顆粒、咬起來有脆塊感。

口舌能夠輕易察知小至直徑 7～10 微米的顆粒，所以要吃到完全軟綿的冰品例如霜淇淋（soft-serve ice cream），製作時就要防止冰晶形成，要訣就是在持續攪拌的同時急速冷凍混合料。此外，攪拌可打碎可能已成形的冰晶，而混合料當中應加入糖、乳化劑和安定劑等成分，可在冰品存放於冷凍庫期間抑制冰晶形成。如果採用低脂的牛乳或優格等乳製品為原料，要製作出軟綿無冰晶的冰品就格外困難。

現在市面上已有多種廚房家電，皆可用來製作口感滑順完美的冰淇淋或雪酪。最著名的 Pacojet 冷凍機是利用高速旋轉的銳利鈦合金刀片，將凍成冰磚的混合料削成僅約 5 微米的極小塊粒，已經是口舌無法分辨出的顆粒大小。還有一種方法是利用液態氮將混合料瞬間冷凍，就能製作出顆粒小於 1 微米的冰品。

全世界最黏彈的冰淇淋

土耳其特產的蘭莖粉冰淇淋（*salep dondurma*）素有「全世界最黏彈的冰淇淋」之稱，其土文名稱結合了常用字詞和略帶異國情調的外來語。"dondurma"在土耳其文裡泛指結凍之物，"salep"源自阿拉伯文，原意是「狐狸睪丸」，在土文中則指一種的紅門蘭（*Orchis mascula*），其塊莖外觀酷似狐狸睪丸。土耳其的傳統冰淇淋就是用這種塊莖磨成的蘭莖粉製作。

蘭莖粉裡含有長鏈構成的複雜多醣類，可能包含超過 5,000 個糖基，做為膠凝劑形成水膠的效果奇佳。加在熱牛奶裡增稠，質地會變得非常黏稠，口感極為獨特。

增稠後的牛奶結凍之後會變得極為黏稠軟彈，像太妃糖一樣可以牽出長長的絲。再加上製作冰淇淋時類似揉高筋麵團的揉捏動作，會讓冰淇淋更黏彈，可以拉伸成好幾公尺長。所以別想用一般的冰淇淋挖勺去舀，只能用剪刀剪斷它。

由於在土耳其以外的地區很難取得蘭莖粉，艾麗爾·詹森（Arielle Johnson）、肯特·柯申堡（Kent Kirshenbaum）和安妮·麥布萊（Anne McBride）三位研究人員於是決定實驗看看，如何利用其他多醣類製作土耳其冰淇淋。他們首先用玉米澱粉和葛鬱金粉（arrowroot）替代蘭莖粉，製作出的冰淇淋很硬實，但沒有什麼彈性和嚼勁。接著他們改用蒟蒻（konjac），其來源植物魔芋（*Amorphophallus konjac*）原生於中國和日本，常用來製作特殊的蒟蒻麵。實驗發現蒟蒻具有和蘭莖粉一樣的效果，製作出的成品也順理成章命名為蒟蒻冰淇淋。研究人員也發現，如果要製作出剛好柔韌黏彈的質地，必須在混合料結凍之前和之後都像揉麵一樣揉捏，否則成品吃起來會有顆粒感，也比較不黏彈。

迸發絕佳滋味的奇妙質地

食物的構成如果是一種相態的成分包在另一種相態的成分裡，就能帶來令人驚奇的特殊味覺體驗。可能是將某種味道的液體包在一顆小形球殼裡，堅硬、酥脆或彈牙的球殼會在咀嚼時爆開，也可能是包含大量二氧化碳氣泡的液體，而氣泡會在倒注液體時爆破開來。這種做法要達到的效果，是讓人品嘗味道釋出的瞬間，能夠同時感覺不同的質地。最常見的例子是蛋黃和魚卵，但我們也可以想像利用膠化，或鈣化讓水果表面產生化學變化等技法，人為創造出小的滋味膠囊。

質地和味道都令人驚喜的迷你膠囊

魚卵是外包一層薄壁、內部充滿脂肪滴的卵黃囊，這層薄壁由生物膜構成，上面覆蓋著一層醣蛋白，這種特殊蛋白質具有硬化的效果，而卵子則藏在卵黃裡。未熟的魚卵可能很硬，但成熟過程中會逐漸變軟，在快要孵化前

Q 彈杏仁牛奶冰淇淋

製備杏仁奶

- 杏仁果汆燙去皮。
- 將杏仁果浸於 400 毫升（1⅔杯）的水裡，靜置約 24 小時。
- 倒掉浸泡用的水，加入另外 400 毫升（1⅔杯）的水，攪打成極細的乳漿。
- 用細濾網過濾後即為製作冰淇淋的材料。

製備冰淇淋

- 混合杏仁奶、牛乳、蒟蒻粉和苯甲醛，攪拌後靜置 30 分鐘。
- 將混合料加熱至 50℃（122℉）。
- 剖開香草莢，刮出香草籽，與糖混合後一起灑在溫熱的牛乳混合料裡。
- 將牛乳混合料煮滾，讓整鍋持續滾沸，同時用電動攪拌器攪打 15 分鐘。
- 依照使用說明操作冰淇淋機，或利用碎乾冰將混合料冷凍。放入冷凍庫冷凍 12 小時後即可食用。

8～10 人份

杏仁奶 *
- 杏仁果 100 克（3½ 盎司）
- 水 800 毫升（3⅓杯）

冰淇淋
- 全脂牛乳 400 毫升（1⅔杯）
- 蒟蒻粉 4 克（1 小匙）
- 苯甲醛（benzaldehyde）或杏仁精 3 滴
- 香草莢半根
- 糖 200 克（1 杯）

---

* 自製杏仁奶也可用 800 毫升（3½ 杯）市售杏仁奶代替。

Q 彈杏仁牛奶冰淇淋。

之很容易分離成一粒粒。魚卵在快成熟前最適合食用。

　　鹽醃魚卵的表層會變得比較硬，有種酥脆甚至會咬到脆塊的口感，而咬下魚卵顆粒時，內部會接著迸出多油綿密的味道，兩者剛好形成強烈對比。

　　魚卵中最脆粒感的首推飛魚卵，單顆魚卵直徑僅約 0.5 毫米，毛鱗魚（capelin）的卵脆度相近但顆粒更小。世界知名的魚子醬取自鱘魚（sturgeon），顆粒稍大，外層的薄膜比較沒有彈性，因此口感很綿密。鮭魚卵和鱒魚卵顆粒更大，用鹽醃過後外層會變得非常脆。

　　鹽醃鯡魚卵的口感特別，脆粒感可媲美飛魚卵，在日本料理中具有特殊地位。鯡魚卵在日文中稱為"kazunoko"，字面意思就是多子多孫，一個卵囊裡可能包含多達十萬顆卵。魚卵食材中更有一種罕見的珍品稱為鯡魚卵昆布（*kazunoko-konbu*），是直接產在大葉囊藻或昆布等海藻葉狀體上的鯡魚卵，藻葉上兩面都覆有卵層，多半厚達 2 公分（¾ 英寸）。

　　製作脆彈可口的鹽醃鯡魚卵非常費工，必須將卵囊用鹽水浸泡多回，最後再浸於飽和鹽溶液，才能泡製出內部密布極脆魚卵的硬實卵囊，在烹調或食用前需先用水泡過。

　　歐洲地中海國家傳統上會將魚卵乾燥處理，口感就可能和前述完全不同，例如在義大利稱為"bottarga"、在西班牙稱為"botargo"的鯔魚子（烏魚子）。乾燥後的魚卵很硬實，由於含有大量乾掉的油脂，吃起來會有種蠟

布滿鯡魚卵的昆布。

利用球化技法製作的「創藝魚子醬」，其實是海藻製成的素魚子醬。

感。這種乾魚子也可以用鱈魚卵或鮪魚卵製作，但仍以鯔魚（mullet）的卵製成的品質最佳。

球化

　　大多數人聽到分子料理會想到的，除了液態氮之外，最有可能就是球化技法。球化是利用褐藻膠（褐藻酸鈉）做為膠凝劑，形成裡頭裝有液體的小球，或類似蛋黃外層的較大薄膜。這種技法製作出的料理口感令人拍案叫

鈣化的番茄。

絕，入口時可能先感受到類似飛魚卵的脆塊感，接著咬下時就感受到薄膜破裂瞬間的軟彈感，而食物滋味可能此時才在口中真正迸發。

如前段所指出，球化技法的運作原理，是褐藻酸鈉遇到鈣離子後產生反應，形成化學性質穩定的凝膠。鈣離子可能來自添加的氯化鈣或乳酸鈣，或食材裡本來就含鈣。大多數廚師偏好使用乳酸鈣，而且可能混合葡萄糖酸鈣，因為氯化鈣多少會影響成品的味道。球化技術還可再分為基本球化和反轉球化兩種方法。

基本球化是將加了褐藻酸鈉的少量液體，例如果汁，用滴管或小湯匙加在鈣離子溶液裡。褐藻膠遇到鈣離子後，會在液滴外表形成一層凝膠，形成內包液體的堅硬球殼。

凝膠的堅固程度取決於鈣離子的濃度，以及液體本身的酸鹼度和是否含有酒精。如果液體太酸，即酸鹼值小於 5，就不會形成凝膠，例如蘋果汁可能就無法順利球化；而且會形成難溶於水且具有增稠效果的褐藻酸。加入檸檬酸鈉可以提高酸鹼值，多少有助於抵銷這種反應。

在順利球化製作出晶球之後，為了避免球殼變得硬實，必須立刻將晶球放入清水裡滌除多餘的鈣離子。這個步驟要做好比較需要技巧，因為很難徹底清除，但鈣離子在一段時間之後就會滲入球體，讓球體完全硬化。如果使用的食材本身含有一定量的鈣離子，例如乳製品，也會發生類似的問題。由於很難拿捏中間的平衡，因此通常要在上菜之前才製作出球體。

應用基本球化會遇到的一些問題，改用反轉球化這個替代方案即能解決。反轉球化很類似基本球化，只是要球化的成分改成含有鈣離子的溶液，可能是本身含鈣或是另外加入乳酸鈣的混合物。將混合物滴入褐藻酸鈉溶液，讓液滴周圍膠化形成球殼，而其厚度通常比基本球化形成的球殼再厚一點，因此比較容易維持球形，但比較不脆而且不易爆開。

接下來的步驟也和基本球化相同，必須立刻將球體放入清水裡滌除多餘的褐藻酸鈉以中止膠化作用，球體內的液體才不會也變成凝膠。利用反轉球化，就可以在上菜之前預先製備球體，而且可以避免前述酸性、含酒精或本身含有大量鈣離子的液體無法球化的問題。

利用球化技法還可以加入另一種質地元素：細小的二氧化碳氣泡，搭配硬實凝膠和球內液體，即可同時呈現物質三態——固態、液態和氣態。而二氧化碳氣泡在口中釋出時，口感就像在喝大家最熟悉的碳酸飲料。

要製作出完美的球體，實務上必須考慮很多不同的狀況，而且需要長時間練習。有時會碰到液滴就是不沉入溶液裡，原因在於其比重低於溶液，但只要在待滴入的液體裡加入一些三仙膠就能解決這個問題。

鈣化

有一種烹飪小技巧也可以製作出外罩硬殼、內裡柔軟的食物，就是利用鈣化作用讓食物外表生成碳酸鈣。如先前提及，扭結餅的硬殼就是利用這種方法，但其實也適用於已汆燙去皮的番茄。外層鈣化的番茄乍入口很硬脆，咬下去才發現內裡的質地完全不同，口感絕對令人驚喜。這個鈣化小技巧其實是讓食材沾裹鹼液，利用鹼液和空氣中的二氧化碳會產生化學反應的原理。

經過鈣化的去皮番茄外表形成的微脆硬膜，會在口中突然迸開，一股番茄汁便會流淌而出。如果番茄再以一些辛香料調味，就會帶來又一個驚喜：番茄內部的質地和預期中的完全一樣，味道卻截然不同。

創藝魚子：素食者也能享用的珍味

素魚子醬推出後在全球蔚為風行，創始者是丹麥的一家小公司，最初卻是因為一次實驗失敗誤打誤撞發明出來。顏斯‧繆勒（Jens Møller）於 1988 年發現，海藻遇到特定酵素時會形成極小的球體，他很快就注意到這些球體很像魚卵，決定朝這個方向繼續研發。實驗數年之後，他在 1994 年為新發明申請專利，這項特殊的新發明在 1 年後投入商業化生產，取名為「創藝魚子」（Cavi-art）──由海藻製成的小粒晶球，不僅看起來像魚子，吃起來的口感也很相像。

每顆「創藝魚子」的外層都是具彈性的堅實薄膜，由膠化的褐藻酸構成，內部則為液體，根據不同用途添加不同的食用色素和多種呈味物質。如果是當成魚子醬的替代品，就會製作成類似魚子的味道，但也可以改成裝入甜的百香果汁或木瓜汁加在甜點裡頭。創藝魚子運用了球化技法，簡單卻極具巧思。

現代主義烹飪中會出現以褐藻酸形成球體的「新發明」，多半歸功於幾位作風大膽前衛的名廚。但他們或許不知道，顏斯‧繆勒早在數年前就已發明了這種技法，並在市面上推出一系列新奇的食品。

創藝魚子：幾可亂真的素魚子醬。

迸發香草芳香的鈣化番茄

西班牙畢爾包（Bilbao）的古根漢美術館分館（Guggenheim Museum）設有一間著名的內維瓦餐廳（Nerua），主廚荷西安·艾里哈（Josean Alija）精心研發了一道結合香草植物芳香的鈣化番茄料理。食譜長達四頁，步驟繁多、耗時耗力，需要 10 小時才能製作完成。以下大略介紹最重要的步驟，以呈現這道招牌菜的精髓所在。

首先挑選顏色和形狀不同，但大小皆為直徑約 3cm（1¼英寸）的小番茄，汆燙後浸入冷水裡去皮。接下來要做的，是將番茄泡在熟石灰溶液裡！

為了一探究竟，先來看看這個步驟的化學原理。熟石灰（氫氧化鈣）的飽和溶液也稱為石灰水（limewater），是具有腐蝕性的強鹼，但也是用途很廣的食品添加物；石灰水與空氣中的二氧化碳反應，會生成水和固態的碳酸鈣。小番茄浸泡 3 小時之後，用流動的冷水徹底洗淨。小番茄的外層這時會變成硬殼，可在進一步加熱和乾燥之後注入番茄醬汁。

迸發香草芳香的鈣化番茄。

番茄醬汁是用晒乾的小番茄、橄欖油、鹽和糖製成。做法是先將晒過的小番茄放入烤箱，以 170℃（350°F）烤 20 分鐘，用濾網濾成漿泥狀，加入香草植物（如香茅、細香蔥、薄荷、迷迭香和細葉香芹）等調味後，即可注入鈣化的小番茄裡頭。還可調製不同醬汁搭配特定顏色或形狀的番茄，增加料理的趣味效果。

也可以製作甜的鈣化番茄，只需將鈣化番茄和糖漿一起封入真空包裡加熱，之後再取出乾燥。

擺盤上桌時，先將番茄放入海帶萃取液裡蒸 30 秒鐘再裝盤，每盤放置五顆不同的番茄，並淋上醬汁裝飾，醬汁則用續隨子和以三仙膠增稠的番茄湯調製並加熱至 70℃（158°F），最上面放一片羅勒葉。

來自丹麥的廚師學徒凱斯柏·史帝貝克（Kasper Styrbæk）和物理學家皮爾·林葛斯·漢森（Per Lyngs Hansen）從這份食譜獲得靈感，研發出新的配方，改用較溫和的氯化鈣和小蘇打粉取代石灰水，並在鹼性溶液裡加一點醋調整酸鹼度。他們的新配方製作出的番茄外層鈣化程度更高，形成的硬殼較厚，吃起來相當硬韌可口。

　　位在畢爾包的內維瓦餐廳原本並無獨立的出入口，只能經由美術館附設的小酒館進入，但自從在美術館一側打造優雅低調的入口，供賓客由濱臨內維翁河（Nervion River）的階梯拾級而上進入用餐，不久之後便獲得米其林一星評鑑。因此坊間謠傳，內維瓦先前未贏得米其林一星，就是因為沒有獨立出入口。

　　內維瓦餐廳位於古根漢美術館分館之內，這座美術館是建築大師法蘭克・蓋瑞（Frank Gehry）的傑作，彷彿盤據在河畔的一座龐大雕塑。畢爾包原是衰落的工業小鎮，在這座美術館於 1997 年開館之後復興成為重要觀光城鎮，開館 1 年後前來畢爾包的觀光人數增加了三百倍之多。古根漢分館的成功案例，見證了大手筆的文化投資對於城市經濟，以及城市對於自身瞭解所能帶來的莫大貢獻。

　　在分館裡的餐廳掌杓的主廚荷西安・艾里哈，也稱得上是位魔幻大師。他的料理風格乍看嚴謹節制，重視最基本的要素：香氣、味道和質地，但再仔細檢視卻會發現

開設於畢爾包古根漢美術館的內維瓦餐廳入口。

內維瓦餐廳廚房裡認真備菜的廚師。

匠心獨具，所有配方和技法都脫胎自非常紮實的基本功，而且總能帶來驚喜。他的食譜相當繁複，端上桌的餐點卻是一道又一道的極簡習作。據說法國傳奇名廚保羅・博庫斯（Paul Bocuse）曾表示，艾里哈的料理是他品嚐過數一數二的美味。

此次前往內維瓦享用午餐，心中期望特別高，主要是因為筆者之一（歐雷）曾去過一次，和內維瓦的廚師們一起參加過果醬工作坊，也與幾位廚師合作撰寫收於另一著作中的數篇食譜。我們也已得知，廚師團隊裡有一位來自丹麥的學徒凱斯柏・史帝貝克（即筆者之一克拉夫斯的兒子），而午餐總共會有十八道精挑細選的菜色。

首先品嚐到的，是以洋蔥和大蔥調味的番茄冷湯。搭配冷湯的是以炸鱈魚皮乾製成的「薯條」，點綴其上帶藤蔓的「葡萄」，是注入伊比利黑蹄豬火腿熬煮的清高湯的甜瓜。當時我們站在廚房前方的房間裡，雖然只有我們第一批顧客，但廚房裡已一片繁忙。我們在帶領之下參觀廚房，也得以一窺內維瓦餐廳稱為「創意實驗室」的小空間。

餐廳本身不大，用餐室僅有十桌，外加廚房內設有一桌。餐廳僅有一扇面河的窗戶，室內皆漆成淺米黃色調，沒有太多花俏裝飾。用餐室中央有一根粗大圓柱，柱子周圍的環形桌面做為服務生的待命準備區。所有餐桌上都已鋪好桌巾，但未再擺上其他東西。某方面來說，這間用餐室與美術館內部相互呼應，意思是用餐室和美術館本身即是雕塑，是具有形狀和色彩的獨立藝術品，不需要任何擺設裝飾，甚至不需要陳列展品。

我們入座之後，服務生陸續擺上餐具、餐巾和簡單擺飾，而餐桌上就好像憑空而降一般，開始冒出一道又一道的午餐菜色。開胃小菜是冰鎮醃漬番茄。第一道菜接著現身：甜菜麵餃佐烤甜椒醬，充分展現內維瓦餐廳的精神——看似簡單平凡，入口品嚐才知，精心調製的質地與甜酸交織的甜菜汁幾乎無懈可擊。

接下來上桌的是餐廳招牌菜，一盤裡共有五顆不同顏色的去皮小番茄，名稱也很簡單：「番茄沾醬」。每顆一咬下去，都會在口中爆發開來，釋放出以續隨子為基底、以香茅、細香蔥、薄荷、迷迭香或細葉香芹調味的醬汁，最純粹的滋味鋪天蓋地而來。在質地上則結合了硬實輕脆的鈣化硬殼和極為柔軟的內部，與一般的番茄果肉截然不同。

第三道菜是以杏仁奶和橄欖油製作的奶油菠菜，菠菜彈嫩多汁、賣相極佳，可能是所有菜色中最賞心悅目的一道。接著上桌的是野生蘆筍、酪梨、芝麻菜和綠色小麥草萃取物的組合，飾以將帕瑪森乳酪水溶液乾燥脫水後製成的脆片，是鮮味最完美的呈現。

要以什麼酒佐餐呢？以古老的馬勒瓦西亞葡萄（malvasia grape）釀成、來自利奧哈產區（Rioja）的 1999 年孔多尼亞（Viña Condonia）白酒。這支酒很罕見且味道複雜，但非常適合搭配前四道菜，酒香與橡木的香氣也達到極佳的平衡。接著換成一支較年輕、酒體較輕盈的西班牙白酒，是產於西班牙西北部下海灣區（Rias Baixas），以阿爾巴利諾葡萄（Albariño）釀成的 2013 年費雷洛阿爾巴利諾（Albariño do Ferreiro）。

我們到了下一道菜才首度嚐到海味——大蝦與櫛瓜花，配上燉李子佐薄荷咖哩醬。接著很快送上的蔬菜料理是鷹嘴豆佐青綠色香草醬汁：鷹嘴豆在巴斯克地區（Basque Country）全區皆有種植，是此地的主食，更是大齋期間不可或缺的食物。內維瓦餐廳的料理方式保留了一點鷹嘴豆的硬度，再以辣肉腸汁調味，具有讓鮮味協同加乘的效果。

在享用比較傳統講究的魚肉料理之前，我們先品嚐了艾里哈主廚的特製肥鴨肝，搭配的是多汁但仍硬脆的小蕪菁，和新鮮的橙蜂香薄荷（lemon mint）。

第八道菜名為「kokotxa」，在西班牙也稱為 Pil Pil 醬汁香蒜鱈魚（bacalao al pil pil）。這道料理有幾百種不同的煮法，是將真鱈魚或無鬚鱈（hake）的新鮮下巴肉放

整頓午餐總共供應十八道菜色。

307

入熱油裡烹煮而成。這盤魚肉看似單調無趣，箇中奧妙在於是改將鱈魚舌放入油和水的乳化物裡烹製，烹煮時要置於陶鍋裡並緩慢攪拌讓魚肉膠化，且要保持較低的溫度以免乳化物油水分離。低溫慢煮的鱈魚舌會變得柔軟綿密，這樣的質地與乳化物搭配起來相得益彰。

接著送上的是另一道內維瓦招牌菜——縱剖成蝴蝶狀、魚肉朝下炙烤的整尾鰻魚。裝盤時是將魚肉置於一小塊用麵粉和麵包脆皮製成的略稀酵母麵糊，淋上用增稠蛋黃、紫洋蔥汁和鰻魚骨熬煮醬汁製成的泡沫。泡沫碰觸味蕾的瞬間，在口中釋放出精巧絕妙的鮮美海味。

第十道菜是輕煙燻鱈魚鰾佐螃蟹高湯、杏仁果和紫洋蔥製成的醬汁，鱈魚鰾的結締組織膠化後略微黏稠的口感很有意思。

下一道菜是糖漬小魷魚佐煮熟小蕪菁和烏黑橄欖醬，以來自產區胡米亞（Jumilla）的 2010 年格拉華石（Las Gravas）紅酒佐餐相當對味。魷魚軟彈多汁，嚼起來毫不硬韌。原本即為黑色的橄欖，加了魷魚的墨汁之後更見黝黑。緊接著又是兩道魚肉料理。先送上的是一小塊長鰭鮪（albacore tuna）佐清淡的番茄綠胡椒醬汁，接著是炸無鬚鱈。巴斯克地區盛產美味的無鬚鱈，而盤上這塊帶皮鱈魚塊除了搭配一抹綠胡椒奶油醬，還配上一些名為「天使秀髮」（cabell d'angel）的南瓜果醬，這種果醬是用果肉呈細絲狀的黑子南瓜（Siam pumpkin；也稱魚翅瓜）加糖熬煮而成，常做為甜點餡料。

甜點前還有最後兩道菜，一道是牛筋佐紅褐色辣味醬汁——沒錯，牛筋。另一道是一小塊極柔嫩的羔羊排佐藜麥和薄荷調味的青蔥，淋上一抹加雪利酒煮成的醬汁。

搭配甜點的酒是產自蘭薩羅特島（Lanzarote）鷹獅酒莊（El Grifo）、很特別的加納利甜酒（Canari），而且混合了 1956、1970 和 1997 三種年份，現在已經非常稀少，我們品飲之後，餐廳酒窖裡僅剩最後數瓶。

第一道甜點是奇異果佐綠紫蘇冰沙，芬芳的綠紫蘇是日本壽司盤上常見的裝飾。第二道甜點是艾里哈主廚重新演繹的巴斯克蛋糕（gâteau basque），傳統的巴斯克蛋糕是夾滿櫻桃醬的蛋糕或麵包，但艾里哈的版本完全不同——以草莓擺組的基底上，是以椰子、黑胡椒和玫瑰水調味、打得優雅硬挺的鮮奶油。

最後以所謂的初熟無花果作結，切片無花果搭配的是薄荷、堅果慕斯和涼冷的無花果樹汁。初熟無花果與一般無花果頗有差異，有一股很新鮮的水果味，但保留了一點一般無花果那種飽滿綿密的口感。

這頓午餐長達 5 小時，我們的身心靈都浸淫在艾里哈主廚的烹飪魔法之中。所幸每道菜份量都極小巧，不會吃得太飽，可以慢條斯理地考慮晚餐要吃什麼——當然是巴斯克烤魚。

畢爾包港口的烤魚。

Why Do We Like the Food That We Do?
我們為什麼對某些食物情有獨鍾？

澳洲感官科學專家約翰・普斯考特（John Prescott）多年來鑽研知覺如何形塑我們的飲食偏好，他在專書《味之道：我們為什麼特別喜歡某些食物？》（*Taste Matters: Why We Like the Food We Do*）中剖析造成人類喜歡或討厭特定食物的各項因素，並以高深莫測的巧妙語句總結：「吃己所愛，愛己所吃」。而主要促成一切的幕後推手，就是「口感」。

追求享受和享樂主義

　　普斯考特在書中長篇大論、旁徵博引，將飲食偏好的成因闡述得無比複雜。但最根本的原因其實就是欲望和享受，進食是一種享樂式的活動，我們吃的全是自己覺得好吃的食物。從這方面來看，驅動我們吃喝的機制，其實和主導性行為的機制相同。「食」和「性」從長期的演化過程來看，都有助於改善人類這個物種存活下來的能力：食物提供必要的營養，而性事讓人類能夠繁衍後代。

　　食物在享受層面的價值高低，取決於個人偏好而非營養成分。每個人鍾愛的飲食會因不同的人生階段而異，影響因素除了文化、傳統和族裔特質，還包括遺傳基因、母親懷孕期間的飲食習慣、父母撫養方式、成長環境，以及所受教育和認知組成。

　　有些飲食偏好是天生而且普世共通的，我們都喜歡帶甜味或鮮味的食物，也偏好有點鹹味的食物，但排斥太苦或太酸的食物。在演化的過程中，這些發自本能的好惡傾向，讓人類趨向取食熱量高的食物，避開有毒的食物，因此提高了存活機率。在世界上很多地方，食物已經變得取得容易而且相對便宜，但缺點就是我們傾向選擇廉價方便但容易讓人發胖的食物，在富裕和貧窮國家都造成國民普遍肥胖的問題。

　　儘管如此，對於基本味道的偏好，並不表示我們全都喜歡同樣幾種食

物，事實上正好相反。在日常的飲食選擇中，除了基本味道，還有很多與味道相關的感覺也扮演要角，其中之一就是口感。

喜歡的食物種類有什麼共通點，通常很容易辨認，但不喜歡的食物特色就比較難辨認。拒吃某種食物的理由可能千奇百怪，唯一的共同點是覺得食物太苦、太甜或太鹹。但我們長大之後，即使平常不太愛苦味，也可能慢慢喜歡上帶有一定苦味的飲料或食物，例如咖啡、茶、通寧水（tonic water）、啤酒花苦味明顯的啤酒（hoppy beer）和菠菜。

對於與飲食相關的多元感官經驗，人類發展出愛好享樂的態度，其實反映了主宰人類行為和社交互動的多個因素之間的複雜關係。最著名的例子，就是將特定味道和正面或負面的個人經驗相互連結。另一個例子是我們吃同樣食物吃了好幾次之後，會慢慢習慣它的味道，最後甚至特地去找有這種味道的食物來吃。還有一例是在參與烹製餐飲的社交場合，在過程中發展出特別的飲食偏好。後兩個例子之於對外來食物接受度（taste adventurousness）關係重大，是因應食物恐新症（food neophobia）的對策，而食物恐新症是指畏懼任何沒吃過的陌生食物。

食物和對外來食物的接受度

在父母開始讓幼兒吃副食品之後，基本上父母親吃什麼，幼兒就會跟著吃什麼，到約 2 歲前大致如此。幼童是天生的雜食者，生物本能讓他們不自覺地相信，父母在吃的就是安全的食物。此外，母親懷孕時吃的食物，會對將來嬰幼兒的飲食偏好造成莫大影響。

從大約 2、3 歲開始，孩子慢慢會開始變得獨立自主，而在生物層面的影響，就是他們開始不太願意嘗試還不認識的食物。這算是一種恐新症，也是有效應對雜食者所處困境的方法——什麼都吃，但是減低吃到有毒食物的風險。食物恐新症牽連廣泛，而遺傳只是其中一部分原因。

食物恐新症不只是喜歡或不喜歡陌生食物的問題，而是恐懼嚐了之後可能覺得不好吃，而不喜歡陌生食物。這種面對陌生食物趨於保守的態度，會導致在品嚐經驗上也缺乏冒險精神，表示食物恐新者很可能根本不曾試吃看看味道好壞。所以生活中也不乏孩童聲稱討厭某些食物，實則一口都沒嚐過。

食物恐新症往往會讓人聯想到吃飯很挑食。但挑食的情況沒有絕對，而

參與校園種菜計畫的學童品嚐自己種的蔬菜煮成的湯——這裡沒有人挑食！

是依社交場合而定。有些父母會大受挫折，因為他們發現在家裡挑食的孩子，在別人家用餐時卻胃口大開什麼都吃。有些學校安排學生自己在校園種菜，然後自己烹調，這時多半可以清楚看到沒有什麼挑食的問題，教師分享說孩子絕不會拒吃自己種的菜和自己烹煮的料理。挑食本身並非不可取的特質，而是自然會發生的情況，可以用一些辦法讓孩子動搖或改變心意，但只靠條件交換、硬性禁止或恫嚇威脅是很難見效的。

孩童拒吃或不願嘗試某些食物，往往是為了證明自己有權力可以抗衡大人。這個抗衡成人的方法非常有效，大部分家長很可能都有不只一次類似經驗，小孩到了晚餐時間最挑食，就連小孩最愛吃的菜也無法討他們歡心。

通常兒童長成青少年之後就不再畏懼陌生食物，但有些人的食物恐新症一直延續到成年。研究顯示有一種方法可以克服這種恐懼，就是重覆嘗試新的食物和新的味道，同樣的食物吃四到八次之後，就會比較喜歡該種食物。反覆接觸陌生事物之後能夠逐漸適應，很可能是因為對新事物的恐懼消減，最後甚至可能完全消除。

另一種克服嚐新的心理障礙的方法是循序漸進，先介紹一種已經熟悉的「入門食物」（gateway food），再連結到新食物。第三種方法是在有同伴的

陌生環境中主動吸收新知，激發好奇心和參與感，讓人進而想要掌控自己的飲食品味。

質地、飲食選擇與對不同質地的接受度

無論是生鮮食材或煮好的熟食，質地都是評判品質的重要項目。在判斷食物或食材是否適合食用時，即使「質地」不佳或不討喜，但其重要程度其實都不及味道和氣味。例如成功膨起的舒芙蕾和塌掉的雖然都可以吃，但口感卻天差地別。另一方面，質地確是判斷蔬菜、水果等生鮮食材品質優劣的合理指標，也是判斷廚師功力是否到家、料理是否出色的要件。

雖然可能有文化、社會、心理和年齡層面的差異，但一般而言，食物的質地不應讓人聯想到不能吃的物品，例如大多數人拒吃口感和味道像硬紙板的食物。不過這也牽涉到慢慢習慣特定食物，以及學著吃剛開始覺得怪異甚至令人胃口全失的外來食物的情況。

如果想瞭解不同的飲食文化，多半是在新奇的環境裡，學著適應不熟悉的質地或多個質地元素的組合。習慣西式飲食的人可能會覺得，豆漿製成的滑嫩豆腐就像沒有味道的果凍，但卻愛吃質地完全相同、但用牛乳製成的甜布丁或乳酪，覺得軟嫩又美味。另一個例子是蔬菜，早期的習慣是將菜煮到呈黏糊狀、幾乎辨認不出食材原貌，但現今烹飪卻講究要保留蔬菜原本爽脆彈牙的質地。

討論到偏好的食物質地，與年齡有關的生理差異會造成很大的影響。未長牙的嬰兒和幼童需要製成漿泥狀或切得細碎的食物，入口後才容易翻攪，而且能避免吞嚥時不小心嗆到。老年人因下顎肌肉無力或牙齒出問題，可能很難咀嚼食物。此外由於老人的唾液分泌量減少、口乾舌燥，也就更難咀嚼和吞嚥偏硬或偏乾的食物；接受化學療法或放射線治療的病患也會遇到同樣的問題。

科學家研究發現，我們在不同場合如每天的早、中、晚三餐，會偏好不同質地的食物，這項發現為實證觀察提供了有力佐證。也有研究顯示人類熱愛酥脆、脆塊感、柔嫩、多汁和硬實等質地，但像硬韌、糊糊的、結塊或一咬就碎的質地多半不受青睞。此外，我們會本能地受到某些質地組合吸引，特別是像優格加綜合穀片這種綿密和酥脆的對比，以及蒸魚配烤杏仁這種柔軟和硬實的對比。

完美的一餐

　　現在聽到一頓餐食不只是桌上的菜餚，用餐經驗包含的也不只米其林星級主廚展演精湛廚藝的說法，一般人已經不會太驚訝。完美的一餐有許多要素，除了同桌共餐的「食伴」，其實還包含更多──燈光、刀叉餐具、杯盤碗皿；菜色名稱；五感之間的複雜互動；以及偏心理層面的影響，例如記憶和個人的情緒狀態。

　　英國心理學家查爾斯‧史賓斯（Charles Spence）專精多個研究主題，最廣為人知的是「聲音」對於所嚐食物味道的影響，例如在大量背景噪音干擾下吃飛機餐的經驗，他和行銷及消費者行為專家貝提娜‧皮蓋拉－費茲曼（Betina Piqueras-Fiszman）在合著專書中探討飲食和用餐的多重感官科學，這本書可說總結了美食學 10 年來的研究結果。近年來「廚藝化學」、「分子料理」、「神經美食學」和「現代主義烹飪」蔚為風行，皆為探討美食學的不同研究方法，在這本書中則全部歸在「新餐桌科學」（the new science of the table）的範疇。史賓斯在書中多次使用「美食物理學」（gastrophysics）一詞，此詞是由丹麥物理學家米蓋‧羅霍特（Michael A. Lomholt）在大約 2002 到 2003 年間首先提出，在丹麥皇家科學與文學院（Royal Danish Academy of Sciences and Letters）於 2002 年主辦的首場以美食物理學為主題的國際研討會之後，一躍成為主流議題。

　　史賓斯認為要成就完美的一餐，必須運用許多不同領域的知識，除了料理層面的物理學和化學，還包括實驗心理學、設計、神經科學、感官科學、行為經濟學和行銷學。現代很多廚師和食品製造商善用所有知識，打造出令人驚喜且難忘的新奇用餐經驗，用餐講究的不只是吃進了什麼，也關注大腦接收到了什麼。

　　「神經美食學」一詞由耶魯大學神經科學家戈登‧薛佛德首創，這個新的研究領域旨在瞭解大腦接收不同感覺訊號後所進行的多重感官統合，並逐步為相關研究奠定基礎。但史賓斯主張，除了多重感官統合，完美的一餐還涵括更多要素：餐桌、桌巾、叉匙碗盤等餐具、菜色名稱和呈現方式、營造氣氛的聲音和燈光，以及其他所有綜合而言可視為餐食美學的環節。

　　餐具的重量、形狀和顏色真的有可能影響味覺經驗嗎？根據史賓斯團隊的研究結果，答案可能是肯定的。進食時使用較沉重的餐具，會讓用餐者覺得食物品質較佳。用餐空間裡的聲音也會影響味覺，這個說法正確嗎？研究發現餐廳播放義大利歌劇時，會讓用餐者覺得吃到的披薩口味比較道地，而

背景音樂如果有海浪音效，也會讓人覺得牡蠣變得更美味了。另有研究發現，用餐捧起碗來吃會比較快覺得吃飽，因此拿較重的碗時的食量會小於拿較輕的碗。現在大眾也瞭解飛機上的噪音可能會減弱酸味、甜味和鹹味的強度，但不影響鮮味。有些科學家認為這解釋了為什麼很多人平常在陸地上的安靜酒吧裡很少點番茄汁，但搭飛機時卻下意識地選擇番茄汁。

史賓斯在書中記述了菜色的命名和描述方式，如何對於知覺到的味道和好惡造成莫大的影響。菜色的名字有助於增加吸引力——外覆蛋白霜的冰淇淋蛋糕可稱為「挪威火焰雪山」（omelette à la norvégienne）或「熱烤阿拉斯加」（baked Alaska），但前者的價格可能是後者的兩倍，卡蘇萊砂鍋燉肉（cassoulet）聽起來也比什錦燉肉（casserole）誘人多了。以動物內臟或少見動物製作的料理，在命名上也有另取美稱的悠久傳統，讓人不會留意到實際使用的食材，例如「國王鰻」（king eel）對丹麥人而言就比「煙燻鯊魚肚」更加美味。丹麥科學家琳妮·密爾比（Line Holler Mielby）和米凱·佛伊斯特（Michael Bom Frøst）專門研究感官科學，他們也研究發現用餐者在餐廳中欣賞和體驗一道菜的方式，會受到菜單或服務生提供的資訊影響。他們研究後得到的結論更令人大吃一驚：比起菜餚的色香味等特質描述，顧客聽了烹調技法介紹之後再用餐，對菜餚的評價會更正面。

史賓斯團隊還提出一項很有趣的發現，即餐盤的用料材質、顏色、形狀和大小，以及嘴巴接觸餐具、飲品杯具時感受到的質地，都各有其重要性。用黑色隨身保溫杯喝紅酒，或用毛茸茸的湯匙吃飯，都不怎麼誘人。餐具相碰發出的聲音也會影響味覺經驗，刀叉敲擊在瓷盤上的響聲清脆悅耳，但把塑膠香檳酒杯放在硬實桌面上的卻沉悶乏味。

從菜色命名、菜餚外觀、對於所用食材的瞭解、以前吃這道菜的經驗，到服務生的菜色介紹，都會讓我們對食物嚐起來的味道產生某種期待，可能驚喜感，都會促使我們去評估一道菜。如果品嚐發現不符預期，例如味道一樣但口感不對，就會對評價造成極大的影響。美味的凱薩沙拉應該是生菜爽脆彈牙，而搭配的煎培根咬下去咔嗞作響，但全部放進調理機裡打碎以後，同樣成分的食物可能讓人大倒胃口。

後記
口感與生命之味
Mouthfeel and a
Taste for Life

飲食與享樂密不可分，而食物的味道，就是邁向美好人生的康莊大道。從呱呱墜地到入土為安之前，食物的美味與我們長相左右，即使感官因年老而逐漸遲鈍，每天三餐仍然能帶給我們最愉快也最長久的享受。我們在進食時會運用所有感官，而口感是整體感覺經驗裡非常重要的一環。

黏糊的食物裡如果含有人體所需營養，那麼只吃這類食物也能將就度日。但我們很難想像有人會喜歡長期下來只吃這種食物，就好像進行為期 1 年的太空旅行，三餐都是從管子攝取流質食物。

無論在演化、生理或文化層面，食物和其味道都與人類息息相關。人類祖先在 190 萬年前學會用火烹煮食物，人類攝取的營養成分從此有了革命性的轉變，讓人類有了充足能量發展出很大的腦。人類得以擺脫每天從早到晚嚼生食的生活方式，利用多餘的時間建立家庭和社會組織。烹煮熟食成為推動和凝聚文化的力量。

巨猿每天要花 6 到 8 小時咀嚼，雖然人類這個物種的生活已經有了翻天覆地的變化，但我們還是能重視進食過程中所附帶，以口咀嚼和反覆翻攪食物的身體動作的價值。

這一點也反映在一天三餐的食物組合。我們早上偏好比較清爽的食物，例如優格、蛋和白麵包，全都很容易咀嚼和吞嚥。中午會希望餐盤裡的食物稍微紮實些，例如沙拉、湯和比較紮實的麵包，可能再加一道簡單的熱食。到了晚餐時間，我們從容不迫享用吃起來大費周章的食物，也會挑選更多食材如肉類和多種蔬菜。要準備展開比較有挑戰性的咀嚼作業之前，我們可能會先從只需稍微咬嚼、容易食用的開胃菜開始，開胃菜也開始刺激唾液分泌。主菜通常咀嚼起來最為費力且耗時，特別是要遵守吞下食物後再說話的用餐禮儀時尤其困難。餐後我們會吃甜點，不需要反覆咀嚼，但可以帶來更多有趣甚至令人驚喜的質地，例如綿密膨鬆和脆塊感

形成的鮮明對比。

　　質地不只是口感極佳的美味食物的要件，在減脂減糖的低熱量食物製作中，也可以發揮影響力。已有研究指出，質地粗礪、含有大量纖維的食物容易帶來飽足感。也有科學家根據以老鼠進行的實驗，提出咀嚼有助於增進記憶功能、降低失智風險的假設。這個發現也讓口腔保健增加了新的面向：人生中努力保持牙齒健康，表示我們非常珍惜咀嚼食物的能力。固定去看牙醫做檢查，不是只為了美觀考量和牙齒健康，也是因為即使吃流質食物也能活，但我們其實熱愛咀嚼口感極佳的食物。不過數十年前，我們還天真地以為一旦發展出高科技的未來世界，就可以不用吃正餐，只要吞幾粒膠囊或從管子裡擠一點食物出來吃就夠了。現在我們已經認清，這樣的未來幾乎毫無吸引力。

　　深入瞭解味道，也能幫助我們面對全人類面臨的嚴峻挑戰：地球上人口與日俱增，在資源有限的狀況下如何確保糧食不虞匱乏。現今生產糧食的效率並不高，還無法充分利用生鮮食材。蛋白質就是很好的例子，我們讓家禽家畜攝取來自魚類和植物來源的蛋白質之後所產出肉品，其過程中流失了80～95% 的蛋白質成分，而另一方面，許多人也熱愛吃肉和享受肉品的特殊質地。

　　在未來勢必要找出更有效利用蛋白質來源的方法，可能是將植物蛋白直接轉變成質地類似肉的固體，例如豆腐、麵筋、義大利麵和麵包等歷史悠久的食物，在生產過程中利用了 90% 的可用蛋白質。

　　我們也需要更重視魚貝類以及其質地，包括很多目前未做為食材的物種。很多貝類目前可能直接當成廢物丟棄，或做成養魚場的飼料，或農場中家畜家禽吃的秣料，以間接方式轉換為動物脂肪和蛋白質。魚類的狀況也類似，於是所含的珍貴 omega-3 脂肪酸就有一部分在轉換過程中流失。

　　瞭解味道，特別是口感，有助於增進對於身為人類的理解：我們為什麼吃這些食物，在廚房裡為什麼這樣烹調，吃進口中之後又為什麼這樣處理食物。瞭解味道會讓我們意識到，構成味覺的訊號其實是由大腦接收，並且「識記」（registered）成──關於食物的多重感官知覺，以及記憶、既有知

識或經驗和獎賞系統之間的複雜互動。因此味道也與文化、傳統和社會關係有關。

　　瞭解食物可以幫助我們理解，為什麼有時候會吃太多，有時候又會吃錯食物。神經美食學的新發現揭露了美味可口與營養和熱量在大腦中如何連結，這些資訊能引導我們選擇更健康的飲食，就有可能預防飲食相關疾病，例如肥胖症和相關的糖尿病和心血管疾病。深入瞭解味道之後，我們也會更清楚應該如何控制欲望，注意有些食物應適量攝取，也有助於約束自己不可毫無節制。

　　但最首要的，關於味道和口感的知識是最佳工具，讓我們能烹調出健康且美味的餐食，為飲食帶來許多享受和樂趣。畢竟民以食為天，吃就是一種最根本的人生動力和快樂泉源。

謝辭
Acknowledgement

兩位筆者謹向以下人士致感謝之意：

謝謝北歐聯合基金會（Nordea Foundation）補助之「生命之味」（Taste for Life）跨領域研究計畫的眾多同僚，各位給予的啟發讓我們五感全開，深入探索味道世界的多個面向：皮爾·林葛斯·漢森在關於食物和科學的討論中屢屢提出深刻見解；馬提亞斯·波茲莫斯·克勞森（Mathias Porsmose Clausen）、李振秀（Jinsoo Yi）和莫頓·克里斯汀生（Morten Christensen）以顯微鏡檢視多種食物，參與討論和詮釋食物的微觀世界，另外莫頓也提供牛乳和乳品的相關資訊並繪製圖片；培爾·穆勒（Per Møller）和麥可·波姆·佛洛斯特（Michael Bom Frøst）一同討論感官科學並提供資訊；凱斯柏·史帝貝克和皮爾·林葛斯·漢森提供鈣化番茄的新方法；與凱倫·韋斯托特（Karen Wistoft）談論味道和孩童的飲食偏好帶給我們諸多靈感；米蓋爾·施耐德（Mikael Schneider）和他家的四千金米樂（Mille）、緹妲（Tilde）、薩莉（Sally）、維嘉（Vigga）熱心參與雷根糖實驗並協助拍照；凱斯柏·史帝貝克在史帝貝克餐廳（STYRBÆKS）廚房全力合作並發揮創意；以及克里斯多夫·胡斯（Christopher Huus）和齊尼雅·雷爾歌·拉森（Zenia Lærke Larsen）協助拍攝。

感謝戈登·薛佛德提點口感與鮮味交互作用的相關資訊，他的著作《神經美食學：大腦如何創造風味及其重要性》帶給我們許多重大啟發；顏斯·里斯博（Jens Risbo）提供涼感甜味劑的資訊；愛米·羅瓦大方分享派和巧克力的美食物理學研究心得，以及製作完美蘋果派的食譜；小野寺森博（Morihiro Onodera）和田牧農場（Tamaki Farms）提供完美壽司米的資訊，並允許我們在書中使用他的照片。

謝謝茱莉·卓特娜·莫西森（Julie Drotner Mouritsen）就心理學相關概念和議題給予我們許多靈感；英潔·瑪莉·莫西森（Inger Marie Mouritsen）提供家傳的老派油炸小麻花和老派香料脆餅食譜；紐約鳥心餐廳主廚河野睦分享製備串燒料理的手法和祕

訣；格陵蘭北部伊盧利薩特極地旅館附設烏洛餐廳的主廚耶彼・尼爾生不僅與我們討論格陵蘭食物的口感，更設計出一份絕佳的冰品食譜；東京Édition Koji Shimomura 餐廳創辦人暨主廚下村浩司提供名菜「海水牡蠣」的照片；丹尼爾・伯恩斯和弗洛宏・拉甸分享於 2014 年 1 月在伊盧利薩特舉辦之「極地必吃！」（Arctic Must!）工作坊設計的糖漬翅藻食譜；莉絲・羅斯－強生（Liz Roth-Johnson）提供澱粉糊化的相關資料；北歐食物實驗室的喬許・伊凡斯與廚師羅貝托・弗洛雷提供「蜂『蛹』而上豌豆冷湯」的食譜；安妮塔・狄茲提供海藻青醬食譜及照片；顏斯・繆勒食品公司（Jens Møller Products）授權使用創藝魚子醬（Cavi-art）的照片；亞歷桑德・波諾馬倫科（Alexandre Ponomarenko）和伊曼紐・維洛（Emmanuel Virot）同意我們使用爆米花形成過程的照片；李振秀遠從韓國攜來乾燥水母；彼得・邦多・克里斯汀生（Peter Bondo Christensen）提供水中拍攝的海藻照片；奧登斯巧克力坊（Odense Chokoladehus）的索爾瑪・索貝生（Thormar Thorbergsson）供應巧克力；伊霍爾蕈菇農場（Egehøj Champignon）的肯特・史丁凡（Kent Stenvang）供應蕈菇並帶我們參觀農場；帕斯嘉股份有限公司（Palsgaard A/S）允許我們查閱並於書中使用典藏圖檔；樂吉斯摩食品公司（Løgismose）的史廷・歐隆（Steen Aalund）提供製作特殊煙燻新鮮乳酪的黴菌；波勒・哈斯穆森（Poul Rasmussen）以無比迅捷的速度遞送包括海星在內的各種美味海鮮；克斯托夫・史帝貝克（Kristoff Styrbæk）負責拍攝並提供相關建議。

尤納斯・卓特納・莫西森（Jonas Drotner Mouritsen）協助拍攝、繪圖及版面圖文設計。喬亞欽・馬奎斯・尼爾森（Joaquim Marquès Nielsen）繪製科學插圖。

本書最初以兩位筆者的母語丹麥文寫成後出版，英文版由瑪希拉・約翰森（Mariela Johansen）根據丹麥文版改寫為適合一般讀者的內容。書中內容涉及多個學門，感謝瑪希拉懷抱無比熱忱擔下重任，譯寫出這本條理分明、論證詳實且通暢易讀的科普書籍。瑪希拉不僅是傑出的譯者，更協助核對數據資料、確保全文一致、並提出寶貴的修訂建議和補充資訊，兩位筆者非常感謝她為此書付出的心力。我們也要感謝本書編輯珍妮佛・克魯（Jennifer

Crewe），謝謝她對這項寫作計畫抱持信心和熱情，也謝謝哥倫比亞大學出版社（Columbia University Press）非常專業且極有效率地處理書稿。

最後但同樣重要的，是要向我們各自的家人致謝，特別是琵雅（Pia）和綺絲汀（Kirsten）。我們數年來在口感的世界流連忘返，她們不僅予以包容，在不少時候還得洗耳恭聽甚至親口試吃。謝謝妳們不變的愛和支持。

名詞釋義
Glossary

A
_____

醋酸、乙酸（acetic acid）：醋裡的酸性物質，是細菌和真菌讓糖發酵後產生。

酸度（acidity）：見酸鹼度、pH 值。

肌動蛋白（actin）：構成細胞內部、表面和肌肉等身體內部結構的蛋白質分子和纖維的成分。肌動蛋白分子聚合在一起，可形成寬度僅 7 奈米、長度卻能達到幾微米的微絲（microfilament）。

水活性（activity of water）：描述生鮮食材或食品裡，能被微生物利用的游離水分子其含量高低。水活性低，表示水分子已經和其他分子緊密結合。例如魚乾所含水分雖然佔 20%，但水活性很低，因此會造成食物腐敗的微生物無法存活，魚乾就能長期保存。

適應（adaptation）：逐漸習慣物質的某種特性，例如嚐起來或聞起來的味道，一段時間下來，就比較難以察覺該味道或變得不敏感。

添加物（additive）：加在食品裡，讓味道或質地更佳、顏色更美觀、保存期限更長或營養價值更高的物質，例如凝膠劑（gelling agent）和乳化劑（emulsifier）都是能影響口感的添加物。由於一些歷史因素，食鹽、發粉和醋等物質通常不列為添加物。

黏附度（adhesiveness）：在描述感覺的用語中，是指食物黏附在口腔等表面上的程度。

費朗・亞德里亞（Adrià, Ferran）：開設鬥牛犬餐廳（El Bulli；2011 年歇業）後聲名大噪的西班牙主廚，對於分子料理的開創貢獻卓著。

紅豆（adzuki; azuki）：小顆的紅色或綠色豆子（學名 Vigna angularis 或 Phaseolus angularis），豆子為紅色者，該栽培品種有甜味，在日本常製成豆沙，可做為糕點甜品的餡料。

洋菜（agar; agar-agar）：自紅藻萃取出的複雜多醣類（complex polysaccharide），可分解成洋菜醣和洋菜硫醣；可做為增稠劑、安定劑和凝膠劑，和製成耐熱的水膠（hydrogel）。

洋菜硫醣、洋菜膠（agaropectin）：與洋菜糖複合構成洋菜的多醣類，和洋菜醣同樣由半乳糖構成，但硫的含量較高。

洋菜醣（agarose）：與洋菜硫醣複合構成洋菜的多醣類，由半乳糖構成。

聚集（aggregation）：集結成塊，例如溶液裡的分子聚集，或牛乳裡的微胞（micelle）在製作乳酪的過程中聚集。

香蒜蛋黃醬（aioli）：一種加大蒜的美乃滋，通常做為魚類料理的佐料。

白蛋白（albumin）：蛋白裡的蛋白質。

褐藻膠（alginate）：褐藻裡的一種多醣。不同種類的褐藻膠是由長的線性分子構成，其中包含兩種不同的單醣：甘露醣醛酸（β-D-mannuronic acid，縮寫為 M）和古羅醣醛酸（α-L-guluronic acid，縮寫為 G）。這些酸基可呈線性排列如下：-M-M-M-M-M-、-G-G-G-G-G-或–M-G-M-G-M-G。褐藻膠是這些物質的基本形式，而衍生形成的銨鹽類和硫酸鹽類（如褐藻酸鈉〔sodium alginate〕）皆可溶於水。取自不同種類海藻的褐藻膠，所含的甘露醣醛酸和古羅醣醛酸比例不同，構成的鏈結長度也各異，最短的通常僅包含 500 個單醣。褐藻膠裡若含有鈣離子（Ca++；或其他二價離子如鎂離子〔Mg++〕或鋇離子〔Ba++〕），即使溫度遠低於含果膠的凝膠成形所需的溫度，也會形成凝膠。褐藻膠的熔點比水的沸點稍高。褐藻膠能夠吸收結合大量的水，因此可做為增稠劑和安定劑使用，也因具抗酸性而比其他安定劑更有優勢。一般使用褐藻膠主要是因為它可溶於水，尤其以褐藻酸鈉的形式溶於水時，會形成稱為高分子電解質（polyelectrolyte）的離子。褐藻酸鈣則不溶於水。褐藻膠遇酸時，會反應形成褐藻酸。

褐藻酸（alginic acid）：以酸類形式存在的褐藻膠，不溶於水。

鹼性（alkaline）：離子鹽類的性質，包括來自鹼金屬的鹽類如氫氧化鈉（NaOH）和氫氧化鉀（KOH）。此詞常做為「基性」（basic）的同義詞。碳酸鈣（白堊）（CaCO3）也屬鹼性。

明礬（alum）：可溶於水的硫酸鋁鉀（KAl(SO4)2），味道甜中帶酸且微澀，用於醃漬或泡漬蔬菜以延長保存時間。

胺基酸（amino acid）：係含胺基（-NH2）的小有機分子，是構成蛋白質的基礎。如甘胺酸（glycine）、麩胺酸（glutamic acid）、丙胺酸（alanine）、脯胺酸（proline）和精胺酸（arginine）等。自然界利用二十個特定的胺基酸以胜肽鍵連結成不同長度的胺基酸鏈；短鏈稱之為多肽（polypeptide），長鏈稱之為蛋白質。二十種天然胺基酸中，有九種胺基酸被視為維生必需，因為人體內無法自行合成，必須經由食物攝取，分別是：纈胺酸（valine）、白胺酸（leucine）、離胺酸（lysine）、組胺酸（histidine）、異白胺酸（isoleucine）、甲硫胺酸（methionine）、苯丙胺酸（phenylalainine）、蘇胺酸（threonine）和色胺酸（tryptophan）。食物中的胺基酸多半已結合生成蛋白質，但也有一些可能影響食物味道的游離胺基酸，例如構成鮮味基礎的麩胺酸，或帶來苦味的組胺酸。

非晶質物質（amorphous material）：未形成結晶的固體；焦糖、麵包脆皮等玻璃態物質皆屬之。

油水兩親（amphiphile）：對水具雙重反應的物質或分子。通常用來形容脂肪和蛋白質等包含兩端（極性與非極性）的分子，一端受水吸引而另一端排斥水。

澱粉酶（amylase）：可將澱粉降解形成麥芽糖的酵素，在唾液和胰臟裡皆含有此成分。

支鏈澱粉（amylopectin）：由葡萄糖分子組成之枝狀網絡構成的多醣類；和直鏈澱粉同為澱粉最重要的成分。

直鏈澱粉（amylose）：由長的線性鏈狀葡萄糖分子構成的多醣類；和支鏈澱粉同為澱粉最重要的成分。

阻凍劑（antifreeze）：能夠壓低液體冰點的物質；烹飪上加鹽、糖、蛋白質或多醣類皆可達到阻凍效果。

抗氧化劑（antioxidant）：防止氧化的物質。食物中重要的抗氧化劑包括抗壞血酸（維生素 C）、維生素 E 和葉綠素，另外，胡蘿蔔素和其他類胡蘿蔔素也常做為抗氧化劑使用。

阿皮修斯（Apicius, Marcus Gavius）：公元前一世紀的羅馬傳奇美食家，內容詳盡的古老食譜《廚藝》（*De re coquinaria libri decem*）即由他掛名作者，但該食譜其實是在阿皮修斯之後約 400 年編撰成書。

香氣（aroma）：空氣中由鼻子感知為氣味物質之分子聞起來的氣味。

阿斯巴甜（aspartame）：人工合成的甜味劑，是由天門冬氨酸（aspartic acid, asparaginic acid）和苯丙胺酸（phenylalanine）兩個氨基酸構成的 L-天冬氨酸和 L-苯丙氨酸二肽的甲基酯，並非糖類；甜度是一般糖（蔗糖）的一百五十到兩百倍。

肉凍（aspic）：肉汁加入明膠形成的凝膠，所加明膠則由煮熟之牛羊豬雞魚等肉類和骨頭中的結締組織分解而得。

澀味（astringency）：化學反應引起的機械性感官經驗造成的一種味覺印象，亦即一種和口中味覺細胞可能有關聯的口感。常由茶和酒中的單寧酸引起，因單寧酸會與黏膜和唾液中含有脯胺酸的蛋白質起反應，帶來乾澀咬舌的摩擦感。澀味依據當下情況不同，可能很宜人或令人不悅。

發粉、泡打粉（baking powder）：加熱後會釋放二氧化碳的混合物質。一般發粉的成分為碳酸氫鈉（俗稱小蘇打粉）和一種酸，例如俗稱塔塔粉的酒石酸氫鉀。發粉和水接觸之後，就會釋出二氧化碳，發揮膨鬆劑的功效。

B

基本味道（basic taste）：共有五種，分別是酸、甜、鹹、苦和鮮味，皆是無法結合其他基本味道形成的味道。有些學者認為「脂肪味」也是一種基本味道。

伯那西醬（béarnaise sauce）：荷蘭醬的經典法式變形版，多調以茵陳蒿（tarragon）、細葉香芹（chervil）等香草和辛香料，通常做為牛肉料理的佐醬。

貝夏美醬（béchamel sauce）：法式料理的經典醬汁，在油糊中加入牛乳、鮮奶油或清高湯製成。

備長炭燒烤（binchōtan grill）：採用特殊木柴的燻烤法，源自日本。備長炭是一種燃燒時溫度不會過熱、僅達到約 760℃（1,400℉）的特殊木炭，但會發出強烈的遠紅外線（輻射），能夠更快速且均勻地烤出外皮酥脆、內部多汁的肉，因此用來燻烤的效果極佳。燻烤時需將堅硬的備長炭緊密堆積在烤爐內，在烤爐一側有風門（damper）可控制氧氣緩慢流入爐中以調節火候。

結合（binding）：指稱大腦如何根據先前經驗和隨之而來的相關記憶，將不同的感覺印象連結在一起的感官及心理機制。

餅乾（biscuit）：源自古法文，意指「烤了兩次」，原為一種用麵粉、水和鹽製成、很簡單的硬麵包脆餅，是長程航海的必備糧食。

食團（bolus）：食物經過咀嚼，在被吞下之前與唾液混合形成的圓形團塊。

波爾多醬（bordelaise sauce）：以荷蘭醬為基底製作的經典法式醬汁，使用材料包括紅酒、紅蔥頭、煮至濃縮的肉湯釉汁，有時也會加入奶油和牛骨髓。

鹽漬魚子（botargo〔bottarga〕）：風乾的鮪魚、鱈魚或烏魚卵，為地中海特產。

由小做大原則（bottom-up）：物理學上描述材料如何從小的實體逐漸建構成大的實體的原則，例如分子會自然而然結合形成較大的層級式結構。

馬賽魚湯（bouillabaisse）：以濃稠魚高湯製成的魚湯，為普羅旺斯特色料理。做為湯底的魚高湯，是將多種質地不同的魚貝與洋蔥、番茄、大蒜、香草，加入白酒和大量橄欖油熬煮而成。魚骨釋出的明膠有助於增稠湯汁，而魚湯最後煮至滾沸時，油會形成細小液滴，並因湯裡有明膠而乳化且變得綿密。

清高湯（bouillon）：將魚、肉、骨頭或蔬菜熬製的高湯過濾而得的清澈液體。骨頭加肉製成的清高湯稱為肉湯釉汁（glace），利用蛋白或其他方法濾除碎屑的則稱為澄清湯（consommé）。「高湯」（stock）一詞也可指稱將清高湯煮至濃縮的湯汁，多半會加入香草和辛香料調味。上述的基底湯質地都很像水，除非製備過程中釋放出足夠的明膠，質地才會變得略稠。

尚‧翁泰姆‧布希亞－薩瓦蘭（Brillat-Savarin, Jean Anthelme, 1755-1826）：法國律師、法官及政治家，於 1825 年出版之《美味的饗宴》（*Physiologie du goût*，時報出版）成為飲食文學鉅著，自從出版之後便持續刊印不曾絕版，後人尊其為「美食家之父」。

鳳梨酶（bromelain）：鳳梨裡的酵素，可以分解蛋白質如膠原蛋白和明膠，因此很適合用於讓肉類熟成。

蔬菜細丁（brunoise）：切成細碎以備製作湯、餡料和醬汁的蔬菜。

C

咖啡因（caffeine）：味苦的有機物質，在咖啡和茶裡皆可找到。

鈣化（calcification）：食物外層形成的一層碳酸鈣（白堊）硬殼。以扭結餅（pretzel）外表的硬殼為例，是讓麵團表面接觸鹼液（氫氧化鈉），而鹼液會和空氣中的二氧化碳結合形成碳酸鈣。

碳酸鈣（calcium carbonate）：白堊（CaCO3）。

氯化鈣（calcium chloride）：鹽酸的鈣鹽（CaCl2），用途包括加在豆腐和蔬菜罐頭裡做為硬化劑，以及加在運動飲料裡做為電解質。

檸檬酸鈣（calcium citrate）：檸檬酸的鈣鹽。

葡萄糖酸鈣（calcium gluconate）：葡萄糖酸的鈣鹽，葡萄糖酸則是身體燃燒葡萄糖後形成。

乳酸鈣（calcium lactate）：乳酸的鈣鹽。

杏仁脆餅（cantuccini）：義式脆餅（biscotti）的另一種義大利文稱法，通常用杏仁果製成。

辣椒素（capsaicin）：辣椒中造成口腔有強烈灼燒感的有機物質。

焦糖（caramel）：糖經加熱後分解出的不同成分形成的混合物。

焦糖化（caramelization）：製作焦糖的過程。

碳水化合物（carbohydrates）：由多種有機化合物構成的醣類，主要成分為氧、氫和碳。結構簡單的醣類包括單醣和雙醣，味甜且包含常見的糖類，例如葡萄糖、果糖、半乳糖、蔗糖、乳糖和麥芽糖。植物裡的多醣類常見者如澱粉、纖維素。海藻裡也含有多醣類，例如洋菜、褐藻膠和鹿角菜膠。植物和海藻行光合作用結合二氧化碳和水，形成碳水化合物並釋出氧。

二氧化碳（carbon dioxide）：二氧化碳分子（CO_2）構成的氣體，溶於水可形成碳酸。

碳酸（carbonic acid）：二氧化碳溶於水中的多種形式。

卡漢姆（Carême, Marie-Antoine, 1784-1833）：法國名廚及作家，首創精緻講究的高級料理（haute cuisine）。

胡蘿蔔素（carotene）：胡蘿蔔和其他食物裡的紅橘色色素，也是一種抗氧化劑。

鹿角菜膠、紅藻膠（carrageenan）：紅藻裡的多醣類，是由屬於單醣的半乳糖和數量或多或少的硫構成的化合物，其結構是上有約 25,000 個半乳糖分子的彈性長鏈。鹿角菜膠的膠凝特性取決於種類，以及受到周遭環境中酸鹼值、離子含量和溫度影響之下的行為狀態。鹿角菜膠也是一種電解質，會在有鈣離子（Ca++）時形成凝膠。有些鹿角菜膠可以捲縮成螺旋結構，彼此之間可以鬆散地連結形成網絡。科學研究的運用上以這三種最為重要：κ 型（Kappa）形成的凝膠硬挺強韌，ι 型（Iota）形成的凝膠較軟，而 λ 型（Lambda）則適合做為蛋白質的乳化劑；其中僅 λ 型可溶於冷水。

酪蛋白（casein）：牛乳裡的蛋白質。

木薯（cassava）：也稱樹薯（manioc；學名 Manihot esculenta），其根部可製成木薯澱粉。

細胞膜（cell membrane）：包覆細胞的薄膜，由脂肪（脂質）、蛋白質和碳水化合物構成。

纖維素（cellulose）：由直鏈的葡萄糖交聯形成的多醣。和澱粉裡的葡萄糖鏈不同之處在於結合得非常緊密，因此不吸水，也無法由人類腸胃消化。

檸檬醃生魚（ceviche）：以檸檬汁醃製讓魚肉更硬韌的生魚料理。

化學感知（chemesthesis）：描述皮膚和黏膜對於會造成疼痛或刺激，因此可能傷害細胞和組織之化學反應的敏銳感覺，例如吃進含辣椒素的辣椒、含胡椒素的黑胡椒，或含異硫氰酸酯的辣根和芥末時，嘴巴裡會有的辛辣刺激感。由於負責接收反應的是三叉神經（第五對腦神經），因此化學感知有時也稱為三叉神經感覺（trigeminal sense）。對冷熱的感覺也和化學感知有關。

舍弗勒（Chevreul, Michel Eugène, 1786-1889）：研究動物脂肪的法國化學家。於 1813 年發現一種飽和脂肪酸並命名為珠光子酸（margaric acid，亦稱十七酸），但後來發現其實是棕櫚酸（palmitic acid）和硬脂酸（stearic acid）的混合物。「人造奶油」一詞的原文"margarine"即源自珠光子酸。

幾丁質（chitin）：一種多醣類，在真菌的細胞壁，以及昆蟲和甲殼類動物的外骨骼中皆可找到。

膽固醇（cholesterol）：大量存在於動物細胞膜的脂肪，是生物體內合成類固醇激素、維生素 D 和膽鹽（bile salts）的前驅物（precursor）。

凝乳酶（chymosin）：一種酵素，可讓牛乳凝塊形成凝乳。

檸檬酸（citric acid）：取自柑橘類果實的弱有機酸。

凝結劑（coagulant）：讓溶液裡的物質聚結成塊，或用來形成凝膠的添加物。

凝塊（coagulation）：聚結成塊的過程，例如血液裡的蛋白質形成血塊（clot），或是乳蛋白形成凝乳。

黏裹（coating）：描述食物在口中散布開來、覆滿口腔的口感，多用來形容富含脂肪或很油的食物、鮮奶油、植物油、動物脂肪、奶油、人造奶油、可可脂，和濃稠綿密的乳酪。要體驗最極致的黏裹口感，可直接食用熔點略低於口腔溫度的脂肪。形式為乳化物的食物吃起來也常有黏裹的口感。

可可脂（cocoa butter）：可可樹豆莢裡的可可豆發酵而得的脂肪。

內聚（cohesion）：表示物體向內聚合的力量大小，以及物體在達到破斷

點之前可承受之變形程度的物理性描述。在感覺相關用語裡，是指食物向內聚合的力道，意即必須承受多大的壓擠力道才會斷裂。

膠原蛋白（collagen）：形成結締組織，並為所有動物組織提供支撐結構的蛋白質網絡，主要分布在動物的皮膚和骨頭；在哺乳類動物體內佔全身蛋白質總量的 25～35%。以超過 70°C（158°F）的溫度長時間加熱，可破壞膠原蛋白裡原膠原的交聯，分解出可溶於水的明膠。

膠體（colloids）：極微小故可懸浮於液體中的粒子，例如均質牛乳中的脂肪粒子。

複雜流體（complex fluid）：結構尺度介於個別分子和肉眼可辨識大小的流體，很多高分子液體皆屬之。另見**軟物質（soft materials）**。

油封料理（confit）：鹽醃後浸入脂肪或油脂裡煮熟以延長保存時間的食物，如油封鴨和油封鵝。

相合度（congruency）：描述彼此之間的關係是否和諧或互補，常用來形容不同的味道是否互補，或能否帶來和諧的多重感覺印象。

結締組織（connective tissue）：膠原蛋白纖維以層級式建構而成的網絡。每條膠原蛋白纖維都包含多條原纖維，而每條原纖維又是由三股呈螺旋狀纏繞彼此的長鏈蛋白質分子（原膠原）所形成。蛋白質分子相互之間鍵結（交聯）的緊密程度不一。鍵結的數量越多，原纖維的強度就越高。較強壯或較老動物的肌肉裡的結締組織鍵結數量較多。魚類的膠原蛋白通常比陸生動物的脆弱，但頭足類動物（cephalopods）的膠原蛋白就可能很強韌。

黏稠一致性（consistency）：與口感有關的描述，指的是異質混合物的一致性／齊一性。*最常做為「黏稠度」的同義詞，但有時也用於指稱口感和所有質地元素的整體感覺。**

澄清湯（consommé）：清澈或利用蛋白等過濾的清高湯。

---

* 審訂注：可惜的是，在許多不同書籍裡少見到「黏稠一致性」與口感有關的清楚定義。

** 審訂注："consistency" 與也同是質地描述語 "viscosity"，雖都是用來描述如果汁、醬汁、調味料等食物的黏稠度、黏稠感，兩者都是很重要必有的質地描述語。後者單純地形容食物的黏稠或稀薄程度或感覺，但前者則除比較黏稠度或黏稠感，特別強調其成分內容物大小顆粒是否均一以及一致性。

對流（convection）：液體或氣體擴散移動，可能是溫度差異造成。

皮質（cortex）：大腦的皮層。

腦神經（cranial nerves）：從大腦或腦幹直接延伸形成的十二對特殊神經，有些是將感覺印象的訊號傳送到大腦的感覺神經，有些是將訊息從大腦傳送到肌肉和器官的運動神經。感覺神經包括嗅神、視神經、與口感有關的三叉神經，三對負責處理味覺印象的神經，以及連結大腦和胃的多個部分的迷走神經（vagus nerve）。

綿密（creamy）：一種質地特性，主要牽涉黏稠度以及食物滑入嘴裡和摩擦口腔黏膜的方式兩個層面，因此有時也會以均勻、滑順、軟綿如絲等詞語替代，但不同於油膩。

英式蛋奶醬（crème anglaise）：一種糕點奶醬，是將鮮乳和鮮奶油加熱至接近沸騰後放涼，拌入蛋黃和糖後慢慢加熱到想要的濃稠度而成。

烤布蕾（crème brûlée）：將英式蛋奶醬加工硬化製成的糕點奶醬或布丁，其上灑一層糖並加熱就形成一層焦糖「玻璃蓋」。

法式酸奶油（crème fraîche）：酸化的鮮奶油。

脆、酥脆（crispness）：描述質地的不精確詞語，可描述纖薄但堅硬的食物如薯條、麵包脆皮和烤過的種子，也可用來描述多孔隙的食物，如蛋白霜脆餅。

交聯（cross-binding）：長鏈高分子如蛋白質或碳水化合物之間橫向形成的化學連結。將軟材料變得壯實堅韌的其中一個方法，即是讓纖維和高分子形成交聯。皮膚和肌肉裡的膠原蛋白，以及植物細胞壁裡的纖維的交聯度很高，因此組織非常硬挺韌實。

綜合脆穀（crûsli）：類似綜合穀片的產品。

結晶（crystal）：分子之間組合形成有序結構的固態物質。

烹飪變化（culinary transformation）：將食材轉變為高品質食物的物理、化學或「物理－化學」過程，廚藝可視為一系列的烹飪變化。

氰化物（cyanide）：一種有毒物質（CN-），在木薯和苦杏仁（bitter

almond）中皆可找到。

D

大福（daifuku）：形似小圓球的日本甜點，外層是用糯米製成的麻糬，內餡通常是紅豆沙。

日本蘿蔔（daikon）：日文漢字為「大根」，即日本的白蘿蔔。

豆泥（dal）：豆子、扁豆、豌豆或鷹嘴豆慢燉而成的印度菜餚。

日式高湯（dashi）：日文漢字為「出汁」，有「煮出的精華」之意，即用昆布和柴魚煮成的高湯，是鮮味的精華來源。

刮鍋底（deglacing）：煎炒或燴煮菜餚之後，在鍋裡加入葡萄酒、高湯、牛乳、鮮奶油或果汁，與鍋底剩下的湯汁渣沫混合製作成醬汁。

脫水（dehydrating）：除去生物物質裡的水分。

半釉汁（demi-glace）：西班牙醬裡加入馬德拉酒再煮至濃縮的醬汁。

變性（denaturing）：可用來描述蛋白質的天然形式或功能形式，因受熱或其他狀況而分解或產生變化。

真皮（dermis）：皮膚最外層的表皮之下的一層，含有膠原蛋白。

膳食纖維（dietary fiber）：人體內的酵素無法分解的碳水化合物，分為可溶性和不可溶性兩類，前者包括洋菜、褐藻膠和鹿角菜膠等膠凝劑，後者如纖維素。

擴散（diffusion）：分子或小粒子的隨機運動（布朗運動〔Brownian motion〕）。

二酸甘油酯（diglyceride）：一個甘油分子和兩個脂肪酸分子結合構成的脂肪。

雙醣（disaccharide）：由兩個單醣構成的醣類（碳水化合物），例如蔗糖

（果糖+葡萄糖，是家裡常見的糖）、麥芽糖（葡萄糖+半乳糖）和乳糖（半乳醣+半乳糖）。

散布（dispersal）：一種物質的小粒子或液滴埋嵌，或溶解於另一種不同狀態的物質裡，例如固體分布在液體裡。

揚・戴伯格（Dyerberg, Jørn）：丹麥醫師和研究者，所做不飽和脂肪對健康影響的研究結果具有重大意義。

E _____

彈性（elasticity）：物質因受到外力而變形，以及不再受外力之後回復原狀的性質。外力越大，變形程度也越劇烈。

乳化劑（emulsifier）：減少油和水之間的表面張力，因此有助於形成乳化物的物質，例如脂質這種油水兩親的物質。

乳化物（emulsion）：水與脂肪等類似油的物質的混合物，通常借助乳化劑可略溶於水，例如美乃滋和冰淇淋。

酵素、酶（enzyme）：在化學或生化反應中做為催化劑的蛋白質。可以分解澱粉的澱粉酶，和用來製作乳酪的凝乳酶皆為酵素。

赤藻糖醇（erythritol）：可當成甜味劑的糖醇，熱量比蔗糖少 95%，在口中溶解時會讓舌頭有股涼爽感。

艾斯科菲耶（Escoffier, Auguste, 1846-1935）：法國名廚和作者，為法國傳統烹飪文化中的技法和食譜賦予更簡約的新風貌。

乙酸乙酯（ethyl acetate）：帶有果香味的有機物質。

壓擠（extrusion）：將含水和澱粉的混合物（即擠出物）推送通過有孔洞的模板或類似的塑模，同時加熱讓水分蒸發，讓混合物變成柔軟可塑的一大團，再加以乾燥硬化使混合物形成玻璃態。可大幅延長食品的保存期限，多半用來製作零嘴和義大利麵。

F

肌束（fascicle）：包裹在結締組織中、由十到百根肌纖維構成的整捆肌纖維。

脂肪（fats）：多種不溶於水物質的統稱，可以是固體（如奶油和蠟）或液體（如橄欖油和魚油）。典型的脂肪由碳原子長鏈構成，分成飽和與不飽和兩類。其中一種重要的天然脂肪稱為脂質，是由脂肪酸和胺基酸、醣類等很多其他物質構成。脂肪的味道與其熔點息息相關。

脂肪酸（fatty acids）：碳原子長鏈和羧酸基構成的物質，長鏈上相鄰的原子之間形成單鍵或雙鍵。雙鍵越多，脂肪酸的不飽和程度就越高，而熔點越低。長鏈上只有單鍵的是飽和脂肪酸；有一個雙鍵的是單元不飽和脂肪酸，例如橄欖油裡的油酸；長鏈上超過一個雙鍵的，是多元不飽和脂肪酸，例如：大豆的亞麻油酸有兩個雙鍵，亞麻籽油的 α-次亞麻油酸有三個雙鍵，魚油裡的二十二碳六烯酸（DHA）有六個雙鍵。

發酵（fermentation）：微生物（酵母或細菌）或酵素轉換有機物質的生化過程；例如酵母發揮作用，將葡萄汁裡的糖轉換成酒精或醋。

原纖維（fibril）：集合在一起的纖維，例如結締組織裡的膠原蛋白。

硬度、韌實度（firmness）：物質受力下抗拒變形的能力。

風味（flavor）：此詞用來統稱食物帶給人的所有感官印象，除了味道和氣味之外，也涵括食物的氣味物質、口感和化學感知。而在食品感官品評領域裡，風味是食物送入口中後，由口中味覺、嗅覺、及觸覺綜合而成的整體感覺。

絮凝（flocculation）：細小粒子聚集或黏結成塊。

泡沫（foam）：分布於液體裡的氣泡。

肥肝（foie gras）：鵝和鴨的肥肝。

摺疊（folding）：用以指稱蛋白質分子捲起形成特定結構的方式。蛋白質變性時，例如生蛋煮成水煮蛋，其摺疊模式會改變。

翻糖（fondant）：黏彈度類似富奇軟糖的特殊糖霜，一般做為蛋糕糖霜或甜點餡料。製法是加熱糖或糖漿，可能會再加一點葡萄糖，再反覆攪拌直到呈現黏土般的質地。

冷凍乾燥（freeze drying）：一種乾燥脫水的方法，是將物質所處環境的溫度和氣壓降到極低，讓物質裡的水分直接昇華，亦即由固態直接轉化成氣態，再將脫水後的物質搗碎或研磨成粉末。

果糖（fructose）：水果裡的糖，屬單醣。

水果軟糖卷（fruit leather）：加入大量糖熬煮而成、硬韌可塑形的水果膏糊。

富奇軟糖（fudge）：加入牛乳和脂肪製成的焦糖，多半會再加可可粉或巧克力。富奇軟糖和翻糖的差異，在於前者含有脂肪液滴。

布海苔、海蘿（funori）：一種呈纖細分枝狀的日本海藻。

呋喃（furan）：物質焦糖化時形成的有機化合物，有香氣且味道類似堅果。

乳糖（galactose）：牛乳裡的糖，屬單醣。

甘納許（ganache）：用巧克力和鮮奶油製成的固態巧克力醬，用於製作蛋糕甜點。

鍋底糖醋汁（gastrique）：質地黏稠的酸甜醬汁，由醋加上焦糖化的糖混合而成。

美食學（gastronomy）：關於烹飪、餐點和飲食文化的省思和探索。分子美食學或分子料理（molecular gastronomy）則著重探索食物在分子層面的特性，以及食物在烹飪和品嚐過程中產生的物理和化學變化。另見**神經美食學（neurogastronomy）**。

美食物理學（gastrophysics）：研究食物、食材、烹調食物產生的效應，

以及將食物品質、風味和人體消化吸收的物理基礎加以量化的科學。

魚餅凍（gefilte fish）：猶太人的傳統食物，是將魚絞肉餡包在魚皮裡烹煮而成。現今通常是去骨魚肉絞碎後揉成肉排或肉丸，放進調味過的高湯裡煮熟，放涼後食用。

凝膠（gel）：指稱包含大量水分、但略微堅實類似固體的分子網絡（水膠）的專有名詞，形式為凝膠的食品也稱為膠凍。凝膠是經由膠凝化的過程形成，例如蛋白加熱或明膠冷卻皆會發生膠凝化。

明膠（gelatin）：結締組織裡以膠原蛋白形式存在的蛋白質，加熱時會釋出，而原本硬挺的膠原纖維則融化。與膠原蛋白不同之處是可溶於水，冷卻後不會重新形成硬挺的膠原纖維結構，而是形成結合大量水分的凝膠，稱為膠化或膠凝作用。

結蘭膠（gellan gum）：從一種假單胞菌（*Pseudomonas elodea*）的培養菌株分離取得的酸性多醣類。

膠凝劑（gelling agent）：可促使形成凝膠的物質，例如洋菜、褐藻膠、鹿角菜膠、明膠、果膠、澱粉和膠類。

酥油（ghee）：印度的傳統無水奶油，是由脂肪結晶構成的顆粒狀結構，由於與奶油混合之牛乳裡的乳糖在加熱時焦糖化，故多呈褐色。

肉湯釉汁（glace）：慢煮至濃縮的肉汁，含有高濃度呈味物質，可加在醬汁裡增添風味。

玻璃態（glass）：指稱非晶質固體或極黏稠液體的專門術語，麵包脆皮、硬糖果、乾燥的義大利麵和很多冷凍食品其實皆屬玻璃態。

糖霜（glaze）：用糖粉和水製成的淋料，有時會加入蛋白。如英文名稱所暗示，糖霜可能屬於玻璃態，而且在水分經加熱蒸發後，通常是由糖來保持穩定的玻璃態。翻糖算是一種特殊的糖霜。

葡萄糖（glucose）：為右旋糖（dextrose），屬單醣。

麩胺酸鹽（glutamate）：麩胺酸形成的鹽類，可能以例如麩胺酸鈉（俗稱味精）的形式存在。麩胺酸鹽在水中會分解成鈉離子和麩胺酸離子，後者即為鮮味的來源。

麩醯胺酸（glutamine）：一種胺基酸。

麩胺酸（glutamic acid）：味道極淡、僅微帶酸味的胺基酸。麩胺酸形成的鹽類稱為麩胺酸鹽，例如麩胺酸鈉（俗稱味精），其離子形式可帶來鮮味。

麩胱甘肽（glutathione）：在肝臟、魚貝類、魚露、大蒜、洋蔥和酵母萃出物裡皆可找到的一種三肽，為濃郁味的來源。

麩質（gluten）：小麥裡的特定幾種蛋白質，最重要的是醇溶蛋白（gliadin）和麥穀蛋白（glutenin），能增強麵粉烘焙上的特性。這些蛋白質受到揉捏時，會延伸並形成可容納水分的彈性網絡，很適合在麵團發酵時保存形成的二氧化碳氣泡。麵筋即是將麩質濃縮製成的食品。

甘油（glycerol）：一種糖醇，也稱為丙三醇（glycerin），存在於磷脂質等多種脂肪裡。

肝醣（glycogen）：由葡萄糖構成的枝狀多醣分子，是肝臟裡儲存能量的形式，在魚貝類的偏白色肌肉也存在肝醣。

醣蛋白（glycoprotein）：與寡醣結合的蛋白質。

饕客（gourmand）：熱愛美食美酒甚至過分沉迷的人。

G 蛋白耦合受體（G-protein-coupled receptor）：一種跨膜蛋白，有七個跨膜區段，和一個朝向細胞之外、較大的胞外部分；味覺受體就是利用這個部分捕捉和辨識味道分子。

義式冰沙（granita）：用稀糖漿製成的冰沙，可能會加一點酒；質地並不均勻，咬得到小粒的冰晶。

葡萄糖（grape sugar）：見**葡萄糖（glucose）**。

瓜爾膠、關華豆膠（guar gum）：取自豆科植物膠豆的膠類，是易溶於水的枝狀多醣類，可做為增稠劑。

阿拉伯膠（gum arabic）：用相思樹樹汁製成的膠。

膠類（gums）：能結合大量水分的物質，但只有在特定狀況下可形成凝膠，特別適合做為安定劑，可加在食物裡形成非常黏稠的液體。不同膠類的

來源各異，性質也大不相同：有些取自植物（如刺槐豆膠、瓜爾膠和阿拉伯膠），有些是利用細菌生成（如三仙膠和結蘭膠），還有一些是以植物為原料利用化學方式合成（如甲基纖維素）。

H

觸覺、觸覺學（haptaesthesis）：觸摸形成的感覺印象，最常用來指稱生鮮食材和食物表面結構摸起來的感覺。

硬度（hardness）：描述口感特性的字詞，形容食物受到齒舌上顎施力之下抵抗變形的能力。

血球凝集素（hemagglutinin）：生腰豆等植物裡的有毒物質，會讓紅血球聚結在一起。

半纖維素（hemicellulose）：植物體內將細胞結合在一起的水溶性多醣類。

血紅素（hemoglobin）：含鐵的偏紅色蛋白質，可以和氧結合，是動物體內運輸氧的媒介。

咬勁（hagotae）：日文中表示食物受牙齒壓擠時形成的阻力。

荷蘭醬（Hollandaise sauce）：一種經典法式醬汁，是將融化奶油拌入高湯加上蛋黃乳化而得。

體感小人（homunculus）：源自拉丁文裡的「小人」，一方面以人形圖像呈現身體各個感覺部位，另一方面也呈現大腦裡分別處理不同感覺印象的區域和範圍。

水合（hydration）：將水加入某種物質，相反的作用稱為脫水。物質脫水後再水合的作用稱為復水。

水膠（hydrogel）：一種類似固體的凝膠，其中包含大量水分。水膠也稱為水膠體（hydrocolloid），非常黏稠且穩定，因其特性而廣為應用，例如做為流質食物的安定劑。食品加工業大量運用以海藻萃取物製成的水膠，加在

魚肉、乳製品和烘焙產品裡。利用取自褐藻的褐藻膠，或取自紅藻的洋菜和鹿角菜膠，皆可形成水膠。

氫鍵結（hydrogen bonding）：一種極化的特殊化學鍵結，其原理在於氫原子具有一種特殊能力，即將電子提供給另一個共價的原子如氧原子。氫鍵在水裡無所不在，也是水的熔點、沸點、比熱等獨特性質的形成要素。每個水分子和其他水分子之間，或和其他可自行形成氫鍵的分子之間，可以形成多達四個氫鍵。氫鍵的重要性在於能讓完整蛋白質和酵素形成穩定的結構，而水裡的氫鍵則決定了油水乳化物的穩定程度。

氫化作用（hydrogenation）：破壞不飽和脂肪裡部分或全部的雙鍵、讓脂肪硬化的作用，可應用於將不飽和植物油製成人造奶油。

水解（hydrolysis）：分子吸水時分解成較小單元的化學作用，例如蔬菜或動物蛋白水解成胺基酸。酵素也可造成水解，例如澱粉酶將澱粉水解，或果膠酶將果膠水解。

親水（hydrophile）：源自拉丁文的「愛水」，通常表示一種物質或分子溶於水、但不溶於油。

疏水（hydrophobe）：源自拉丁文的「懼水」，通常表示一種物質或分子溶於油、但不溶於水。

活締處理法（ikijime）：已有 350 年歷史的日本宰魚手法，能夠延緩死後僵直，由於魚不是在緊繃狀態下斷氣，因此能釋放更多帶來鮮味的肌苷酸鹽。一般認為以此法宰殺的魚滋味更好，也能儘量保持新鮮的肉質和色澤。

肌苷酸（inosinate）：即肌核苷單磷酸（inosine monophosphate），是存在於魚肉和其他食物裡的核苷酸，能夠帶來鮮味。

腦島（insula）：大腦裡的島葉皮質（insular cortex），是味覺處理中心，與「額葉島蓋」一起記錄：味覺印象；也與意識和情感有關。

界面張力（interfacial tension）：通常用來指稱在兩種不相溶的實體如油和水之間，盡可能減少兩者接觸面積的力量。加入界面活性劑，例如肥皂或其他雙親物質如脂質或適合的蛋白質，可以減低油和水之間的界面張力並提高互溶性（miscibility）。表面張力（surface tension）則是物體表面和外在空間（通常是空氣）之間的界面張力，將一杯水倒滿至形成彎月面（meniscus）即為表面張力的作用。

轉化糖（inverted sugar）：蔗糖的一種特殊形式，是將構成蔗糖這種雙醣的葡萄糖和果糖分解而得，嚐起來比蔗糖更甜，因果糖本身比蔗糖甜。如果加在冰淇淋等冰品裡，葡萄糖可防止糖形成結晶。

離子通道（ion channel）：允許離子通過的跨膜蛋白。酸味和鹹味的味覺受體皆屬離子通道。

刺激物（irritant）：會刺激三叉神經末稍、產生化學感知的物質，例如辣椒裡的辣椒素（capsaicin）；刺激感基本上是警告黏膜可能會受傷的訊號。

異硫氰酸酯（isothiocyanate）：含有化學基團 S=C=N-的物質，會造成刺激感，且有一股不太好聞的味道，像是搗壓芥末子、甘藍菜、辣根和山葵時皆可聞到。

J

多汁（juicy）：通常用來描述水果可榨出汁液多寡的形容詞，與流速、總量和刺激唾液分泌的方式皆有關聯。也用來描述烹煮後的肉品所含肉汁和油脂多寡。

K

魚板（kamaboko）：和魚漿以同樣方法製成的魚餅。

寒天（kanten）：日文漢字，即洋菜。

鰹魚乾（katsuobushi）：經過烹煮、乾燥、鹽醃、煙燻和發酵等繁複程序製作成的堅硬鰹魚片（柴魚），含有大量可增強鮮味的肌苷酸，常用於製作日式高湯。

鯡魚卵（kazunoko）：日文字面意思為多子多孫；鯡魚卵昆布（kazunoko-konbu）則是指直接產在昆布藻葉上的鯡魚卵。

克菲爾乳酪（kefir）：用酵母菌和乳酸菌發酵製成的乳品。

韓式泡菜（kimchi）：醃製發酵的甘藍菜等蔬菜。

動覺（kinesthesia）：感覺身體整體和各部位的位置和運動的能力，與口感的關聯在於咀嚼時透過感覺舌頭如何運動，來探索辨識食物的大小、形狀和質地。

米麴（koji）：源自日文，指的是一種發酵介質，是在固態的米飯、大豆和烘烤後碾碎的小麥糊團裡種入綠麴菌（Aspergillus oryzae）和麵油麴菌（Aspergillus sojae）的孢子製成，用於製造醬油、味噌和清酒。

濃郁味（kokumi）：源自日文，描述在口腔中徘徊不去的味覺印象和食物口感，嚐到濃郁味和嚐到鮮味的味覺經驗可能有部分重疊。

昆布（konbu）：一種大型褐藻（Saccharina japonica），是製作日式高湯的重要材料；含有大量麩胺酸，能夠提供鮮味。將昆布用米醋醃漬、乾燥後，再削成纖薄細絲，即成古法細絲昆布（oboro konbu）和細絲昆布（tororo konbu）兩種產品。

口感（kuchi atari）：日文中描述食物在口中感覺的詞語。

L

乳酸（lactic acid）：乳酸菌作用形成、形式簡單的有機酸。肌肉裡在有氧狀況下將肝醣耗盡時，也會有乳酸堆積。

乳糖（lactose）：葡萄糖和半乳糖形成的雙醣。

卵磷脂（lecithin）：一種磷脂質，是分布在細胞膜的脂肪，在取自動物或植物的食材如蛋黃和大豆中皆可找到。可做為乳化劑以製作美乃滋等含油和水的乳化物。

克勞德‧李維史陀（Lévi-Strauss, Claude, 1908-2009）：提出「食物料理三角形」概念的法國人類學家，認為食物可能屬於生食、熟食或腐敗食物三種階段其中之一，而食材可以從自然狀態（生食），經過製備（烹調）變成可食之物，或經過微生物活動轉變成腐敗不可食之物。

木質素（lignin）：構成植物木質部、結構龐大複雜的巨分子。

邊緣系統（limbic system）：大腦中負責處理記憶、感覺和本能反應的區域。

魯道夫‧蓮特（Lindt, Rodolphe, 1855-1909）：瑞士巧克力製造商，發明研拌機以機械化方式生產顆粒細緻、質地滑順巧克力。

亞麻油酸（linoleic acid）：具有十八個碳原子和兩個雙鍵的多元不飽和omega-6 脂肪酸，是形成花生油酸（arachidonic acid，又稱二十碳四烯酸）或其他屬於 omega-6 脂肪酸家族之超級不飽和脂肪酸（super-unsaturated fatty acid）的前驅物。

次亞麻油酸（linolenic acid）：具有十八個碳原子和三個雙鍵的多元不飽和 omega-3 脂肪酸，是形成二十碳六烯酸（docosahexaeonic acid (DHA)）、二十碳五烯酸（eicosapentaeonic acid (EPA)）或其他屬於 omega-3 脂肪酸家族之超級不飽和脂肪酸（super-unsaturated fatty acid）的前驅物。

脂質（lipid）：包含一個親水部分和一個親油部分的脂肪，通常是脂肪酸。生物膜通常由脂質如磷脂質構成。

雙層脂膜（lipid membrane）：兩側為水的雙層脂質分子。

脂蛋白（lipoprotein）：脂肪（脂質）和蛋白質構成的化合物。

液態晶體（liquid crystal）：同時具有結晶體和液體特性的物質，其相態為介於固體和液體的中間相。很多脂肪都會形成液態晶體，例如細胞壁裡的脂肪，或巧克力裡的可可脂。

刺槐豆膠粉（locust bean gum powder）：將刺槐樹豆莢磨成的粉末，其中含有在冷熱水皆可溶化的枝狀多醣類，可做為增稠劑。

M _____

巨分子（macromolecule）：大的分子，例如蛋白質或碳水化合物，大多數生物巨分子皆為高分子聚合物。巨分子主要由緊密或鬆散聚結的大分子構成，例如構成雙層脂膜的分子。

氯化鎂（magnesium chloride）：$MgCl_2$，可做為凝結劑，例如加在豆漿裡製作豆腐，或在球化技術中讓褐藻膠凝結。

梅納反應（Maillard reactions）：與烘烤、焙烤和炙烤過程中褐化上色相關、但沒有酵素參與的化學反應。在包含多個階段的化學反應中，碳水化合物與蛋白質裡的胺基酸結合，形成多種具有香氣的褐色物質，統稱為類黑素（melanoid）。這些物質會帶來各種味覺和嗅覺印象，可能帶有花葉芳香，也可能具有肉味和土味。

卷壽司（maki-sushi）：外層或內側包有海苔片的壽司捲。

麥芽糊精（maltodextrin）：取自木薯根等的澱粉水解形成的多醣類。接近無味，僅有一絲甜味，通常製成可漂浮於水面上的粉末，可做為增稠劑加在冰淇淋和雪酪裡防止冰晶形成。

麥芽醇（maltol）：具焦糖味的有機物質，可做為增味劑。

麥芽糖（maltose）：由兩個葡萄糖分子構成的雙醣。

珠光子酸（margaric acid）：棕櫚酸和硬脂酸混合成的飽和脂肪。

人造奶油（margarine）：一種油包水乳化物，其名稱源自法文的「márgaron」一詞，該詞是指牛骨髓在室溫下容易在水中形成珍珠狀的珠滴。最早的人造奶油於 1869 年由法國化學家希波呂特・梅吉－穆希耶發明，是混合牛骨髓、脫脂牛乳和水製成，原料中的動物脂肪很快由價格更低廉的植物油取代。初期的人造奶油品質低劣且不穩定，直到發明適當的乳化技術之後，才開始生產口感優良、適合用來製作食品的人造奶油。現今的人造奶油含有 20% 的水和 80% 的油脂／脂肪，後者主要是不飽和的植物油，其中加入一點天然的乳化劑，例如卵磷脂或取自牛乳的蛋白質，或者商業用乳化劑。有些人造奶油的脂肪含量可能低至 40%，其餘成分則為水，這種

人造奶油加熱後會縮水，不適合用來油炸，但很適合製作輕盈膨鬆的烘焙產品。

醃漬（marinate）：將生鮮食材浸泡在鹽水、醋溶液、糖、油、酒、檸檬汁或香料等醃料裡，可改變食材的質地和味道，並延長保存時間。

棉花糖（marshmallow）：在含糖或糖漿的黏稠明膠溶液裡，將大量氣泡攪打拌入形成的彈性泡沫。溶液裡可能還會加入蛋白，明膠則有助於保持氣泡穩定，並讓棉花糖帶有彈性。

美乃滋（mayonnaise）：混合油和葡萄酒醋並加入蛋黃，利用卵磷脂為乳化劑製成的水包油乳化物。

黏肉膠（meat glue）：見**轉麩醯胺酸酶（transglutaminase）**。

希波呂特・梅吉－穆希耶（Mège-Mouriès, Hippolyte, 1817-1880）：於1869年發明人造奶油的法國化學家。

蛋白霜（meringue）：在主要是水的蛋白液內拌入糖之後攪打，再加熱讓混合料裡的水分蒸發而成，是氣泡之間的液態成分變硬挺的泡沫。

中間相（mesophase）：介於液體和固體／結晶體之間的相態，例如液態晶體或玻璃態。

甲氧基（methoxyl）：有機分子中含有甲基酯（methyl ester）的部分。

甲基纖維素（methyl cellulose）：以纖維素為原料經化學合成的膠凝劑，可做為增稠劑和安定劑。

微胞（micelle）：雙親分子（脂質和蛋白質）在水裡聚集結合成的小粒子，例如牛乳裡的酪蛋白微胞。

乳糖（milk sugar）：見**乳糖（lactose）**。

法式千層派（mille feuille）：源自法文的「一千層」，是酥脆多層的經典法式甜點。

味醂（mirin）：源自日文，是酒精含量約14%的甜米酒。

味噌（miso）：日本的發酵大豆糊醬。

麻糬（mochi）：日本的米製糕點，是蒸熟米粒搗捶而成、軟黏有彈性的糊團。將麻糬焙烤或炭烤後即為仙貝。

單酸甘油酯（monoglyceride）：由一個與脂肪酸結合之甘油分子構成的脂肪。

單醣（monosaccharide）：單一的醣分子，例如葡萄糖、果糖和半乳糖。

麩胺酸鈉、味精（monosodium glutamate，MSG）：麩胺酸形成的鈉鹽，能帶來鮮味，因此被稱為鹽和胡椒之外的「第三種調味料」（the third spice）。

慕斯（mousse）：所含氣泡被厚壁隔離開來的泡沫。例如在巧克力慕斯裡，攪打後的蛋黃和糖與融化巧克力的可可粒子，形成將氣泡相互隔開的厚牆，厚壁冷卻之後會更牢固，慕斯就變得硬挺穩定。慕斯入口後，可可脂融化加上氣泡破掉，就形成獨特的口感。

口感（mouthfeel）：見**質地**（texture）。

味精（MSG）：見**麩胺酸鈉**（monosodium glutamate（MSG））。

黏液（mucus）：皮膚上和黏膜裡的蛋白質層。

多重感官知覺（multimodal perception）：大腦同時感知到數個感覺印象（多重感官統合），例如一種食物所帶來包含味道、氣味、口感、外觀等層面的統合印象。

肌紅素（myoglobin）：肌肉裡呈紅色的蛋白質，含有鐵質，幫忙將氧氣從血液運送至肌肉纖維。

肌凝蛋白（myosin）：肌肉組織裡產生動力的蛋白質分子，會沿著纖維狀的肌動蛋白滑動。

N

納豆（nattō）：黏稠牽絲的發酵大豆食品，味道濃烈且散發強烈刺鼻的氣味，在日本通常於早餐時搭配熱飯和生蛋食用。

恐新症（neophobia）：害怕嘗試任何新事物，例如恐懼從未吃過的食物。

神經美食學（neurogastronomy）：由美國神經生物學家戈登・薛佛德提出並於著作《神經美食學》中闡述，是指以神經科學為基礎，探討在大腦如何記錄和處理食物相關知覺的學問。

鹽滷（nigari）：主成分為氯化鎂（$MgCl_2$）的海水濃縮液，在日本是傳統上製作豆腐所用的凝結劑。

氧化亞氮（nitrous oxide）：俗稱笑氣（laughing gas）的無味氣體，適合裝在高壓瓶裡打製泡沫。

痛覺受體（nociceptor）：神經末梢上特定種類的 TRP 離子通道，受到機械性、化學性和與溫度變化有關的刺激會有所反應。

非極性（nonpolar）：指稱物質無法附著於分子帶電端的性質，與極性相對。非極性的物質無法和水形成氫鍵，因此基本上不溶於水，油和脂肪皆屬之。

海苔（nori）：將屬於紅藻的紫菜乾燥烘烤後製成，纖薄如紙片，常用於製作卷壽司和其他料理。

味符（note）：在美食學的脈絡中，是指一種香氣或味道的基本感覺印象。

「最小單位」料理（note-by-note cuisine）：法國化學家提斯新創的概念，是指不用任何魚肉、蔬果、菌菇或藻類，甚至任何取自天然食材的複雜萃取物，只利用純粹的化合物，或純化合物的混合物製備的料理。

法式牛軋糖（nougat）：堅實硬韌的甜點，是在含有堅果的輕盈蛋白霜攪打拌入熱糖漿製成。

核酸（nucleic acid）：核苷酸鏈（多核苷酸），是構成去氧核糖核酸（DNA）和基因體的要素。

核苷酸（nucleotide）：構成核酸一部分的化學基群。帶來鮮味的肌苷酸和鳥苷酸皆為核苷酸。

米糠漬（nuka-zuke）：用米糠醃漬的蔬菜。

O

油（oil）：不溶於水的含碳化合物，包括脂肪酸、三酸甘油酯和脂質。

嗅覺（olfaction）：位於鼻腔裡的受體將訊號傳送至嗅球形成的感覺；宜人的氣味多半稱為香氣（aroma）。

嗅球（olfactory bulb）：大腦額葉裡嗅覺中心的一部分。

島蓋（operculum）：大腦裡的一部分，與腦島一起記錄味覺印象。

眼窩額葉皮質（orbitofrontal cortex）：大腦額葉裡處理嗅覺印象的區域。

鼻前（orthonasal）：描述氣味物質由外界進入鼻中的知覺途徑。

滲透作用（osmosis）：發生於半透膜的現象，例如細胞膜可透水，但不會讓其他較大的分子如鹽類、胺基酸或醣類通過，於是造成內外不平衡，細胞內的一些水分就會向外滲入較大的分子來調整。滲透作用與細胞膜兩側的壓力（滲透壓）有關。植物能夠以根部從土壤吸收水分，並向上傳輸到莖乾，即是利用滲透作用。

氧化（oxidation）：與氧結合；例如不飽和脂肪接觸氧氣之後會酸敗。

P

Pacojet 冷凍機（Pacojet）：一種廚房家電，具有高速旋轉的銳利鈦合金刀片，可將凍成冰磚的食物削成僅約 5 微米、口舌無法分辨出的極小顆粒。

Palmin 植物酥油（Palmin）：一種烹調用的植物性油脂，含有高比例的飽和脂肪，主成分為椰子油。

棕櫚酸（palmitic acid）：具有十六個碳原子的飽和脂肪。

日式麵包粉（panko）：源自日文中的「麵包」（pan）和「小塊」（ko），是日本的乾燥麵包屑，輕盈多孔，因此做為油炸裹粉不會吸太多油，炸出的麵衣更酥脆且較不油膩。在二戰期間為了節約能源，無法以加熱方式烘焙麵包，想出以電流通過麵團的變通方法，於是發明了這種生麵包粉。

木瓜酶（papain）：木瓜所含的酵素；可分解明膠裡的蛋白質，故很適合用來醃肉，會破壞結締組織讓肉變柔嫩。

巴斯德殺菌法（pasteurization）：由法國生物學家路易・巴斯德（1822～1895）發明並以其姓氏命名。此法是先將液體等食品加熱至可殺死有害細菌的溫度，再很快降溫冷卻，如此食品的化學構成不會產生太大變化，又能延長保存時間。

果膠（pectin）：植物裡的一種多醣類，可加在果醬和果凍裡做為增稠劑。以蘋果為例，還未成熟的蘋果裡僅含有原果膠，隨著蘋果逐漸成熟，原果膠因酵素作用而水解成為可溶於水的果膠。

果膠酶（pectinase）：可以分解果膠的酵素。

潘菲德（Penfield, Wilder Graves, 1891-1976）：加拿大神經外科醫師，首先畫出「體感小人」來表示人體所有感官部位，與大腦中負責處理各個感官知覺的位置和所佔區域大小之間的關聯。

胜肽（peptide）：胺基酸經由肽鍵（peptide bond）連結成鏈狀形成的化合物。長的稱為多肽或蛋白質，僅含兩或三個胜肽的分別稱為雙肽（二肽）和三肽。

知覺、感知（perception）：感覺印象的接收和解讀。

青醬（pesto）：源自義大利文中的「pestare」（捶搗、壓碎之意），是一種呈糊泥或醬汁狀的含油乳化物。

酸鹼度、pH 值（pH）：測量相對酸鹼程度的單位，標度為 0～14，pH 值小於 7 表示酸性，7 表示中性，大於 7 表示鹼性。

相態（phase）：指稱物質的狀態，最常見的是固態、液態和氣態。玻璃態和乳化物則為較複雜的相態。

磷脂質（phospholipid）：一極為極性磷酸根的脂質，是細胞膜和生物組織的主要成分。磷脂質可做為乳化劑，例如蛋裡的卵磷脂。

植物血球凝集素（phytohemagglutinin）：生腰豆等植物裡所含的有毒物質。

胡椒鹼（piperine）：黑胡椒裡帶有強烈味道的有機物質。

可塑（plastic）：形容物質受外力之下變形，且外力消失後不會回復原狀的性質。

塑化（plasticization）：讓物質和混合物更具可塑性、更容易變形的變化過程，例如硬糖果製法中即利用此種變化。

極性（polarity）：分子具有帶電端的性質。相對於非極性分子，極性分子可和水形成氫鍵，因此可溶於水。

高分子聚合物（polymer）：由很多相同或不同的實體（單分子）組成的鏈狀或枝狀大分子。蛋白質即為高分子聚合物，聚醯胺（polyamide）由許多胺基酸構成，而多醣則由許多醣類構成。高分子聚合物可經由聚合作用形成，即個別單分子經過化學作用結合在一起。

多酚（polyphenol）：由多個酚基團構成的化合物。另見**單寧（tannin）**。

多醣（polysaccharide）：多個糖構成的醣類。多醣的功能是做為細胞儲存能量的形式，以及在細胞壁和莖葉中提供支撐結構。植物是以肝醣和澱粉的形式儲存能量，這兩種多醣的形式較簡單，但做為藻類結構元素的多醣形式就較複雜且異質。另外，植物所含的一種稱為果膠的多醣則可做為增稠劑。藻類所含的多醣各具獨特性：如褐藻膠、鹿角菜膠和洋菜，它們皆由所謂膳食纖維構成，可以在胃腸裡吸收水分以及形成凝膠。還有其他不溶於水的膳食纖維如纖維素，也屬於多醣。另見**碳水化合物（carbohydrates）**。

柚子醋（ponzu）：混合醬油、日式高湯和日本柚子汁製成的日式醬汁，可能還會加入一點清酒。

脯胺酸（proline）：一種略帶甜味的胺基酸。

原果膠（propectin）：見**果膠（pectin）**。

本體感受體（proprioceptor）：源自拉丁文的「抓住自身」，是分布在肌肉、關節和內耳的特定受體，可偵測位置和動作模式，例如對於舌頭動作有反應的神經檢測食物時，就是透過本體感受體加以感知。

蛋白酶（protease）：可分解蛋白質的酵素。

蛋白質（protein）：即多肽，或者說由肽鍵連結在一起的胺基酸長鏈。細胞裡接收和辨識視覺、味覺等訊號的受體都是蛋白質。酵素則是一類特殊的蛋白質，在經控制的條件下可催化化學反應。蛋白質經過加熱，或烹煮、鹽醃或醃漬時遇到鹽或酸，或發酵時受到酵素作用的影響，都會失去原本的功能（變性），物理性質也會產生變化，降解的蛋白質會形成較小的胜肽和游離胺基酸（例如麩胺酸）。

熱解作用（pyrolysis）：材料和物質在高溫無氧的狀況下產生化學分解。

奎寧（quinine）：味苦的生物鹼，萃取自金雞納樹（cinchona）的樹皮。

R

酸敗（rancidification）：脂肪氧化和被酵素分解，會產生不討喜的氣味和味道。不飽和脂肪特別容易酸敗。

受體（receptor）：具有特殊能力的蛋白質分子，能夠辨認和結合氣味或味道分子等特殊物質，主要分布於細胞膜中，特別是神經細胞的細胞膜。

再結晶（recrystallization）：物質從一種結晶相變化成為另一種結晶相。

濃縮（reduction）：加熱醬汁或其他液體讓味道更濃烈。

復水（rehydration）：見**水合（hydration）**。

杏仁奶黃醬（remonce）：丹麥糕點的填餡或灑料，主要成分為奶油、糖和香草，也常加入杏仁膏（marzipan）。

雷莫拉醬（rémoulade）：一種以美乃滋為基底，加入切碎香草和醃漬酸菜調成的醬汁。

凝乳酶劑（rennet）：含有凝乳酶（酵素）的液體，可將乳蛋白和酪蛋白分解成較小的胜肽和游離胺基酸。可讓牛乳凝塊，因此也用於製作乳酪。

回凝（retrogradation）：指澱粉結晶化形成和原本緊實的顆粒結構完全不同的結構，可見於含澱粉的冷凍食品和放久變質的麵包。

鼻後（retronasal）：描述氣味或呈味物質在口中釋放後向上進入鼻子的知覺途徑。

流變學（rheology）：研究液體流動特性的科學。

辣蒜蛋黃醬（rouille）：可用麵包屑或隔夜麵包脆皮增稠的醬汁，將橄欖油、辣椒或卡宴辣椒、蒜末和番紅花混合，再拌入麵包屑浸軟。常加在有魚和貝類的馬賽魚湯裡，兼具調味和增稠的功用。

油炒麵粉糊（roux）：最傳統的增稠用醬汁基底，以等量的麵粉和融化脂肪調製。做法是稍微加熱讓脂肪融化後拌入麵粉，再將混合料加熱，依據之後要製作的醬汁種類煮至變成白色、金黃或褐色。

S

醣（saccharide）：由一個或多個醣構成的碳水化合物，包括單醣、雙醣和多醣。

蘭莖粉冰淇淋（salep dondurma）：土耳其特產、極為黏稠有彈性的冰淇淋。

西班牙醬（sauce espagnole）：用油炒麵粉糊製作的經典法式醬汁。主要用來幫其他醬汁上色，加入馬德拉酒即成半釉汁。

埃納・史寇（Schou, Einar Viggo, 1836-1925）：丹麥發明家及企業家，於 1919 年取得史上第一件乳化劑專利，發明的乳化劑用途多元，成為製作人造奶油的重要成分。

麵筋（seitan）：將麩質濃縮製成的團塊。

自組裝（self-organizing）：較小的實體（如分子和原子）自然而然聚在一起形成較大的結構（如微胞或細胞膜）的過程。

杜蘭小麥粉（semolina）：黃色的粗磨小麥粉。

仙貝（senbei）：烘焙或炭烤的日本年糕（麻糬）。

感官科學（sensory science）：研究感官知覺，在本書中特指風味、味道氣味、質地、口感和化學感知相關知識的科學。*

剪切稀化（shear-thinning）：複雜流體的流動方向受剪力時會更容易流動的現象。

戈登・薛佛德（Shepherd, Gordon M.）：首先提出建立新學門「神經美食學」的美國神經生物學家。

紫蘇（shiso）：與薄荷同科的日本常用香草植物（學名為 Perilla frutecens），有綠葉、紫紅葉，紫中帶綠等不同品種。

舌感（shitazawari）：日文中用來描述食物在舌頭上的感覺。

發煙點（smoke point）：油開始冒煙的溫度，冒煙表示油裡的脂肪已開始分解。

蘇打（soda）：碳酸鈉（Na_2CO_3）。

褐藻酸鈉（sodium alginate）：褐藻酸的鈉鹽，可溶於水。

碳酸鈉（sodium carbonate）：蘇打（Na_2CO_3）。

氯化鈉（sodium chloride）：食鹽（$NaCl$）。

檸檬酸鈉（sodium citrate）：檸檬酸的鈉鹽。

＊ 編注：在審訂序中，已對「感官科學」賦予更明確的定義。

氫氧化鈉（sodium hydroxide）：鹼水、苛性蘇打（NaOH）。

軟物質（soft materials）：有彈性、可彎折變形且兼具液體和固體特性的物質，可說介於液體和固體之間，常稱為結構化流體、複雜流體或巨分子材料。生物物質，包括生鮮食材和食物在內，大多皆為軟物質。

軟硬度（softness）：描述食物在舌齒上顎的動作施壓下變形的難易程度。

溶膠（sol）：有固體粒子懸浮其中的液體。另見**懸浮液（suspension）**。

體感覺系統（somatosensory system）：源自希臘文的「身體」（somato），是以皮膚做為感官之感覺系統的一部分，負責有意識地察知溫度變化、疼痛、觸覺、壓覺、身體各部位位置、動作和震動，口感即為體感覺系統的一環。

山梨醇（sorbitol）：一種糖醇，熱量是一般糖的三分之二，而甜度是糖的60%；在化學上是甘露醇（mannitol）的同分異構物。

真空低溫烹調法、舒肥法（sous vide）：源自法文的「真空之下」，是將食材放入密封塑膠袋後以低溫烹調的方法。

球化（spherification）：利用褐藻膠等讓凝膠形成球形硬殼的烹飪技法，硬殼裡可再注入帶有特定味道的凝膠或液體。

噴霧乾燥（spray drying）：一種乾燥脫水的方法，常用來製造工業用乳化劑。是將液體噴入暖熱的空氣團裡（可能會降低氣壓），讓液體內的水分蒸發，而變乾的粒子就像粉雪一樣落下，粉末粒子的直徑通常為 100～300 微米。

彈牙度（springiness）：形容一種物理特性，描述受力變形的物質在外力消失後回復原形的速度快慢。在描述感覺的用語中，是指受舌頭等壓擠變形的食物，在外力消失後回復原形的速度快慢。

安定劑（stabilizer）：讓乳化物、凝膠或懸浮液保持穩定的物質。

澱粉（starch）：由直鏈澱粉和支鏈澱粉構成的多醣類。

硬脂酸（stearic acid）：具有十八個碳原子的飽和脂肪酸。

斯汀·史登達（Stender, Steen）：發現反式脂肪酸可能對健康有害的丹麥

醫師和研究者。

黏稠（sticky）：形容一種物理特性，描述物質附著於其他物質的緊密程度，或反過來說，將物質從附著物上拉扯分開的難易程度。在描述感覺的用語中，是指推送黏於舌頭、臉頰內側，特別是黏於上顎的食物，使其滑動的難易程度。

高湯（stock）：熬煮至濃縮的清高湯，常加入香草和辛香料調味。色淺的高湯是用白肉和蔬菜煮成，色深的高湯則用大骨、肉類和煎至上色的香草煮成。

結構化流體（structured liquid）：見**複雜流體（complex fluid）**。

昇華（sublimation）：從固態直接轉變成氣態。

鮮美多汁（succulence）：口感溼潤多汁，主要用來描述取自植物的食物。

蔗糖（sucrose）：家庭常用的糖，為葡萄糖和果糖構成的雙醣。

糖（sugar）：見**轉化糖（inverted sugar）**；**乳糖（galactose）**；**麥芽糊精（maltodextrin）**；**麥芽糖（maltose）**；**醣（saccharide）**；**蔗糖（sucrose）**。

糖醇（sugar alcohol）：將醣類當中的羰基（carbonyl group）還原所產生。甘油、甘露醇、山梨醇、木糖醇和赤藻糖醇皆為糖醇，可做為甜味劑。

表面張力（surface tension）：見**界面張力（interfacial tension）**。

魚漿（surimi）：在日文中意指「碎肉」，多指模仿蟹肉或蝦肉製成的蟳（蝦）味棒。通常用脂肪含量低的魚肉製作，成分比例為水 75%、蛋白質 15%、碳水化合物 6.8% 和脂肪 0.9%，其中有 0.03% 是膽固醇。

懸浮液（suspension）：有固體粒子分散其中的液體。如果粒子非常小（直徑通常不超過 1 微米），即使密度和液體不同，粒子也會懸浮在液體中，這種懸浮液也稱為膠體溶液。

離水（syneresis）：液體從優格或醬汁等凝膠滲漏出來，並堆積於凝膠表面。

聯覺（synesthesia）：源自希臘文的「感覺上的混淆」，是指不同的感覺印象相混，一種感覺印象（例如看到紅色的視覺印象）引發另一種（想像的）感覺印象（例如甜味）。

糖漿（syrup）：含有大量糖分的糖水混合物。由於水和糖互相結合，因此糖不會結晶，而是形成極為濃稠的液體。

艾莉娜·史賽尼亞克（Szczesniak, Alina Surmacka）：波蘭裔美國食品科學家，是研究食物質地的先驅。

T

觸覺（tactile sense）：受到壓觸、碰觸、伸展和震動等物理作用，以及疼痛、溫度變化等刺激而形成的感覺。

中東芝麻醬（tahini）：將烤過的芝麻磨碎製成的濃稠泥糊。

單寧（tannin）：多酚的統稱，是在一些紅酒、紅茶和煙燻食品裡皆可發現的苦味物質。

木薯澱粉（tapioca）：木薯根部製成的澱粉顆粒。

味道、口味（taste）：舌頭味蕾上的特定味覺受體結合呈味物質後，產生的一種生理上的知覺。一般認為有五種基本味道：酸、甜、苦、鹹和鮮味，其他味道都是由這五種味道組合而成。另見**風味（flavor）**。

味蕾（taste buds）：位在某些舌乳突（papillae）上、有五十到一百五十個味覺細胞緊密聚集其中，形成類似大蒜裡包含個別蒜瓣的結構。在味蕾頂端的味覺細胞，有許多形似小袋、群聚在一起類似毛孔的微絨毛（microvilli），呈味物質必須通過這些小袋，才能由位在味覺細胞的細胞膜裡的味覺受體辨識。

味覺細胞（taste cells）：特化的神經細胞，能辨識帶有五種基本味道的呈味物質。

味覺中心（taste center）：大腦的額葉島蓋和腦島前區。

味覺閾值（taste threshold）：呈味物質可被偵測到的最低濃度。

天貝（tempeh）：用新鮮大豆製成的發酵豆製品，是將大豆泡水去皮後煮至半熟，加入菌種如米根黴（Rhizopus oryzae）或少孢根黴（Rhizopus oligosporus），再將大豆浸入醃漬液裡，在溫度30℃（86℉）的環境裡靜置數天發酵。長出的菌絲會伸入大豆顆粒內部，織結出蛋糕般的硬塊，食用時還咬嚼得到個別的大豆顆粒。

天麩羅（tempura）：此詞源自日本，指沾裹日式麵包粉油炸的魚貝或蔬菜。由於製作麵包粉用的麵團採用特殊方式製作，因此炸過的麵衣會特別酥脆膨鬆。

張力（tension）：描述施加於物質上讓其變形的機械性力量（應力）。

質地（texture）：食物的質感特性，是主要由觸覺感知、因食物的結構元素而具備的多種物理特性。質感特性與食物受力時產生的變形、崩解和流動等機械層面的性質有關，這些性質可用客觀具體的方式量測，但質地本身則無法如此量測。在實務上卻可利用感官品評技術為之。

視丘（thalamus）：位於大腦中間區域的灰色物質，感覺和動作訊號皆經此通往大腦皮質。

增稠劑（thickener）：讓液體更加濃稠黏韌、因此流動更緩慢的物質；增稠液體和具有固體性質的真正凝膠之間的界線並不明確。增稠劑對於口感的影響極大，因此增稠也是調整菜餚質地最常用的技法之一，例如用肉汁增稠的醬汁，另外蛋、澱粉和膠凝劑也可以做為增稠劑。醬汁在溫度低於沸點時，也可以加入奶油或鮮奶油等脂肪增稠，其原理是脂肪的較小液滴會多少讓醬汁變濃稠，有助於讓口感變得更加圓順綿密。但脂肪會結合一些呈味和氣味物質，因此加太多脂肪也會稀釋醬汁的味道。這類醬汁如果加入牛乳、酸乳製品和乳酪，風味會更為豐富。

艾維·提斯（This, Hervé）：法國化學家，咸認為分子料理創始者之一。

瓊脂、心太（tokoroten）：將一種紅藻（安曼司石花菜〔Gelidium amansii〕）的萃取物煮熟放涼製成的凝膠狀食品，在日本已有上千年歷史。

其中發揮作用的膠凝劑即洋菜（寒天）。

雞冠菜（tosaka-nori）：細緻的日本紅藻，也稱雞冠藻（Meristotheca papulosa），口感硬脆、咬起來有脆塊感，有綠、紅和白色等不同種類。

反式脂肪（trans fats）：具有反式鍵的脂肪酸，即使是不飽和脂肪也能維持固態。傳統的棒狀人造奶油含有高達 20% 的反式脂肪。由於近年研究顯示反式脂肪會提高發生血管硬化和心臟血栓的風險，因此很多國家已立法限制加工食品裡的反式脂肪酸不得超過 2%，也有國家著手研擬類似法規。幾乎所有油炸食物和各種速食裡都有反式脂肪，另外在其他食物如奶油、乳酪和其他乳製品甚至綿羊肉也有較少量（1～5%）的天然反式脂肪酸，綿羊肉裡的是反芻胃裡細菌作用所生成。

轉麩醯胺酸酶（transglutaminase）：也稱為黏肉膠的一種酵素，可催化一種蛋白質的游離胺基與另一種蛋白質上麩胺酸的醯基形成鍵結，如此結合之後就不易被蛋白酶分解；常用於製作魚漿等產品。

三叉神經（trigeminal nerve）：第五對腦神經，會對辣椒素、胡椒鹼和辣根裡的異硫氰酸酯等刺激性物質產生反應（化學感知）。

三酸甘油酯（triglyceride）：由三個脂肪酸與甘油結合構成的疏水性脂肪。

三肽（tripeptide）：三個胺基酸結合而成；有些三肽是呈味物質，例如動物肝臟、貝類、魚露、大蒜和酵母萃出物皆含有的麩胱甘肽。

原膠原（tropocollagen）：結締組織裡的長鏈蛋白質分子，三股原膠原以螺旋狀纏絞在一起組成原纖維，多條原纖維再纏絞組合成膠原纖維，而膠原纖原結成的網絡即為肌肉的結締組織。

TRP 離子通道（TRP channels）：運輸鈉、鉀和鎂離子的特殊細胞膜通道，可記錄接收冷熱變化、疼痛等多種不同的感覺印象。

漬物（tsukemono）：原為日文，指醃漬或發酵食物，多為蔬菜類，但也會用有核果實如李子和杏桃。保存時間短則數天，若為鹽醃發酵品，則可保存數個月之久。

酪胺酸（tyrosine）：一種具苦味的胺基酸。

鮮味（umami）：第五種基本味道，包含兩個部分：游離麩胺酸會帶來基本的鮮味，如果同時存在 5'-核糖核苷酸（5'-ribonucleotides）如肌苷酸或鳥苷酸，就會形成更強烈的鮮味。

真空烹調（vacuum cooking）：利用真空袋或其他降低壓力的方式烹調的技法。

絲絨醬（velouté）：經典法式醬汁，將稀麵糊以蛋黃和鮮奶油增稠製成，通常搭配禽肉、小牛肉等白肉和魚肉。

黏彈性（viscoelasticity）：食物或其他物質的一種特性，描述食物在一些狀況下的行為表現類似有彈性或可塑的固體，在其他狀況下則比較像流動的液體。含水的凝膠和複雜的多醣類（水膠）都是很好的例子。由脂肪、水和空氣構成的複雜混合物也具有這種特性，例如人造奶油、蛋糕、冰淇淋、蔬菜、水果和特定種類的乳酪。

黏稠度（viscosity）：液體或半液體流動時內部產生阻力的程度，或者說是液體抵抗另一種物質貫穿的能力。

W

裙帶菜（wakame）：裙帶菜屬（Undaria）的大型褐藻，藻體呈現美麗的綠色，鮮味明顯且略帶甜味，是製作味噌湯不可或缺的食材。可灑上芝麻和蒔蘿製成日式涼拌裙帶菜（hiyashi wakame）。

山葵（wasabi）：學名 Wasabi japonica，與歐洲常見的辣根同科不同屬。*

乳清蛋白（whey protein）：乳清裡含硫的蛋白質，可用來製作瑞可塔乳酪。

三仙膠（xanthan gum）：複雜的枝狀多醣類，是利用野油菜黃單胞菌（Xanthomonas campestris）發酵產生。在冷熱水裡皆可溶，僅 0.1～0.3% 的濃度即具有增稠稠效果。以三仙膠增稠的液體會呈現剪切稀化現象，最常見的例子是番茄醬和沙拉醬。

木糖醇（xylitol）：甜度和一般的糖相當，但熱量比糖少了 33% 的糖醇；糖醇結晶在舌頭上溶解時會引發涼爽感。

羊羹（yōkan）：一種很像硬果凍的日本甜點，是在紅豆沙裡加入糖和增稠用的洋菜（寒天）製成。

豆皮、腐竹（yuba）：日文漢字為「湯葉」，豆漿煮沸後在表面凝固形成的薄膜。

日本柚子、香橙（yuzu）：日本的一種小顆柑橘（Citrus junos），香氣比檸檬更濃。

---

*譯注：真正的山葵價格昂貴，市售山葵產品多用辣根仿製而成。

參考文獻
Bibliography

以下列出中譯本：

丹尼爾・李伯曼著，劉騰傑譯，《從叢林到文明，人類身體的演化和疾病的產生》（*The Story of the Human Body: Evolution, Health and Disease*），商周出版，2014。

任韶堂著，游卉庭譯，《餐桌上的語言學家：從菜單看全球飲食文化史》（*The Language of Food: A Linguist Reads the Menu*），麥田，2016。

芭柏・史塔基著，莊靖譯，《味覺獵人：舌尖上的科學與美食癡迷症指南》，漫遊者文化，2014。

哈洛德・馬基著，邱文寶、林慧珍、蔡承志譯，《食物與廚藝》（*On Food and Cooking: The Science and Lore of the Kitchen*），大家，2009。

庫爾塔特著，《食品化學：解析食物中所有主要與微量的成份》（*Food: The Chemistry of Its Components*），合記出版，2005。

納森・米佛德、麥新・比列著，甘錫安譯，《現代主義烹調：家庭廚房的新世紀烹調革命》（*Modernist Cuisine at Home*），大家，2015。

麥可・波倫著，鄧子衿譯，《雜食者的兩難》（*The Omnivore's Dilemma: A Natural History of Four Meals*），大家，2012。

提斯著，孫正明譯，《分子廚藝（全新典藏版）：用科學實驗揭開美食奧祕的權威經典》（*Molecular Gastronomy: Exploring the Science of Flavor*），貓頭鷹，2012。

碧・威爾森著，盧佳宜譯，《食物如何改變人：從第一口餵養，到商業化浪潮下的全球味覺革命》（*First Bite: How We Learn to Eat*），大寫，2016。

歐雷・G・莫西森、克拉夫斯・史帝貝克著，羅亞琪譯，《鮮味的祕密：大腦與舌尖聯合探索神祕第五味！》（*Umami: Unlocking the Secrets of the Fifth Taste*），麥浩斯，2015。

薩瓦蘭著，李妍譯，《美味的饗宴：法國美食家談吃》（*The Physiology of Taste, or Meditations on Transcendental Gastronomy*），時報，2015。

其他外文參考文獻：

Barham, P. *The Science of Cooking*. Berlin: Springer, 2001.

Barham, P., L. H. Skibsted, W. L. P. Bredie, M. B. Frost, P. Moller, J. Risbo, P. Snitkjaer, and L. M. Mortensen. Molecular gastronomy: A new emerging scientific discipline. *Chemical Reviews* 110 (2010): 2313-65.

Beckett, S. T. *The Science of Chocolate*. 2nd ed. Cambridge: Royal Society of Chemistry, 2008.

Blumenthal, H. *The Fat Duck Cookbook*. New York: Bloomsbury, 2009.

Bourne, M. *Food Texture and Viscosity: Concept and Measurement*. 2nd ed. San Diego, Calif.: Academic Press, 2002.

Brady, J. W. *Introductory Food Chemistry*. Ithaca, N.Y.: Cornell University Press, 2013.

Brillat-Savarin, J. A. *The Physiology of Taste, or Meditations on Transcendental Gastronomy*. Translated by M. F. K. Fisher. New York: Everyman's Library, 2009.

Bushdid, C., M. O. Magnasco, L. B. Vosshall, and A. Keller. Humans can discriminate more than 1 trillion olfactory stimuli. *Science* 343 (2014): 1370-72.

Cazor, A., and C. Lienard. *Molecular Cuisine: Twenty Techniques, Forty Recipes*. Boca Raton, Fla.: CRC Press, 2012.

Chandrashekar, J., D. Yarmolinsky, L. von Buchholtz, Y. Oka, W. Sly, N. J. P. Ryba, and C. S. Zuker. The taste of carbonation. *Science* 326 (2009): 443-45.

Chaudhari, N., and S. D. Roper. The cell biology of taste. *Journal of Cell Biology* 190 (2010): 285–96. Chen, J., and L. Engelen, eds. *Food Oral Processing: Fundamentals of Eating and Sensory Perception*. Oxford: Wiley-Blackwell, 2012.

Clarke, C. *The Science of Ice Cream*. 2nd ed. Cambridge: Royal Society of Chemistry, 2012.

Coultate, T. P. *Food: The Chemistry of Its Components*. 6th ed. Cambridge: Royal Society of Chemistry, 2015.

de Wijk, R. A., M. E. J. Terpstra, A. M. Janssen, and J. F. Prinz. Perceived creaminess of semi-solid foods. *Trends in Food Science and Technology* 17 (2006): 412-22.

Drake, B. Sensory textural/rheological properties: A polyglot list. *Journal of Texture Studies* 20 (1989): 1-27.

Fennema, O. R. *Food Chemistry*. 2nd ed. New York: Dekker, 1985.

Frost, M. B., and T. Janhoj. Understanding creaminess. *International Dairy Journal* 17 (2007): 1298-1311.

Fu, H., Y. Liu, F. Adria, X. Shao, W. Cai, and C. Chipot. From material science to avant-garde cuisine: The art of shaping liquids into spheres. *Journal of Physical Chemistry B* 118 (2014): 11747-56.

Green, B. G., and D. Nachtigal. Somatosensory factors in taste perception: Effects of active tasting and solution temperature. *Physiology & Behavior* 107 (2012): 488-95.

Hachisu, N. S. *Japanese Farm Food*. Kansas City, Mo.: Andrews McMeel, 2012.

———. *Preserving the Japanese Way: Traditions of Salting, Fermenting, and Pickling for the Modern Kitchen*. Kansas City, Mo.: Andrews McMeel, 2015.

Hisamatsu, I. *Quick and Easy Tsukemono: Japanese Pickling Recipes*. Tokyo: Japan Publications Trading, 2005.

Hsieh, Y.-H. P., F.-M. Leong, and J. Rudloe. Jellyfish as food. *Hydrobiologica* 451 (2001): 11-17.

Joachim, D., and A. Schloss. *The Science of Good Food: The Ultimate Reference on How Cooking Works*. Toronto: Rose, 2008.

Johnson, A., K. Kirshenbaum, and A. E. McBride. Konjac dondurma: Designing a sustainable and stretchable "fox testicle" ice cream. In *The Kitchen as Laboratory: Reflections on the Science of Food and Cooking*, edited by C. Vega, J. Ubbink, and E. van der Linden, 33–40. New York: Columbia University Press, 2012.

Jurafsky, D. *The Language of Food: A Linguist Reads the Menu*. New York: Norton, 2014.

Kasabian, A., and D. Kasabian. *The Fifth Taste: Cooking with Umami*. New York: Universe, 2005.

Kurti, N., and G. Kurti, eds. *But the Crackling Is Superb: An Anthology on Food and Drink by Fellows and Foreign Members of the Royal Society*. 2nd ed. Boca Raton, Fla.: CRC Press, 1997.

Levi-Strauss, C. *The Raw and the Cooked*. Vol. 1 of *Mythologiques*. Translated by John Weightman and Doreen Weightman. Chicago: University of Chicago Press, 1983.

Lieberman, D. E. *The Evolution of the Human Head*. Cambridge, Mass.: Harvard University Press, 2011.

———. *The Story of the Human Body: Evolution, Health, and Disease*. New York: Pantheon, 2013.

Lucas, P. W., K. Y. Ang, Z. Sui, K. R. Agrawal, J. F. Prinz, and N. J. Dominy. A brief review of the recent evolution of the human mouth in physiological and nutritional contexts. *Physiology & Behavior* 89 (2006): 36-38.

Maruyama, Y., R. Yasyuda, M. Kuroda, and Y. Eto. *Kokumi* substances, enhancers of basic tastes, induce responses in calcium-sensing receptor expressing taste cells. *PLoS ONE* 7 (2012): e34489.

McGee, H. *On Food and Cooking: The Science and Lore of the Kitchen*. New York: Scribner, 2004.

McQuaid, J. *Taste: The Art and Science of What We Eat*. New York: Scribner, 2015.

Mielby, L. H., and M. B. Frost. Eating is believing. In *The Kitchen as Laboratory: Reflections on the Science of Food and Cooking*, edited by C. Vega, J. Ubbink, and E. van der Linden, 233–41. New York: Columbia University Press, 2012.

Mouritsen, O. G. Gastrophysics of the oral cavity. *Current Pharmaceutical Design* 22 (2016): 2195-2203.

———. *Seaweeds: Edible, Available, and Sustainable*. Translated by Mariela Johansen. Chicago: University of Chicago Press, 2013.

———. *Sushi: Food for the Eye, the Body, and the Soul*. Translated by Mariela Johansen. New York: Springer, 2009.

———. Umami flavour as a means to regulate food intake and to improve nutrition and health. *Nutrition and Health* 21 (2012): 56-75.

Mouritsen, O. G., and K. Styrbak. *Umami: Unlocking the Secrets of the Fifth Taste*. Translated by Mariela Johansen. New York: Columbia University Press, 2014.

Muller, H. G. Mechanical properties, rheology, and haptaesthesis of food. *Journal of Texture Studies* 1 (1969): 38-42.

Myhrvold, N., with C. Young and M. Bilet. *Modernist Cuisine: The Art and Science of Cooking*. Bellevue, Wash.: Cooking Lab, 2010.

Norn, V., ed. *Emulsifiers in Food Technology*. 2nd ed. Oxford: Wiley-Blackwell, 2015.

Perram, C. A., C. Nicolau, and J. W. Perram. Interparticle forces in multiphase colloid systems: The resurrection of coagulated sauce bearnaise. *Nature* 270 (1977): 572-73.

Pollan, M. *The Omnivore's Dilemma: A Natural History of Four Meals*. New York: Penguin Press, 2006.

Prescott, J. *Taste Matters: Why We Like the Food We Do*. London: Reaktion Books, 2012.

Roos, Y. H. Glass transition temperature and its relevance in food processing. *Annual Review of Food Science and Technology* 1 (2010): 469-96.

Rowat, A. C., K. Hollar, D. Rosenberg, and H. A. Stone. The science of chocolate:

Phase transitions, emulsification, and nucleation. *Journal of Chemical Education* 88 (2011): 29-33.

Rowat, A. C., and D. A. Weitz. On the origins of material properties of foods: Cooking and the science of soft matter. In *L'Espai Laboratori d'Arts Santa Monica*, 115-20. Barcelona: Actar, 2010.

Shaw, J. Head to toe. *Harvard Magazine*, January–February 2011.

Shepherd, G. M. *Neuroenology: How the Brain Creates the Taste of Wine*. New York: Columbia University Press, 2017.

———. *Neurogastronomy: How the Brain Creates Flavor and Why It Matters*. New York: Columbia University Press, 2011.

———. Smell images and the flavour system in the human brain. *Nature* 444 (2006): 316-21

Shimizu, K. *Tsukemono: Japanese Pickled Vegetables*. Tokyo: Shufunotomo, 1993.

Small, D. Flavor is in the brain. *Physiology & Behavior* 107 (2012): 540-52.

Spence, C., and B. Piqueras-Fiszman. *The Perfect Meal: The Multisensory Science of Food and Dining*. Oxford: Wiley-Blackwell, 2014.

Stedman, H. H., B. W. Kozyak, A. Nelson, D. M. Thesier, L. T. Su, D. W. Low, C. R.

Bridges, J. B. Shrager, N. Minugh-Purvis, and M. A. Mitchell. Myosin gene mutation correlates with anatomical changes in the human lineage. *Nature* 428 (2004): 415-18.

Stender, S., A. Astrup, and J. Dyerberg. Ruminant and industrially produced trans fatty acids: Health aspects. *Food & Nutrition Research* 52 (2008): 1-8.

———. What went in when trans went out? *New England Journal of Medicine* 361 (2009): 314-16.

Stevenson, R. J. *The Psychology of Flavour*. Oxford: Oxford University Press, 2009.

Stuckey, B. *Taste What You're Missing: The Passionate Eater's Guide to Why Good Food Tastes Good*. New York: Atria Books, 2012.

Szczesniak, A. S. Texture is a sensory property. *Food Quality and Preference* 13 (2002): 215-25.

This, H. *Kitchen Mysteries: Revealing the Science of Cooking*. Translated by Jody Gladding. New York: Columbia University Press, 2007.

———. Modeling dishes and exploring culinary "precisions": The two issues of molecular gastronomy. *British Journal of Nutrition* 93 (2005): S139-S146

———. *Molecular Gastronomy: Exploring the Science of Flavor*. Translated by M. De-Bevoise. New York: Columbia University Press, 2002.

參
考
文
獻

——. Molecular gastronomy is a scientific discipline, and note-by-note cuisine is the next culinary trend. *Flavour* 2 (2013): 1-8.

——. *Note-by-Note Cooking: The Future of Food*. Translated by M. DeBevoise. New York: Columbia University Press, 2014.

Tsuji, S. *Japanese Cooking: A Simple Art*. Tokyo: Kodansha, 1980.

Ulijaszek, S., N. Mann, and S. Elton. *Evolving Human Nutrition: Implications for Public Health*. Cambridge: Cambridge University Press, 2011.

Vega, C., and R. Mercade-Prieto. Culinary biophysics: On the nature of the 6XoC egg. *Food Biophysics* 6 (2011): 152-59.

Vega, C., J. Ubbink, and E. van der Linden, eds. *The Kitchen as Laboratory: Reflections on the Science of Food and Cooking*. New York: Columbia University Press, 2012.

Verhagen, J. V., and L. Engelen. The neurocognitive bases of human multimodal food perception: Sensory integration. *Neuroscience & Biobehavioral Reviews* 30 (2006): 613-50.

Vilgis, T. *Das Molekul-Menu: Molekulares Wissen fur kreative Koche*. Stuttgart: Hirzel, 2011.

——. Texture, taste and aroma: Multi-scale materials and the gastrophysics of food. *Flavour* 2 (2013).

Virot, E., and A. Ponomarenko. Popcorn: Critical temperature, jump and sound. *Journal of the Royal Society Interface* 12 (2015): 2014.1247.

Walstra, P. *Physical Chemistry of Foods*. Boca Raton, Fla.: CRC Press, 2002.

Wilson, B. *First Bite: How We Learn to Eat*. New York: Basic Books, 2015.

Wobber, V., B. Hare, and R. Wrangham. Great apes prefer cooked food. *Journal of Human Evolution* 55 (2008): 340-48.

Wrangham, R. *Catching Fire: How Cooking Made Us Human*. New York: Basic Books, 2009.

Wrangham, R., and N. Conklin-Brittain. Cooking as a biological trait. *Comparative Biochemistry and Physiology A* 136 (2003): 35-46.

Youssef, J. *Molecular Gastronomy at Home: Taking Culinary Physics out of the Lab and into Your Kitchen*. London: Quarto Books, 2013.

Zink, K. D., and D. E. Lieberman. Impact of meat and Lower Palaeolithic food processing techniques on chewing in humans. *Nature* 531 (2016): 500-503.

圖片版權
Illustration Credits

名詞索引
Index

carbonic acid 碳酸 42, 189, 204, 326

Carême, Marie-Antoine 卡漢姆 244, 329

carotene 胡蘿蔔素 171, 329

carrageenan 鹿角菜膠 58, 95, *95*;

- in combinations 配合膠類使用 155;

- defined 定義 329;

- digestion and 之於「消化」153;

- gelling agent 膠凝劑 146-7, 151-3;

- properties 性質 152-3;

- from seaweed 取自海藻 95, 102, 292

carrots 胡蘿蔔 79, 114, 171, 176, 227, 229-30, *229*

casein 酪蛋白 65-6, *65*, 80, 105, *158*, 329

cassava 木薯 56, 137, 161, 329

caviar 魚子醬 140, 285, 286

Cavi-art 創藝魚子 298, *299*, 302, *302*

cell membranes 細胞膜 26, 40, 77, 98, 329

cellulose 纖維素 75;

- defined 定義 329;

- plant 植物 123;

- as reinforcement 支撐結構 54, 56, 58. 另見：半纖維素 hemicellulose;

- methyl cellulose 另見：半纖維素；甲基纖維素

ceviche 檸檬醃生魚 秘魯傳統料理 74, 241, 242;

- defined 定義 330

champagne, 香檳、氣泡酒 207, *207*

champignons 洋菇 57

cheese 乳酪 158, *158*, 174, 178;

- creamy 綿密 172

chemesthesis 化學感知 24, 27, 40, 41, 330

chemical composition of food 食物的化學組成 41, 164

chemical taste 化學上定義的味道 41

Chevreul, Michel Eugène 舍弗勒 140, 330

chewing 咀嚼 48-51;

- chewy ice cream 黏彈冰淇淋 293, 295-7;

- health benefits 有益健康 317;

- human head and 之於「大腦」48-9;

- mechanics of 運作機制 111;

- stress-strain curve 應力－應變曲線 110, 111;

- taste muscles and 之於「嚐味肌肉」109-11

chickpeas 鷹嘴豆 221-3, 225, 306

chitin 幾丁質 53, 57, 330

chlorella 綠藻 58

chocolate 巧克力 28;

- cocoa butter 可可脂 76, 90, 94-5, 120, 164, 206, 330;

- fats 脂肪 164-5;

- food preparation 製備 164-5;

- melting point 熔點 165;

- stabilizer 安定劑 95-6, *95*;

- suspension 懸浮 *95*

cholesterol 膽固醇 65, 140-2, 330

chymosin 凝乳酶 158, 172, 330

citric acid 檸檬酸 41, 42, 103, 330

clams 蛤蜊（蚌）69

clarified butter 無水奶油 *76*, 162, 172, 256. 另見：酥油 ghee

coagulants 凝結（劑）94, 96, 330, 344, 347

coagulation 凝塊 85, 96, 223, 330

coating 黏裹 120, 162, 163, 330

cocoa butter 可可脂 76, 90, 94, 120, 163, 206, 330

cod 鱈魚 269–71, 306–8

Cohen, Ben 班・柯恩 195, 202

cohesion 內聚 330–1

cohesiveness 內聚 113, 117

collagen 膠原蛋白 140–50, 267;
- behavior 狀態變化 56;
- connective tissue 結締組織 60, 63, 123, 133, 259–60;
- defined 定義 330;
- fish 魚 68, 269, 273;
- gelatin from 明膠來源 101, 149-50, 259–60;
- jellyfish 水母 285;
- octopus 章魚 69–70;
- structure 結構 56, *56*. 另見：原膠原 tropocollagen

colloids 膠體 66, 94, 164, 248–9, 331

complex fluids 複雜流體 78, 99, 180, 331

conduction 傳導 129, 131

confit 油封： *confit de canard* 油封鴨肉 162;
- defined 定義 331

congruency 相合度 28, 331

connective tissue 結締組織： collagen 膠原蛋白 60, 63, 123, 133, 259–60;

- defined 定義 331

consistency 黏稠一致性 質地上的黏彈度 38, 41, 137–8;
- defined 定義 331;
- eggs 蛋 180;
- foam 泡沫 103–4;
- introducing 增添質地 160;
- ketchup 番茄醬 195;
- pastry 麵包糕點 206;
- sauces 醬汁 244;
- viscoelastic 黏彈性 296;
- as viscosity 同「黏稠度」120

consommé 澄清湯 248, 327, 331

controlled decomposition 經過控制的腐敗 277, 280

convection 對流 129, 332

cooking 烹飪： as driving force 作為「驅動力」317;
- evolution of human head and 之於「大腦演化」48–50;
- fats 脂肪 75–6;
- legumes 豆科植物 222–5;
- meat 肉類 63;
- mollusks and crustaceans 軟體動物和甲殼動物 60–70
- proteins and 之於「蛋白質」48. 另見：烹製食物 food preparation

cortex 皮質 25–6, 332;

crackling 烤肉脆皮 259–60 , 261, 267–8, *267*

cranial nerves 腦神經 24–6, 27, 330, 332

creaminess 綿密感 21, 116, 120–2

creamy 綿密 23, 54, 88, 202, 221, 225;

H

---

* 審訂注：hydrophobic interaction 係以化學方法將物質分子的極性部分，如有酸基者，與醇作用即可變成酯，成非極性的處理；能造成排斥水分子的效果。

---

* 審訂注：此種料理基本上即屬於分子美食學，"note by note" 菜餚中使用的成分稱為化合物，包括水、乙醇、蔗糖、蛋白質、氨基酸和脂類。簡單地說就是使用「最小單位」的分子美食料理。

感 mouthfeel and texture；其他相關主題 specific topics

MSG 味精 monosodium glutamate 參見：麩胺酸鈉

mucus 黏液 269, 346

Muesli with a Difference 綜合穀片變變變 236

multimodal perception 多重感官知覺 45, 346

Myhrvold, Nathan 納森・米佛德 260

myoglobin 肌紅素 61, 346

myosin 肌凝蛋白 49, 60, 346

N

Napoleon III 拿破崙三世 140

nattō 納豆 224, 346

natural foods 天然食品 53–4, *55*

neophobia 恐新症 312–3, 347

neurogastronomy 神經美食學 *47*, 315–6;

- basis for gastronomy 美食學基礎 45–7;

- coining 發明新詞 45;

- defined 定義 347;

- new discoveries 新發現 319;

- overview 概覽 44–5;

- research 研究 45, 47

Nielsen, Jeppe Ejvind 耶彼・尼爾生 197–200, *199*

nigari 鹽滷 96, 347

Ninomiya, Kumiko 二宮久美子 212

nitrous oxide 氧化亞氮 203, 205, 347

nociceptor 痛覺受器 39, 347

nonpolar 非極性 347, 350

nori 海苔 124, *125*, 129, 292, 347

nose 鼻 23–9, 27, 38

note 「味道」的最小單位，如同樂曲的音符 33, 44, 347

note-by-note cuisine 「最小單位」料理 84–5, 347

nougat 法式牛軋糖 195, 206, 347

nucleic acids 核酸 53, 72–3, 77, 277, 347

nucleotides 核苷酸 72, 277, 347

nuka-zuke 米糠漬 231, 348

nutrition 營養 35, 48, 53, 56, 85, 228, 317

O

oboro konbu 手工細絲昆布 215–6, 218, 342

octopus 章魚 69, 281

odors 臭味： compared to smell and aroma 用來和「氣味」、「香味」相比 26;

- danger signals 警訊 29;

- molecules 氣味分子 46;

- perception（感知）接收 36;

- receptors 受體 31;

- substances 氣味物質 23–5, 31, 44, 161, 348;

- temperature and 之於「溫度」28

oils 油脂 75, 98, *98*, 161, *162*, 348

olfaction 嗅覺 23–4, 348

Q

quinine 奎寧 41, 42, 351

R

radiation 輻射 129

rancidification 酸敗 351

raw ingredients 生鮮食材 21;

- changes in 變化 71;

- hydrophobic or amphiphilic treatment「疏水」或「油水兩親」的交互作用 73, 80, 128;

- quality 品質 312;

- raw foodism 生食飲食 227;

- texture 質地 110, 227–8;

- transforming 加以改變 116;

- vegetables 蔬菜 223, 225

receptor 受體 351

recrystallization 再結晶 165, 351

reduction 濃縮 105, 128, 351

remonce 杏仁奶黃醬 352

rémoulade sauce 雷莫拉醬 245, 352

rennet 凝乳酶劑 158, 352

Restaurant Nerua, Bilbao 畢爾包的內維瓦餐廳 304, 304–9

retrogradation 回凝 130, 138–9, 238

retronasal 鼻後 25, 352

rheology 流變學 113, 117, 127, 352

rice 稻米 235, 238

Riki, Izumi 利生和泉 216

roe 魚卵、魚子 68;

- mouthfeel 口感 68;

- salted herring 鹽醃鯡魚卵 298;

- texture 質地 298–9;

- tobiko 飛魚卵 298. 另見：魚子醬 caviar

rotation 轉動 33

rouille 辣蒜蛋黃醬 248, 352

roux 油炒麵粉糊 246–7, 352

Rowat, Amy 愛米・羅瓦 167–8

Royal Danish Academy of Sciences and Letters 丹麥皇家科學與文學院 315

rusk 麵包脆餅 254

S

saccharide 醣 333

Sakai, Japan 日本堺市 215–8

salads 沙拉、涼拌菜 224, 235, 259, 290

salep dondurma 蘭莖粉冰淇淋 295–6, 352

salivary juices 唾液 31, 314, 317

salt 鹽 20, 87;

- salted herring, 鹽醃鯡魚卵 298, *298*;

- taste 味道 30

saturated fats 飽和脂肪 76, 107, 140, 344, 348, 354

sauce espagnole 西班牙醬 244, 352

sauces 醬汁： aioli 香蒜蛋黃醬 248, 324;

- béarnaise 伯那西醬 245, 247, 278, 326;

名詞索引

口感科學 經典貳版

透視剖析食物質地，揭開舌尖美味的背後奧祕（特別收錄——50道無國界全方位料理）

MOUTHFEEL
How Texture Makes Taste by Ole G. Mouritsen and Klavs Styrbæk

歐雷・莫西森（Ole G. Mouritsen）、克拉夫斯・史帝貝克（Klavs Styrbæk）—— 著
王翎 —— 譯
區少梅 —— 審訂

（本書爲貳版書，前版中文書名爲：口感科學——由食物質地解讀大腦到舌尖的風味之源）

Translated by Mariela Johansen
Copyright © 2017 Columbia University Press
Chinese Complex translation copyright © 2023 by Briefing Press, a Division of AND Publishing Ltd.
Published by arrangement with Columbia University Press through Bardon-Chinese Media Agency
博達著作權代理有限公司
ALL RIGHTS RESERVED

大寫出版　書系｜ Be-Brilliant! 幸福感閱讀　書號｜ HB0030R

原　　著　歐雷・莫西森（Ole G. Mouritsen）、克拉夫斯・史帝貝克（Klavs Styrbæk）
譯　　者　王翎
審　　定　區少梅
行銷企畫　王綏晨、邱紹溢、陳詩婷、曾曉玲、曾志傑
大寫出版　鄭俊平

發 行 人　蘇拾平
發　　行　大雁文化事業股份有限公司
　　　　　臺北市復興北路 333 號 11 樓之 4
　　　　　電話：（02）2718-2001　傳眞：（02）2718-1258
　　　　　大雁出版基地官網：www.andbooks.com.tw

貳版一刷　2023 年 2 月
定　　價　900 元
版權所有・翻印必究
ISBN 978-957-9689-92-2
Printed in Taiwan・All Rights Reserved
本書如遇缺頁、購買時卽破損等瑕疵，請寄回本社更換

國家圖書館出版品預行編目（CIP）資料

口感科學：透視剖析食物質地，揭開舌尖美味的背後奧祕（收錄 50 道無國界全方位料理）
／歐雷・莫西森（Ole G. Mouritsen），克拉夫斯・史帝貝克（Klavs Styrbæk）著；王翎譯 .
初版｜臺北市：大寫出版社出版：大雁文化事業股份有限公司發行，2023.02
400 面；19x25 公分　（Be brilliant! 幸福感閱讀；HB0030R）
譯自：Mouthfeel : how texture makes taste
ISBN 978-957-9689-92-2（平裝）

1.CST: 食品科學 2.CST: 食物

463　　　　　　　　　　　　　　　　　　　　　　　111020726